THE POETIC HABITAT OF TIANJIN GOLDEN DOUGHNUT

津环的诗意栖居

天津一环十一园生态宜居圈层城市设计展望

田琨　主编

东南大学出版社
SOUTHEAST UNIVERSITY PRESS
·南京·

图书在版编目（CIP）数据

津环的诗意栖居 ：天津一环十一园生态宜居圈层城
市设计展望 / 田琨主编. -- 南京 ：东南大学出版社,
2025. 7. -- ISBN 978-7-5766-2139-6

Ⅰ. TU984.221

中国国家版本馆CIP数据核字第2025TQ5825号

责任编辑 ：胡炼　　　　责任校对 ：张万莹　　　封面设计 ：马梦崎　　　　责任印制 ：周荣虎

津环的诗意栖居 ——天津一环十一园生态宜居圈层城市设计展望
JINHUAN DE SHIYI QIJU —— TIANJIN YIHUAN SHIYIYUAN SHENGTAI YIJU QUANCENG CHENGSHI
SHEJI ZHANWANG

主　　编 ：田　琨
出版发行 ：东南大学出版社
出 版 人 ：白云飞
策划编辑 ：邹　垒　陈　景
社　　址 ：南京市四牌楼 2 号　邮编 ：210096　电话 ：025-83793330
网　　址 ：http://www. seupress. com
经　　销 ：全国各地新华书店
印　　刷 ：文畅阁印刷有限公司
开　　本 ：787 mm×1092 mm　1/12
印　　张 ：24
字　　数 ：585 千字
版 印 次 ：2025 年 7月第 1 版第 1 次印刷
书　　号 ：ISBN 978-7-5766-2139-6
定　　价 ：268. 00 元

前言

什么是津环

天津的城市规划结构和形态具有鲜明特色。在"一条扁担挑两头"的"津城、滨城"双城格局之外，津城以"三环十四射"为骨架形成环形圈层空间结构，展现出独特的城市肌理。自 1986 年第一版《天津市城市总体规划方案（1986—2000 年）》获国务院批复以来，经过近 40 年发展，津城建成区面积已突破 800 平方千米，相当于在原本作为城市扩展限制边界的外环绿化带外，又建成了一个与外环线内规模相当的新城区。根据《天津市国土空间总体规划（2021—2035 年）》，津城总体城市设计提出"中央活力圈层、生态宜居圈层和田园城市圈层"三大圈层概念。其中，快速环路至外环线之间的地带为生态宜居圈层（含外环线 500 米绿化带），总面积达 314 平方千米，涵盖 11 个大型城市公园及周边地区，拥有大量已收储土地资源，是津城连接内外圈层发展的"腰部"地带。目前，该圈层内梅江地区基本建成，新梅江地区、水西公园地区和海河柳林"设计之都"核心区正加速建设，其他公园地区规划建设进度相对滞后，发展不均衡。本书旨在为这一重点发展区域探索新的规划思路和实施路径。

2017 年，英国经济学家凯特·拉沃斯（Kate Raworth）在其著作《甜甜圈经济学》（*Doughnut Economics*）中指出，经济不能没有尽头地无限发展。她以"甜甜圈"为喻：甜甜圈的"内环"代表社会基础，即保障个人生活基本需求和权利因素的底线；"外环"则是生态天花板，是一旦被破坏将对人类生存造成不可逆转伤害的环境因素；中间区域即甜甜圈地带，是满足人们高品质生活的适度发展区域。之后拉沃斯带领团队发表了开源手册《城市发展甜甜圈》，将该理论延伸到了城市规划领域。2020 年荷兰阿姆斯特丹正式实施"甜甜圈经济学"，是首个将此理论应用于经济发展和城市规划的城市。

改革开放 40 余年来，我国经济和城市高速发展，带来了翻天覆地的变化，但同时也面临着诸多问题与挑战。在当前生态文明建设日益受到重视的背景下，经济发展方式和城市规划模式也需要同步转型，而甜甜圈经济学为我们提供了重要启示。天津的生态宜居圈层在空间形态上形似"甜甜圈"。虽然"甜甜圈经济学"的概念并非特指具体的形态，但其理论非常适合这一圈层的内涵。多年来，这个圈层的规划设计不断完善，如"一环十一园"地区城市设计、植物园链规划等项目持续推进，但一直缺少一个准确而响亮的名称。在本书编写过程中，编委会专家集思广益、头脑风暴，第一次提出"津环"的概念。用一个全新的概念来定义这个目前仍属房地产价值洼地，但未来发展潜力巨大的重点区域。期待津环圈层这个独具天津特色的"甜甜圈"，在天津新时期发展中作为城市的重要财富，能够发挥巨大作用，成为城市公园绿地建设的典范和人们安居乐业的金色家园，成为继海河综合开发改造之后，津城又一具有标志性意义的战略地带，为城市转型升级注入新的活力。

诗意栖居

吴良镛先生创建了中国人居环境科学，一生以谋万家居为己任。他曾借哲学家海德格尔的思想，提出"让国人诗意地栖居在大地上"的美好愿景。海德格尔在《诗·语言·思》中，从引用德国古典浪漫派诗人荷尔德林在《人，诗意地栖居》中的诗句展开："人充满劳绩，但还诗意地栖居在大地上。"荷尔德林以一个诗人的直觉与敏锐，意识到随着科学的发展，工业文明将使人日渐异化。为了避免被异化，他呼唤人们去寻找回家之路。海德格尔在进一步阐释"诗意栖居"这一至高境界时，赋予"诗"以哲学内涵。"诗意栖居"除了包含文学审美意义上的诗意，更包括了人主观能动的构筑和创造，是指人的生存状态。所谓"诗意"是指通过诗歌获得心灵的解放与自由，而"诗意栖居"就是寻找人的精神家园，这是人得以实现自我价值的重要途径。"家"不仅是挡风遮雨的物质空间，更承载着人的精神归宿。然而，现代技术为了生产和使用的方便，把一切变得千篇一律，包括住宅和社区的建造。人和自然脱节，感性和理性脱节，人成为被计算使用的物质，成为物化的存在和机械生活整体的一个碎片。住宅沦为"居住的机器"，居住区变成千篇一律的"兵营"。针对这些弊端，我们要通过人生艺术化和诗意化来抵制科学技术所带来的个性泯灭以及生活的刻板化和碎片化。

事实上，百余年前现代城市规划诞生的初衷便是为人们营造更宜居的环境。现代城市规划之父埃比尼泽·霍华德（Ebenezer Howard）的田园城市理论就是"诗意栖居"的原型之一。他构想人们既能享受城市的便利，又能亲近乡村的自然风光，在晨曦微露中感受自然的气息。然而，面对当时恶劣的住房危机，霍华德倡导的这种理想化的居民自治模式难以快速见效。现代主义建筑的旗手勒·柯布西耶（Le Corbusier）主张用新技术、新材料解决大众的住房问题。他提出"住宅是居住的机器"的理念，显著提升了住宅的功能性，但大规模工业化建造也带来国际建筑的趋同和地域文化缺失等问题。20 世纪 60 年代，简·雅各布斯（Jane Jacobs）尖锐指出，霍华德和柯布西耶的规划思想都带有父系社会家长制的特征，试图用单一模式解决所有问题，从而抹杀了城市应有的多样性。她认为城市的活力最为重要，而城市活力的关键在于多样性。20 世纪 90 年代，新都市主义兴起，旨在修正美国郊区化蔓延态势，重塑尺度宜人的小城镇生活。作为新都市主义的代表人物，安德烈斯·杜安尼（Andres Duany）与夫人伊丽莎白·普拉特 – 齐贝克（Elizabeth Plater-Zyberk）在长期实践中，以佛罗里达海滨社区规划为起点，总结出"城乡断面理论"。2020 年，杜安尼在《断面都市主义》（*Transect Urbanism*）一书中对该理论进行了系统梳理，其核心思想是：在城市不同的区位，住宅建筑的类型应是不同的。

历史上，天津的住宅建筑类型呈现出丰富多样的特征：既有在老城厢一带代表天津传统的院落式住宅，又有九国租界中的独立花园住宅、联排里弄住宅和多层公寓住宅，还有河北新区仿效西方的新式创新住宅等多种小而美的住宅形式，生动展现了天津千姿百态的生活风貌和多元文化特征。在众多住宅类型中，除传统中式合院外，天津租界区的各类洋楼尤为突出，形成了"北京四合院，天津小洋楼"这一对比鲜明的城市建筑特色。

新中国成立后，计划经济和福利分房制度下多层行列式单元住宅成为主流。1976年唐山大地震后，天津实施震后重建，在城市外围建设了14片以多层单元住宅为主的大型居住区。1986年，作为建设部第一批三个试点小区之一的川府新村，尝试打破单调的建筑和布局形式。1994年，天津率先在全国启动中心城区成片危陋平房区改造工程，对谦德庄等数十片棚户区和成片危陋平房展开改造，累计拆除危陋平房约1000万平方米，约80万居民的居住条件得以改善。1995年安居工程开始，天津在城市外围规划建设了华苑、梅江、万松等大型居住区。1999年住房制度市场化改革后，天津居住区规划建设进入以房地产市场为主导的新阶段，初期曾呈现住宅多样化的发展态势。但随着土地价格和房价不断攀升，加之以居住区规范为核心的制度及技术标准升级，住宅用地规模持续扩大，容积率不断提高，逐步形成大量大型封闭小区与高层住宅林立的居住形态。景观建筑单体立面略有变化，但居住建筑类型趋于单一，导致居住和城市空间品质显著下降。无论位于何种区位，规划建设均采用统一的标准与单一模式，造成"城不城，乡不乡"的空间形态，不仅无法满足居民对居住环境的多样性需求，更难以彰显天津的地域特色和居住传统。

当前，随着经济社会发展的转型升级和房地产市场的深度调整，人们的住宅需求正从"有没有"向"好不好"转变。"住在哪里、住什么样的房子"成为当下居民最关心的话题之一。目前，天津人口增长趋势减缓，市内六区都面临人口老龄化、产业空心化等问题。中央活力圈层内，2000年前建设的老旧小区建筑面积共约7000万平方米，居住人口约300万。根据上位规划，津环内规划及现状的11个大型城市公园与毗邻的宜居社区，将容纳80万到100万人口落户，既吸引新市民扎根，也承接市内六区老旧小区的改善型住房需求人群。因此，津环将成为未来一段时期居民购置新房的首选区位。第七次人口普查数据显示，天津市内六区，除和平区外，其他五区人口均呈减少趋势，而新四区（东丽、西青、津南、北辰）人口持续增加。发达国家经验表明，郊区化是城市扩展的必然趋势，郊区往往拥有更优美的自然环境、更优质的教育资源、更密集的高新技术企业以及更高的居民收入水平，为城市发展提供了更广阔的空间。津环位于城郊接合地带，兼具发展空间和环境优势，其新建住宅和社区在规划上具有更多可能性，能够承载更多的居住理想。

对一座城市而言，留给人们的心灵栖息地越多，居住其中的人们的幸福感就越强。中央城市工作会议提出"要改革完善城市规划，改革规划管理体制，推广实施窄路密网和开放社区"的要求。在此背景下，天津作为住房和城乡建设部全国第二批城市设计试点城市，于2017年由天津市规划和自然资源局（以下简称"市规划资源局"）组织编制了《天津市新型居住社区城市设计导则（试行）》。该导则运用城乡断面理论，提出了津城不同居住社区的多样化住宅类型，并于2021年开始在津环圈层试行。《津城总体城市设计（2021—2035年）》进一步强化了圈层概念。按照城乡断面理论，津环地区总体上属于城乡断面理论中的T4和T5区域，即城乡接合部、城区边缘和近郊区。这里拥有更多绿化公园和自然空间，能够规划更多样化的住房类型，特别是带有院落的住宅，从而更好地实现中国人"诗意栖居"的居住理想。

我国历史上拥有丰富的住宅类型和多样的居住形式。中华文明历经数千年演进，住宅建筑从具备简单的遮风避雨功能，逐步发展为兼具生活起居功能与深厚文化内涵的载体。中国各地形成的民居建筑独具特色、丰富多彩，成为城市特色和文化的重要组成部分。当下，随着生活水平的提高，拥抱住宅的多样性、弘扬传统居住文化已成为大势所趋，这既是提升生活质量的需要，也是构建宜居城市和社区的体现，更是维系城市文化多样性的重要载体。可以说，若想实现"诗意栖居"的境界，必须具备相应的住宅建筑类型和物质环境基础。正如梁思成先生所言："对于中国人来说，有了一个自己的院落，精神才算真正有了着落。" 当然，除了物质空间外，更需要保持一种审美的人生态度。这种审美态度的人生境界是人以一种积极乐观、诗意妙觉的态度应物、处世、待己的高妙化境。林语堂年轻时与妻子廖翠凤颠沛流离于各国，即便穷困到连一张电影票都买不起，也要去图书馆借来书籍，两人守着一盏灯夜读，自得其乐。用林语堂的话说，只要"宅中有园，园中有屋，屋中有院，院中有树，树上见天，天中有月"，便觉"不亦快哉"！

"修身、齐家、治国、平天下"是中国人的理想，"齐家"而后方能"治国""平天下"，这无疑凸显了"家"的重要性。虽然这里的"家"也包含了封建时代的层层封邑，但在当代实现社会进步和中华民族伟大复兴的征程中，每个人的"家"都应受惠于国家繁荣。在新时代背景下，随着城市化进程的深入推进，人们对于美好居住环境的要求越来越高，"家"所承载的功能也越来越多。而在这个过程中，城市建设者始终在为人们的"家"付出努力。对于正在经历转型阵痛的房地产领域，这些企业不仅要合理降低房价、推进减量提质，更要着力建设好房子、好街坊、好社区，构建和谐邻里关系，实现人与自然环境、社会事业的共同发展。

津环诗意栖居的实现路径

要实现津环"诗意栖居"的理想，必须打破现行机制的桎梏，推进改革创新。我们在研究和写作过程中，以"津环之命"为脉络，从津环的命名、命运、使命和革命四个维度展开分析，形成上述结论。当前，津环圈层的规划设计、开发建设和社会治理模式也在发生深刻变革。过去以政府和大型国企为主导的大规模成片开发模式，是我国城市化高速发展时期的典型特征，也是经营城市和土地财政的产物。在新发展时期，城市开发模式亟待转型升级。天津市筑土建筑设计有限公司（以下简称"筑土公司"）规划总监田琨等专家在编制一环十一园中的南淀公园及周边地区城市设计时，通过梳理天津一环十一园地区的整体建设历程，提出了多个版本的成片开发方案。筑土公司主创设计师、北京畈畈畈生态农园农场主何墨腾（Morten Holm）曾参与解放南路地区、水西公园地区等项目的规划工作，对天津一环十一园地区的规划有着较为深刻的理解。他在一次研讨会上指出，天津一环十一园中的西南部分呈现的是典型的城市化开发模式，而北部和东部尚未大规模开发的外环线绿化带及七个公园，将探索更加注重生态自然的开发新模式，这要求公园的投融资建设及运营模式都需要进行创新。

一环十一园中，规划的程林公园和刘园苗圃公园现为天津市属国有苗圃，南淀公园属于集体林地，银河公园则是水库、农地和永久基本农田的复合体。按照现行做法，需要先投入巨额资金完成林地、耕地的占补平衡，将集体林地和农用地征收为国有土地，再将国有苗圃等土地转为城市建设用地，对地上物进行拆迁，继而投入大量资金建设成人工化城市公园，最后还需要成立公园管理事业单位并安排财政预算。这严密的程序耗费巨大财力人力，已难以为继。必须突破城市建设用地与农用地、城市公园与林地之间的人为界限，采用自然生态培育的方式建设原生态公园。当务之急是从植树造林开始，借鉴国外由公益体和民营企业运营公园的模式和经验，修订相关法律法规及设计标准，允许企业和个人参与公园的规划建设和运营管理。通过租赁林地、农用地流转和农民入股等方式，在保障绿化品质、土地性质及公益性的前提下，开展公园建设、养护及经营性活动，既让居民亲近自然，又能实现公园生态效益与经济效益的双赢。这将是探索城乡融合背景下生态环境建设与公园运营管理的新路径。

当前城市发展已进入存量阶段，存量不仅指已经建成的房屋，还包括存量土地，房地产仍是重要的支柱产业。与国内一线城市相比，天津津环地区具备优越的区位条件，拥有大量已整理的存量土地资源。津环原生态公园的建设运营，不仅能改善自然生态环境，还能显著提升公园周边土地价值。在此基础上，需要规划建设多样化的住宅与新型社区，推动房地产转型与健康可持续发展。在住宅产品体系中，除了商品房，还应面向广大中等收入家庭和年轻群体提供优质的配售型宜居房。北京建筑大学副教授苏毅在领读《惜失联宅》（*Missing Middle Housing*）一书时提出"联宅"的概念，即一种介于高层和独立住宅之间的多样性住宅类型。联宅既能保留合理的建筑密度，又可以形成城市街道的界面，更重要的是能促进居民邻里之间的交往，体现了中国传统的居住理念。在住宅供给方面，高档商品房需要多样化设计，优质配售型宜居房同样也应该提供多种类型选择，甚至配置院落，尤其要让年轻人能够享受更好的、能负担得起的宜居住房和社区环境，他们承载着城市和国家的未来。在住宅和社区的开发上，需鼓励多元主体参与住房建设，支持开发企业开展定制化建房，真正实现住房和社区的多样化和个性化发展。

此外，优化区域教育资源配置是实现高质量发展的必由之路。当前津环地区仍是天津教育的"洼地"，教育资源和水平均有待提高。要推动津环发展，增强区域吸引力，特别是吸引年轻群体落户，必须提升区域内的教育质量。具体可从以下方面推进：鼓励教育体制机制改革，结合人口疏解将市内六区优质学校资源植入津环，创新办学模式，打造现代化校园建筑与环境，支持社会力量办学，推动私立学校、国际学校和项目式教育等多元模式协同发展，真正落实素质教育理念，全面提升天津环城四区（西青区、津南区、北辰区、东丽区）的教育质量。同时，要传承中华民族重视教育的优良传统，以学校为核心构建社区文化中心，促进邻里互动交流，弘扬"孟母择邻"的教育理念和"远亲不如近邻"的睦邻文化。

经济是社会进步的物质基础，与绿色生态、环境建设和诗意栖居的发展理念相互促进。优质的居住环境有助于实现人的全面发展和社会和谐稳定，更能有效激励创新精神和企业家精神、孕育创新产业。在推进新型住房和社区规划建设过程中，需要鼓励和培养内生经济和新兴产业，特别要加大对民营经济和中小企业的扶持力度，培育具有创新精神的企业家和社会活动家，这是推动经济持续发展的根本所在。与此同时，应强化街道办事处职能，学习国外小城市管理的经营模式，借鉴功能区管委会的成功做法，探索设立街道管委会作为政府派出机构，赋予其统筹协调街道辖区内经济、社会、环境等事务的权限。此外，还需建立健全社会力量参与机制，引导第三方参与街道治理，调动居民自治积极性，在实践探索中逐步实现基层社会治理体系和治理能力现代化。

要发挥全社会的力量推动津环建设，统筹政府、市场和社会三方作用。在政府层面，从市政府、区政府到街道办事处和管委会，各级政府机构都需将津环地区的发展作为重点工作，其中街道应作为推动津环规划建设运营的主体力量。在市场层面，不仅要调动市政府平台公司及国企、央企资源，更要重点培育民营和中小企业，使其成为津环开发建设的中坚力量。在社会层面，一方面要激发居民参与津环规划建设运营的主体作用，另一方面要将津环打造成为各类社会组织发展的沃土。

津环不仅要实现"诗意栖居"的理想，更将成为推动天津城市经济和社会文化转型升级的引擎以及居民素质提升、财富积累的重要平台。当生态、居住、教育、商业等多元生活配套要素在此集聚融合时，津环必将迎来全方位的发展腾飞，成为继海河综合开发改造之后，天津建设国际化大都市的又一战略支点。

本书的主要内容

《津环的诗意栖居 天津一环十一园生态宜居圈层城市设计展望》是"天津规划和自然资源丛书"中率先完成的一册，全书分为四部分，共十章内容。第一部分"津环营城之谋"，梳理天津中心城区津环圈层规划和概念演进，回溯世界城市边缘圈层规划思潮的迭代，明确津环的内涵和未来发展方向；第二部分"天津一环十一园规划与实践回顾"，详细回顾了该区域 30 余年的规划建设历程，在总结规划成就和经验的同时，深入剖析了当前政府主导的成片开发模式与房地产开发合作中存在的问题，以及已建和在建区域在新产业培育、社会建设等方面的发展瓶颈；第三部分"津环的诗意栖居"，用全新视角研究国内外经典理论与实践案例，立足天津发展实际，强调津环圈层对天津建设"高质量发展、高品质生活、高效能治理、高水平开放"的"四高"现代化国际大都市的重大意义，探索新时代背景下政府、市场、社会协同的创新发展模式和规划设计新范式，为天津实现高品质生活创建、城市更新提升等十项行动提供支撑，并最终提出面向全社会的"津环诗意栖居 2035 / 2050 行动倡议"。第四部分"与经典对话——众读、众书"，介绍了本书采用创新编写方式的 "众书"的内容。

霍兵

天津市政府参事、中国城市规划学会常务理事

2024 年 10 月

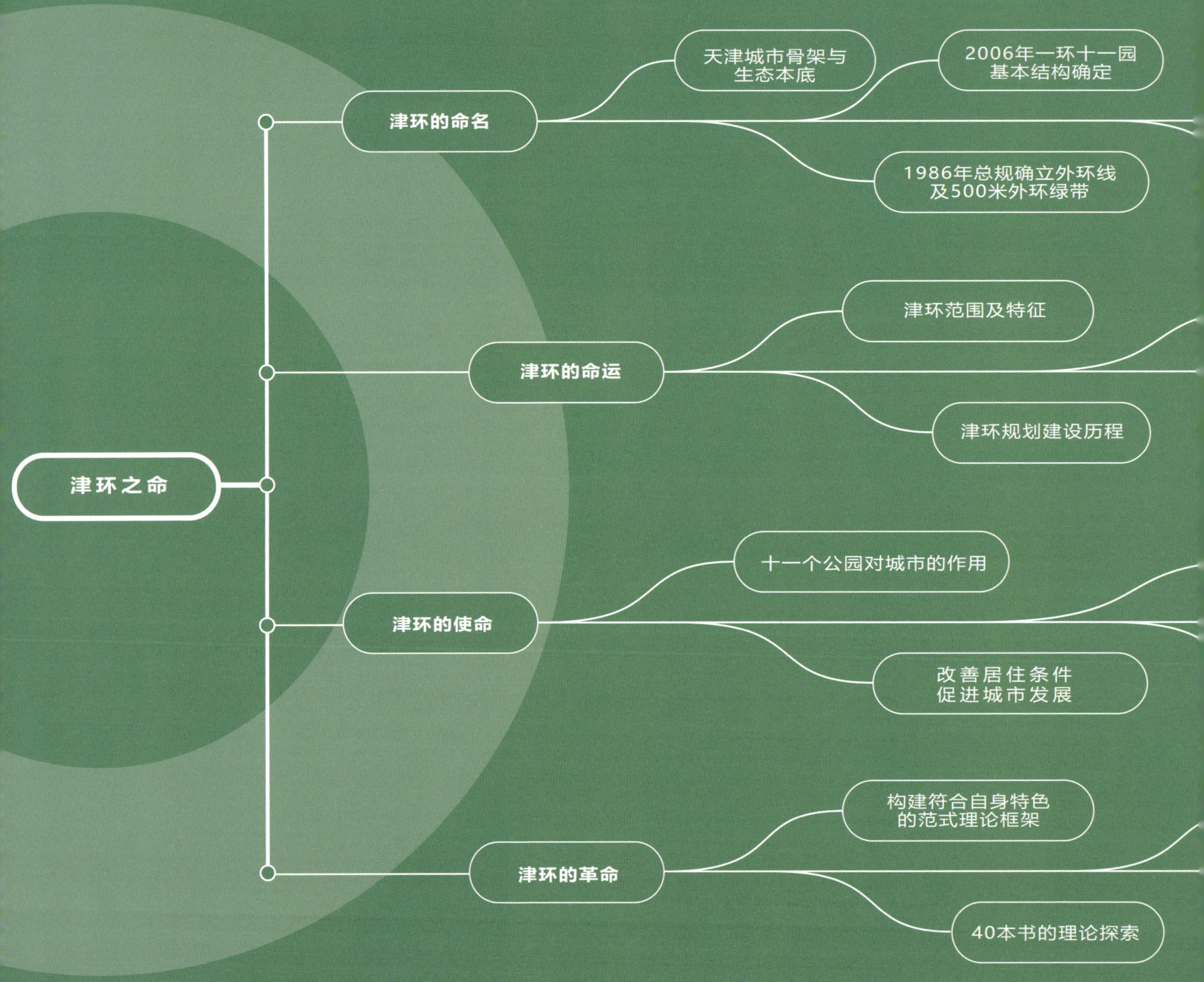

津环之命

津环的命名
　　天津城市骨架与生态本底
　　2006年一环十一园基本结构确定
　　1986年总规确立外环线及500米外环绿带

津环的命运
　　津环范围及特征
　　津环规划建设历程

津环的使命
　　十一个公园对城市的作用
　　改善居住条件促进城市发展

津环的革命
　　构建符合自身特色的范式理论框架
　　40本书的理论探索

2022年规划一环十一园
植物园链

2024年提出围绕一环十一
园建设优美的新型社区

2020年500米外环绿带转变
为生态游憩功能的环城公园

2023年提出津城圈层概念

提出津环概念

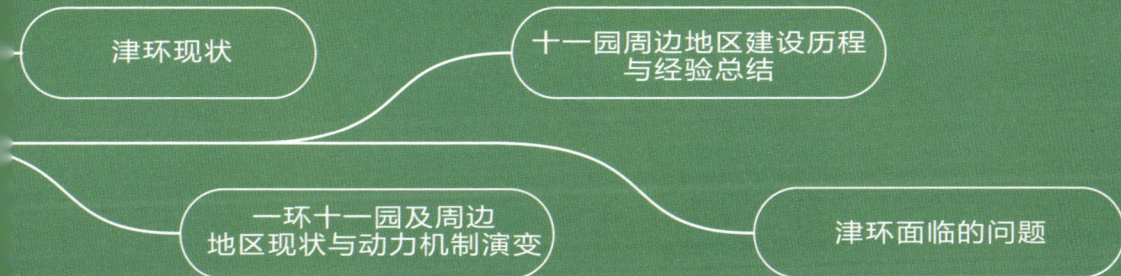

津环现状

十一园周边地区建设历程
与经验总结

一环十一园及周边
地区现状与动力机制演变

津环面临的问题

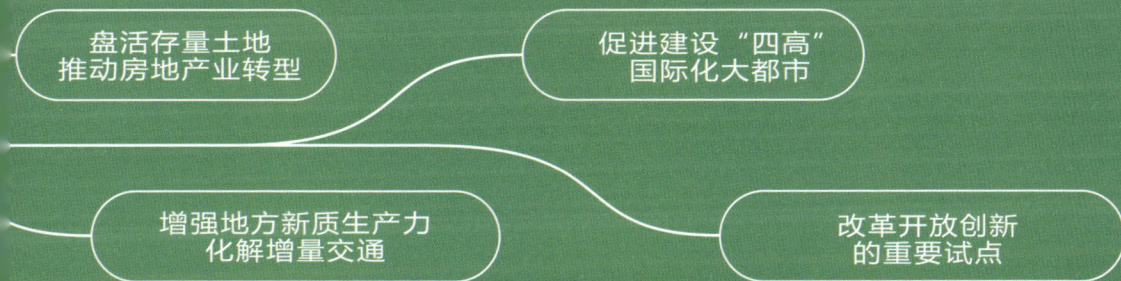

盘活存量土地
推动房地产业转型

促进建设"四高"
国际化大都市

增强地方新质生产力
化解增量交通

改革开放创新
的重要试点

三个城市发展理论基础
和四个创新范式的方向

生态公园行动倡议

内生经济行动倡议

从南淀公园实践维度
探索社区与公园建设模式

联宅好房子行动倡议

社会治理创新行动倡议

目录

第一部分

津环营城之谋

Strategies for Urban Construction of Tianjin Golden Doughnut

第 1 章

天津中心城区圈层拓展与
人居环境改善的规划演进

第 2 章

城市边缘圈层人居环境
的规划思潮演变

第 3 章

津环的昨天、今天和明天

人类最早的聚落，为了生存，往往栖水而居，既享水之便，又避水之害。所以，大量聚居地位于河流沿岸或河谷地区等自然生态优美的地方。随着经济的发展，一方面，城市开始向交通要道靠拢，河流曾经是主要的交通方式，所以很多历史名城也是因水而建设。随着船舶大型化，河港开始向海港转移，滨海城市越来越重要。另一方面，随着城市的扩展，城市外围圈层成为发展的前沿，也是居民改善人居环境的重要区域。天津就是按照这样的规律发展的城市。本章深入研究天津中心城区圈层结构的形成和演变过程，探讨了天津在不同历史时期城市空间结构与人居环境及绿地空间建设之间的关系。

天津地处"退海之地"，整体成陆时间较短。而位于燕山山脉余脉附近及周边的区域处于丘陵和冲击洪积倾斜的平原地带，海拔相对较高，受海侵影响较小，且天津"南濒沽水，北倚山原"，生态环境优越，农业发展条件较好。在秦汉时期，天津地区出现城池，主要位于北部的蓟州区、武清区、宝坻区，属渔阳郡和右北平郡管辖。这一时期，今天的北辰区以西部分才刚露出海面。至隋朝运河开通，天津城市由近山转为近水，发展重心由盘山渔阳古镇转移到三岔河口卫城。城市开始在盐碱土地上成长拓展，并实现了向滨海地区的转移发展。建设绿荫庇护的良好人居环境一直是天津城市的追求。

天津最初的城市骨架形成主要受由水环境构成的生态本底影响，城区主要呈现单核心空间结构。1404年筑城设卫，在绿色资源匮乏的生态本底背景下，绿地建设以散点式园林布局为主。1860年第二次鸦片战争后，随着租界建设，天津城区呈现双城多核心空间结构，现代田园思想萌芽，开始重视城市公共绿地空间的建设，但未形成系统性的绿地体系。新中国成立后，在城市外围规划新的工业区和生活区，满足城市扩展的需要。同时，生态环境改善和绿化公园建设成为城市发展关注的重点。历次天津市城市总体规划中，道路骨架以及绿地系统规划不断完善，天津城环形放射和外环线绿化带的概念逐步显现和建成，城市空间结构最终呈现圈层拓展的演变特征。

结合《天津市国土空间总体规划（2021—2035年）》中构建的"一市双城多节点"的总体格局，新一版《津城总体城市设计（2021—2035年）》将津城规划范围扩大到1 466平方千米，明确提出了圈层的结构，即中心活力圈层、生态宜居圈层和田园城市圈层，并提出各圈层的发展目标。津城圈层空间结构的演变过程体现了天津在建设生态宜居城市、提升居住品质方面的理念和技术在不断进步，为未来城市发展创新模式奠定了基础。

天津海河傍晚景象 | 甄琦拍摄

第 1 章

天津中心城区圈层拓展
与人居环境改善的规划演进
The Planning Evolution of Circle
Expansion and Habitat Improvement
in Tianjin's Central City Area

➲ 1.1　封建时期三岔河口卫城与私家园林

　　天津最初的城市骨架主要受水环境构成的生态本底影响形成，其所处的"退海之地"的形成可追溯至 4 000 年以前。古黄河裹挟着上游的泥沙，曾三次改道在天津附近入海，冲积出平原，天津地区于商周时期出现最早的人类活动。至秦汉时期，由于政治环境趋于稳定，天津地区开始出现城池，主要位于北部的蓟州区、武清区、宝坻区，属渔阳郡和右北平郡管辖。在这一时期，今天的天津市北辰区以西部分才刚露出海面，可以说天津地区整体成陆时间较短。而位于燕山山脉余脉附近的渔阳古镇及周边区域处于丘陵和冲击洪积倾斜平原地带，海拔相对较高，受海侵影响较小，且"南濒沽水，北倚山原"，生态环境优越，农业发展条件较好。直至隋朝运河开通，天津城市发展重心由近山转为近水，由盘山渔阳古镇转移到三岔河口卫城。

　　隋朝时期大运河的开通，使得天津成为重要的航运枢纽城市，城市地位迅速提升。到了唐朝，天津作为沿海边防地带，海上军事运输职能也开始显现，永济渠、滹沱河和潞河交汇处形成的"三会海口"成为军粮转运的必经之地，也成为后来天津城的发祥地。宋元时期，天津的军事地位被一再提升和强化，在三岔河口设直沽寨。明朝时期，天津与北京的比邻关系决定了天津作为"卫城"的重要使命，直沽修筑城墙，设立"天津三卫"，以保护首都安全和保证漕粮储存和运输，由此奠定了天津城市的雏形。城垣内是封闭式格局，卫城东、北两个方向毗邻河道，贸易往来繁忙，形成两大城外商业区，城外发展快于城内，奠定了天津突破城垣沿海河发展的基础。这一时期，天津多条河流汇集，水资源丰富，同时由于泥沙淤积，海河上游的河床越来越高，形成"地上河"，使平原上形成了排水不良，甚至无法排水的洼地，即所谓"河间洼地"。河流与洼淀交互分布，易出现水土流失现象，难以形成大面积的天然林地。元代以来，天津也进行了以传统园林为主的绿地建设，共计 30 余处，以点状布局结构分布于海河和南北运河沿岸等水资源丰富的地方，但对区域范围内的生态环境改善作用较小。

为了适应洼淀密布的自然环境，天津历史时期的城市和村落均建于地势较高的位置。明朝时期天津卫城正是建于三岔河口西南方向的地势较高之处。由于天津地势整体向东南降低，因此洼地在卫城南部最为集中。村落多通过取土筑村台、大水压碱、台上植树的方式将聚落建于环水高地之上，改善居住环境。如今天津村落名称中带有"台""堤"等字的，基本上都因此得名。其中以海光寺、八里台一带最为明显，区域内洼淀、沼泽和水坑交错，需从洼地中人工垒筑堤道才得以通行。

纵横交织的河流网络带来了繁忙的漕运发展，天津的城市空间发展主要沿南运河和海河延伸，整体呈现东西走向的带状城市特征。同时也奠定了天津城区洼淀密布、水土保持困难的自然环境基础，亟需现代工程技术的介入来改善区域生态环境，以提高人居环境质量，保障生态安全。

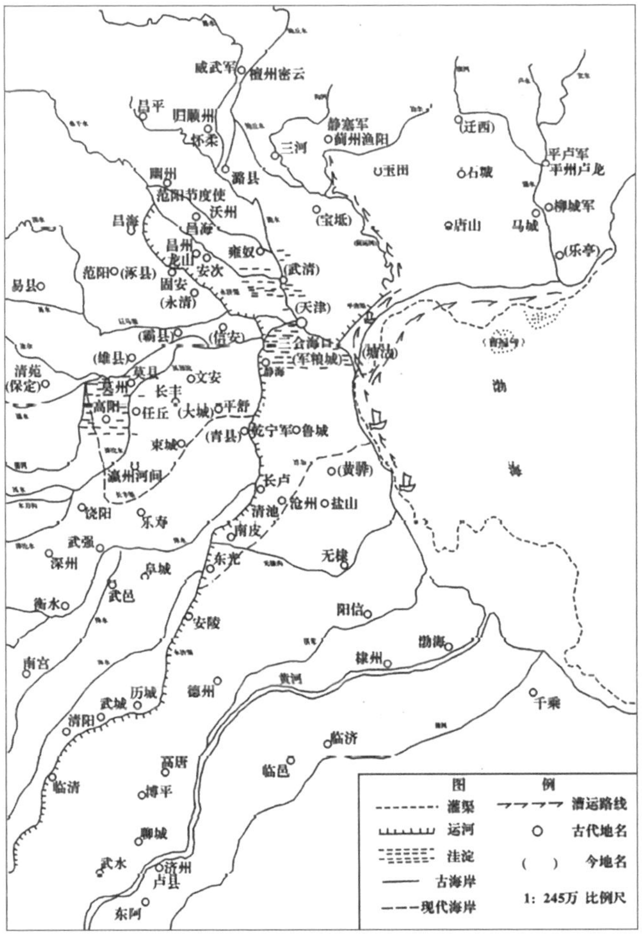

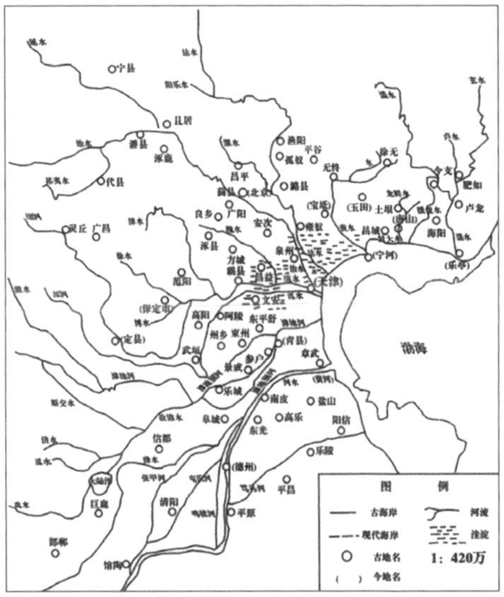

1 | 2 / 3

1 隋唐渤海湾水系及聚落示意图

2 西汉渤海湾水系及聚落示意图

3 新石器时代渤海湾水系及聚落示意图

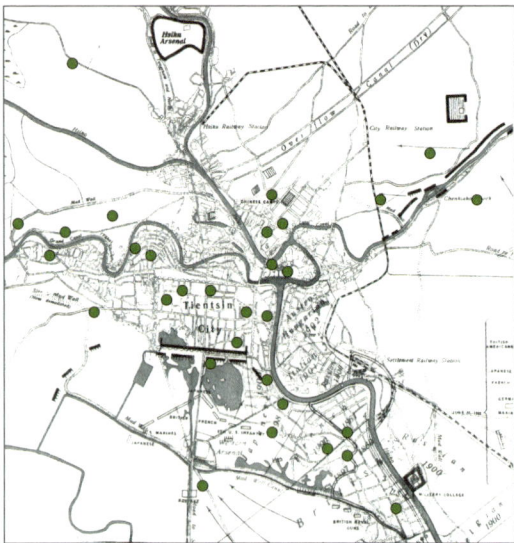

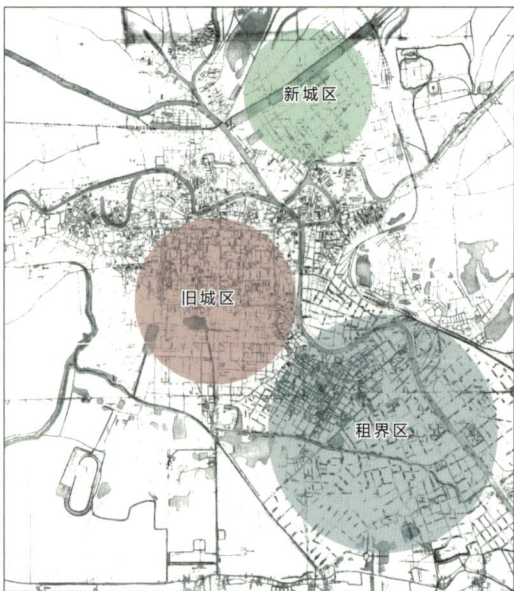

1　1860—1949 年天津城市绿地分布
　　（图片来源：赵迪《天津市中心城区绿地的
　　发展、现状及分析》）

2　一水连三城的近代天津城市格局
　　（图片来源：孙津《海河与天津城市形态演
　　进关系研究》）

➋ 1.2　天津近代租界时期双城多核形态与城市公园

　　1860 年第二次鸦片战争后，天津被迫开埠，城市快速扩张，城东南沿海河两岸划定大片租界（约为原天津老城面积的 3.47 倍），使得城市重心被迫向东南转移。天津城市空间的重心由漕运时期的以三岔河口为中心的东西向分布转为沿海河呈西北—东南向延伸。租界的建立不仅改变了天津的城区范围和空间结构，更是将近代西方城市规划理论与管理章程引入，开启了天津城市的近代化转型。各国租界应用现代工程技术，将海河治理与城市建设结合在一起，利用海河疏浚、裁弯取出的淤泥、河沙填垫洼淀建设新城区，为天津城市生态环境改造提供了范例。

　　与此同时，公园作为新型现代公共空间也随着租界的建设开始出现，在英租界内部建设了天津最早的公园——维多利亚公园，主要供侨民休憩娱乐使用。随着基础设施建设和"吹泥垫地"工程的逐步完成，英租界出于扩张城市空间和推动租界影响力的意图，将公园设施的建设拓展到租界区的边缘区域，吸引了各方势力对公园建设的关注。

　　20 世纪初，袁世凯为了摆脱租界的控制，选择在海河北岸建设河北新区以振兴华界，城河位置关系不再是"城在河一侧，河绕城而过"，而变成了"城在河周围，河穿城而过"，城市形态也可概括为沿海河扩张的"带状"形态。此外，受到租界建设的影响，袁世凯认识到公园这一新式事物在改善城市生态环境、缓解人与自然紧张关系以及开启民智、教化民众等方面具有得天独厚的优势，并在华界区域内开始了公园的建设。

　　1930 年，天津成为特别市，城市建设加快，开始有了总体规划的尝试。由梁思成、张锐合作的《天津特别市物质建设方案》是天津近代第一部较为完整的城市总体规划。政府部门开始从城市整体甚至更大的区域层面考虑天津的城市定位与发展方向，并拟定了系统的公园体系建设，城市人居公共环境的改善成为城市建设的必要议题，但这一规划受时代限制未得到充分实施。

　　这一时期天津城市骨架的发展仍主要受到海河的影响，同时受现代田园城市规划思想影响，租界区域开始建设以公园为代表的公共绿地空间，并呈现出散点分布的特征，改善了五大道等地区的人居环境。此外，在城市扩张的需求和宜居思想萌芽影响下，天津政府机构也开始重视城市公共绿地空间的建设，但由于城区存在大面积土壤盐碱化严重的洼淀，树木生长条件较差，缺乏大片的天然林地，以公园为代表的公共绿地空间主要通过人工种植植被的方式进行建设，规模较小且散点分布，未形成系统性的绿地体系，对整体城市空间结构发展和生态环境改善的影响也较低。

➜ 1.3 三环十四射规划结构与外环绿化带

1.3.1 1949—1976 年城市圈层拓展与外环绿带雏形出现

从新中国成立后到改革开放之前的近 30 年间，城市逐渐恢复正常的建设节奏，逐步展开系统规划设计，在城区外围规划成片工业区和配套生活区。城市开始了圈层拓展的雏形。针对天津市绿地资源匮乏的问题，开始探索城市和自然的融合发展。

首先是"一五"计划时期（1953—1957 年），在苏联公园绿地规划模式影响下，天津市政府制定了 1954 年版天津城市总体规划，主城区出现了"环形放射—楔形"绿地结构的雏形，并开始关注大型郊区公园对城市生态环境和品质改善的作用。在明确了天津作为工业城市的性质后，城市道路为工业生产发展创造便利条件，采用了环形与放射式相结合的布局，形成"三环十八射"的路网骨架，增加了对城市道路、铁路等行道树绿地和防护绿地的建设。由于天津在历史上并非都城，城市周边没有大型苑囿可以利用，但坑塘水洼众多。1951 年，天津市利用砖厂废弃地建设了占地 2 平方千米的水上公园。水上公园作为当时天津郊区面积最大的公共绿地空间，影响着城市整体空间结构的同时，也为后期城市绿地环的形成奠定了基础。1958 年在《天津市第二个五年计划城市规划工作汇报》中提出，综合考虑天津市原有绿化基础较差、市区内用地紧张等问题，在市外或新区选择沿用修建水上公园的办法，开挖湖塘以配合建设取土的需要，然后对其进行适当绿化，或有意识地预留较大的绿地，从而形成绿地系统中的"块状"绿地。

天津水上公园俯视图
（图片来源：天津市城市规划学会城市影像专业委员会 | 侯鑫拍摄）

其次，受 1959 年版天津城市总体规划影响，城市绿地系统开始呈现圈层式发展的特征。城市发展模式采取了"大分散、小集中、集中分散相结合"的原则，注重市中心区域的主导作用，并在周边建立卫星城和小型城镇，形成分散集团式布局。面对天津城市的蔓延扩张，规划设计了由连续的"绿带"和"蓝带"组成的相互联系、相辅相成的生态分割系统。其中，前者代表的是串联市区内外的绿色景观，包括交通线两侧的绿化隔离带，后者则依赖于运河、海河等水系资源。

这一时期，天津市的绿地规划由新中国成立前散点式的城市园林规划扩展到了整个市域的总体绿地规划，与城市规划领域中强调大型城市"有机疏散"和建设"卫星城"的区域规划理论相契合，把城市外围散乱的工业区、生活区联系起来，避免了城市蔓延造成的布局混乱现象，对生态环境的保护起到了一定的积极作用。同时，水上公园的建设，对后续以改善城市环境、提升城市品质为目标的郊区公园建设起到了开创性意义。但从总体上讲，因城市建设仍重点围绕"工业发展"的目标来进行，城市规划整体的生态观念和人居思想仍显不足，生活区与工业区比邻布局，而不是与公园比邻，因此未能控制蜂拥而起的街道工业对城市环境的污染和自然环境的破坏。

1 | 2

图例
工业
仓库
绿地
铁路
道路
河流

淀南水库
京津运河
南淀

铁路　工业用地
居住用地
河流　仓库用地
规划河流　公园

1　天津城市规划示意图（1954 年方案）
　（图片来源：《天津市城市规划志》）

2　天津城市总体规划（1959 年方案）
　（图片来源：《天津市城市规划志》）

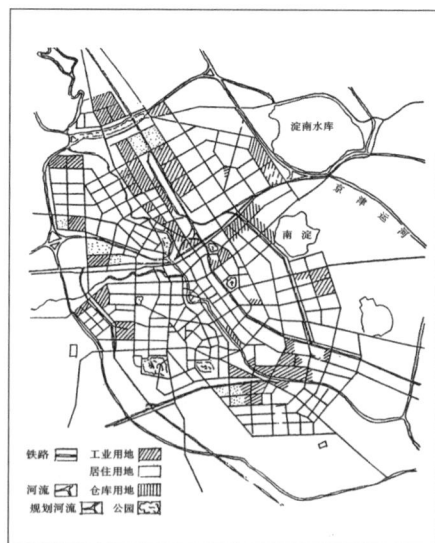

1.3.2　1977—1986 年"三环十四射"空间结构和外环绿化带、风景区的确立

1976 年唐山大地震波及天津，震后重建工作以及 1978 年的改革开放成为影响天津城市发展的重大事件。1977—1985 年的八年间，天津城市用地扩展了42%，主要是向城市建成区四周拓展，城市面貌发生了巨大变化。改善城市居民生活环境、提升城市景观特色和风貌、保护城市生态环境成为城市建设的重要核心思想，在此背景下，天津在城市建设方面进行了一系列城市绿地系统规划实践。

1981 年，天津市首次规定了中心城区的明确地界——外环线。1986 年的天津市城市总体规划方案（"1986 版总规"）中，天津城区的绿地体系构建得到深化，确立了天津城市"三环十四射"的道路骨架，奠定了津城圈层放射式的总体空间布局。城市绿地规划作为基础设施的重要组成部分，与道路交通网络紧密结合，共同推动了天津城市空间的增长和功能性区域的划定。"三环十四射"路网体系不仅是交通便利性的象征，更是当时城市空间设计的智慧体现，它促进了城市空间的有序扩张，并有效支持了各个功能区的有序分布，对天津的城市面貌和城市发展策略产生了深远影响。

三条环路的建设完成后，天津开始了向周边区域快速辐射发展的进程，新型居住地、商务中心及工业基地纷纷崛起。为了应对城市快速扩张引发的环境挑战以及满足居民的休闲需求，依托"三环十四射"开展的绿地规划也逐渐完善。比如在新建地区的规划设计中，增设一系列公园和社区绿地，以增加绿化覆盖率，提升居民生活质量。此外，还通过建设生态走廊等绿色基础设施来提高三环路之间的连通性，构成了支撑城市可持续发展的生态网络。

作为从三环路辐射出的一系列交通动脉，"十四射"有效加强了市区和郊区的联系，推动了郊区的经济发展进程。与此同时，绿地规划策略巧妙地沿这些交通线路展开，通过构建生态廊道等方式，维护并拓展了城市边缘的绿色空间，进而提升了整个城市的生态环境质量。

"1986 版总规"中"三环十四射"和外环绿化带规划愿景的提出，奠定了天津中心城区空间结构圈层式发展的基础。该规划开创性地将生态学原理运用于城市建设，通过科学配置植物群落，将"生态园林"的先进理念融入城市空间结构体系。这一规划实践成为全国城市环线绿地建设的典范，具有里程碑意义。此后，天津市经过建设初期的全民义务植树活动，形成了具有一定规模的环城绿带。但是由于盐碱化的土质、单一的植被品种和粗放式的管理模式等诸多因素的影响，环城绿带内植株长势普遍较差，加之因历史遗留问题，沿外环线的单位和村庄拆迁不及时，违法侵占环城绿带的现象严重，环城绿带仍未能发挥出正常的生态景观功能。

1987 年天津外环线
[图片来源：《天津市城市总体规划方案（1986—2000 年）》]

1.3.3　1987—2000 年以"双优化"和成片危陋平房改造为主的城市更新

"1986 版总规"中确定了"一条扁担挑两头"的城市空间格局和"工业东移"的战略。港口城市随着船舶大型化由河港向海港转移。工业东移促进了产业升级,解决了历史上形成的工业与居住混杂、影响人居环境问题。天津市政府结合国内"退二进三"的经验实施了优化产业结构和优化用地结构的"双优化"工程,采用市场化的方法推动了市区内工业用地的更新改造,改善了人居环境。

"1986 版总规"为天津城市更新提供了可靠的空间架构,而 20 世纪 90 年代的危陋平房改造则是城市更新的重大举措。1993 年底,天津市委、市政府决定利用 5~7 年时间拆除中心城区占地 2 公顷以上的成片危陋平房 164 片,共计 738 万平方米。1994 年,实行"以路带危改,以危改促城市更新"的方针,拓宽改造芥园道、友谊北路等城市道路。1995 年,通过制定和实施危改还迁安置住房"先售后租""只售不租"和"货币还迁"等政策,极大地推进了房改工程的进程,加速了住宅商品化的进程。1999 年,出台了停止住房实物分配,实行住房分配货币化的政策,进一步夯实了危改工程的政策基础,加快了危改工程的进程。

危改工程的实施适当提高了建筑容积率,节约城市建设用地,腾出部分用地用于中小学、绿化和道路等用地,加快了天津城市用地结构布局的调整和城市更新改造的进程。以危改带动土地出让,通过土地置换,将污染较为严重的企业由市区转移到远郊及滨海新区,带动产业链形成,大大降低了工业配套成本,加快了天津城市产业结构更新的步伐。

1 | 2 | 3

1　天津市区危陋房改造片区示意图

2　天津市梅江居住区总平面图

3　天津市华苑居住区总平面图

图例

■ 危改房片

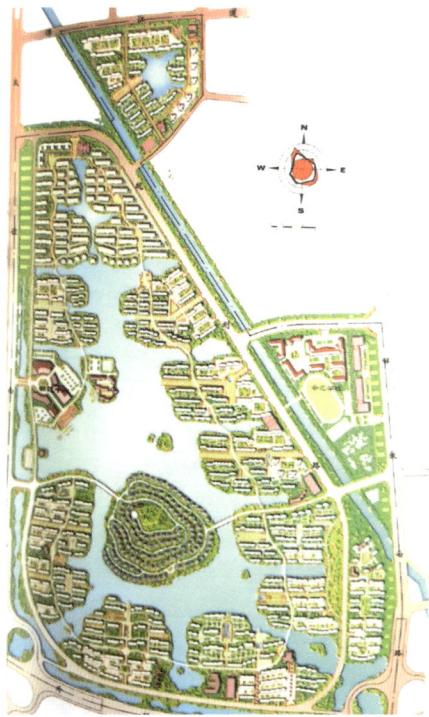

→ 1.4 （2000 年以后）津滨双城格局与生态环境体系

1.4.1 2002 年开始的海河两岸综合开发改造

2002 年，天津制定了《天津海河两岸地区开发改造规划》，将全长 72 千米的海河从总体上规划为 3 个段落。上游段以现有公共设施为核心体现亲水的国际化大都市形象。中游段规划为生态的海河自然风景旅游区和高新技术研发区。下游段规划为现代化港口城市形象区。天津自 21 世纪以来，重点推进中心城区从三岔河口到外环线的海河沿线规划建设，致力于打造国际一流的海河服务型经济带、文化带和景观带。弘扬海河文化，创建世界名河。通过实施水体治理、堤岸改造、交通道路、桥梁、通航、绿化广场、环境建设、灯光夜景、公共建筑、整修置换等十大工程，成功推动海河两岸工业区和危陋平房区向现代化服务业转型。历史文化街区得到保护和活化利用，中心城区城市形象和功能得到极大的提升。在生态环境建设方面，规划依托海河河道，在两岸布置带状绿地，形成了网络状绿化系统，同时启动了中心城区梅江、新梅江和水西公园等大型公园的建设。

<table>
<tr><td rowspan="2">1</td><td>2</td></tr>
<tr><td>3</td></tr>
</table>

1 海河两岸实景照片 1

2 海河上游段功能分区图

3 海河两岸实景照片 2

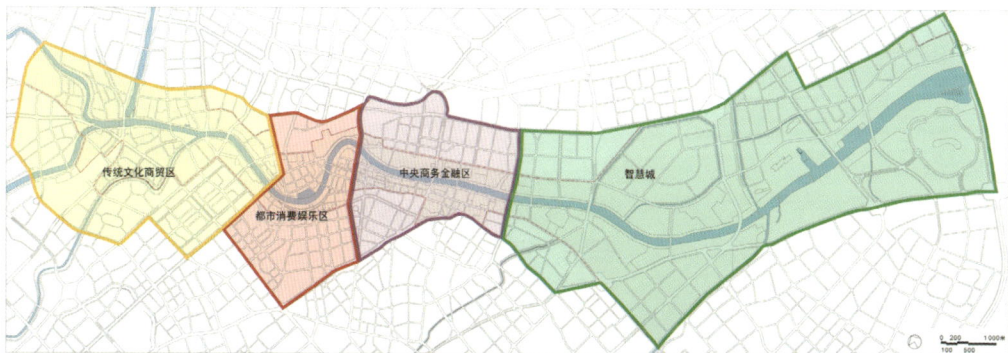

1.4.2　2006 年以滨海新区为龙头的全局发展和双城格局

进入 21 世纪，天津开始从区域的视角考虑城市发展，"跳出天津看天津"。2006 年滨海新区纳入国家发展战略，迎来大发展。2008 年《天津市空间发展战略规划》提出"双城双港、相向拓展、一轴两带、南北生态"的规划思路，中心城区、滨海新区及其他区县全面发展，市内六区第三产业和房地产进入稳定期，新四区（西青区、东丽区、津南区、北辰区）加速发展，围绕外环线形成了连绵发展的态势。

1.4.3　津滨双城格局下的生态环境建设

2008 年的《天津市空间发展战略规划》提出了架构天津中心城区和滨海新区核心区共同组成的"双城"城市发展格局后，2008—2020 年天津市中心城区及环城四区绿地系统规划，基于双城格局背景，绿地系统朝着更有序的"一水穿城、水绿相依、绿环相扣、绿廊楔入、公园棋布、森林围城"格局转变。同时，针对中心城区及环城四区，构建了特色鲜明的"两轴、三环、多楔多廊、多点"绿地网络，辅以生态农业用地、公园及生态保护区绿地，强化了城市与周边自然环境的交融。在中心城区外围建设了西青、北辰、东丽、津南四个郊野公园，这一举措不仅丰富了城市休闲空间，提升了城市景观的完整性，还提升了居民的生活品质，同时在城市安全和控制规模扩张方面发挥了重要作用。

2018 年，为落实习近平生态文明思想，天津市委市政府提出实施双城间生态屏障建设，以进一步加强滨海新区与中心城区中间地带规划管控，建设绿色森林屏障，从而优化城市结构，避免连绵发展，并以生态环境提升促进绿色创新发展，将双城中间绿色生态屏障区建设成为"生态屏障、津沽绿谷"。

1 | 2

1　天津市市域空间结构图
　[图片来源：《天津市城市总体规划（2015—2030 年）》]

2　天津市管控区示意图
　[图片来源：《天津市双城中间绿色生态屏障区造林绿化专项规划 (2018—2035 年)》]

➋ 1.5 津城总体城市设计的圈层拓展和绿楔入城

经过百余年的规划和实践探索，天津城市空间发展和生态建设格局基本明确。在《天津市国土空间总体规划（2021—2035年）》中，明确了"一市双城多节点"的城镇格局和"三区两带中屏障"的生态格局。同时，经过高速增量扩展后，天津进入存量与增量并重发展的新时期。

天津市中心城区经历了从近代双城多核形态到现代"三环十四射"空间结构的演变。随着城市建设的推进，天津城市空间逐渐呈现出以核心区域为中心、向外围扩展的圈层发展趋势。

2020年11月1日，《求是》杂志发表了习近平总书记的文章《国家中长期经济社会发展战略若干重大问题》。文章指出："大城市人口平均密度要有控制标准。要建设一批产城融合、职住平衡、生态宜居、交通便利的郊区新城，推动多中心、郊区化发展，有序推动数字城市建设，提高智能管理能力，逐步解决中心城区人口和功能过密问题。""要推动城市组团式发展，形成多中心、多层级、多节点的网络型城市群结构。"

2022年3月，天津市人大审议通过了《天津市人民代表大会常务委员会关于促进和保障构建"津城""滨城"双城发展格局的决定》。文件要求打造紧凑活力"津城"和创新宜居"滨城"，构建"一市双城多节点"的城镇发展格局，促进生产空间集约高效、生活空间宜居适度、生态空间山清水秀。

为了着眼落实中央部署，2022年底，天津市委经济工作会议正式提出推动天津发展的"十项行动"。2023年6月，天津市委、市政府印发"十项行动"之一的《中心城区更新提升行动方案》，明确"津城"总体城市设计是该行动方案中的重要任务。

1 | 2

1 津城总体城市设计规划设计结构图
   ［图片来源：《津城总体城市设计
   （2021—2035年）》］

2 津城核心区国土空间规划分区图
   ［图片来源：《天津市国土空间总体
   规划（2021—2035年）》］

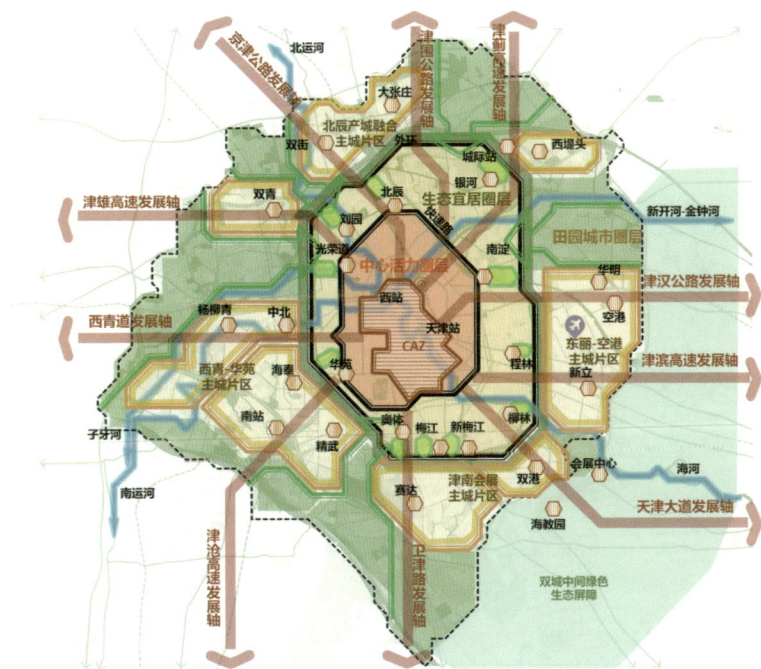

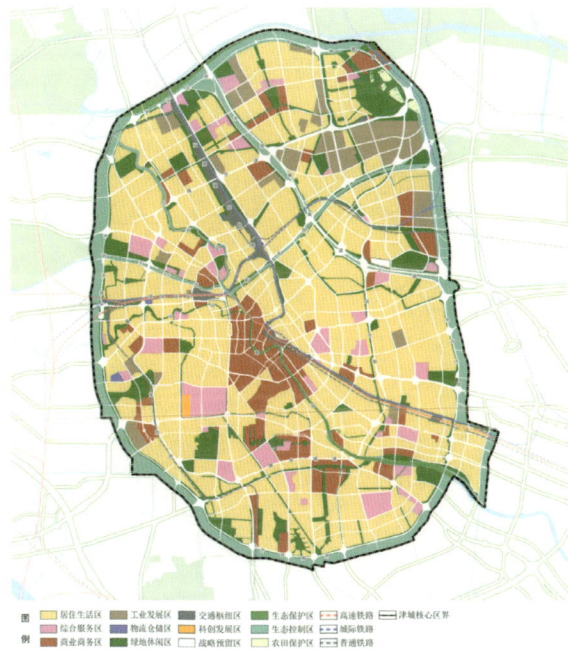

津城总体城市设计规划范围包括市内六区及环城四区（不含双城中间绿色生态屏障），总面积约1466平方千米，首次将城市和生态环境作为一个整体进行设计。总体城市设计以津城核心区统领周边多个组团，构建城市"中心—郊区—乡村"紧密联系的有机整体，在宏观层面引导城市空间的多样性，促进城乡融合和生活品质提升，促进津城健康有序发展，为打造活力魅力品质津城提供保障。津城总体城市设计延续了天津中心城区圈层拓展的空间演变趋势，并在此基础上，引入了城乡断面理论，以快速环路、外环线为界，划分为三个圈层，由内向外依次是中心活力圈层、生态宜居圈层、田园城市圈层，整体上强化空间秩序，引导城市形态，形成疏密有致的城乡空间形态，构建"中心集聚、圈层拓展、轴向延伸、绿楔入城"的总体空间结构，蓝绿空间占比超过50%。其中中心活力圈层范围为快速路环线以内，总面积为169平方千米。生态宜居圈层范围为快速路环线与外环线之间，总面积为264平方千米。田园城市圈层范围为环城四区外围行政边界及双城管控地区边界与外环线之间，总面积为1033平方千米。

津城总体城市设计以轨道交通为导向带动城市轴向发展，依托主干路网与轨道交通走廊，连接中

津环圈层拓展示意图

心活力圈层与外围城镇组团与产业功能区，引导城市空间轴向延伸。依托郊野公园、都市农业、生态公园、滨河绿地等，形成绿楔入城的空间格局。按照宜耕则耕、宜林则林、宜园则园的原则构建津城蓝绿空间，使自然融入城市，优化城市生产、生活、生态空间布局。

20 世纪，伴随着城市化的进程加速，伦敦、巴黎等世界上多个代表性城市均存在圈层拓展的城市扩张特征。反映在城市地域结构上，城市从核心到外围被划分为中心地域、城市的周边地域和市郊外缘的广阔地带，呈现出由这三大区域组成的圈层结构。在城市扩张过程中，由于地处城市化前沿阵地，城市边缘地区（城市建成区的外围地带，或由城市中心区向远郊区过渡的地带）的绿地空间建设往往对城市圈层结构的形成起着重要作用。

$\dfrac{1}{2}$

1 津城发展轴带示意图

2 津城空间形态演进图

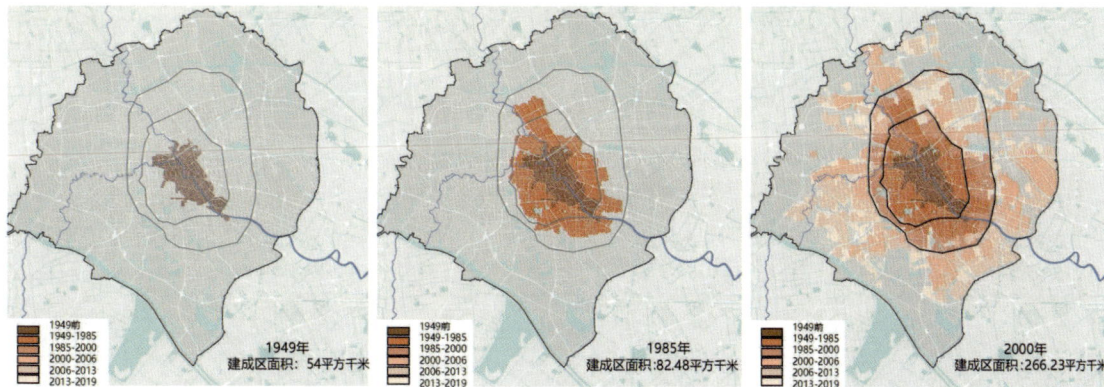

18 世纪工业革命后，伴随着工业化的步伐，英国伦敦的扩张蔓延速度之快、规模之大是历史上从未有过的。由于缺乏超前的规划，伦敦城市无序扩张，造成住房短缺、房地产投机、交通拥堵、环境污染等大量的城市问题，形成大城市病。有英国地理学者将伦敦的城市结构比喻成洋葱头，一圈包一圈扩展。各种问题矛盾交织在一起，难以突破。内城改造造价畸高，而城市边缘的农田和自然环境不断被蚕食。不管是城市居民还是农民，生存环境都十分恶劣。现代城市规划就是为了解决大城市病而产生的。英国城市规划师霍华德分析工业化带来的城乡问题，提出田园城市思想，核心是城乡"联姻"，即在城市外围郊区建设田园新城，使居民既可以享受城市的便利，又可以接近乡村的自然风光，从而实现人的诗意栖居。田园城市之后的许多规划理论也是基于这样的理念。所以，城市外围圈层的发展和绿地系统建设以及实现公众诗意栖居的理想一直以来都是城乡规划领域关注的核心。在众多经典规划理论和实践中都可以窥见对这一问题讨论的身影。

　　本章梳理了中西方城市化脉络中城市圈层发展与新的城镇、居住社区和公园绿地建设的关系，特别是对绿化圈层的尺度进行了比较分析。从点状公园建设，到环城绿带出现，再到郊区公园、环城绿带以及周边区域相结合的系统性生态规划，通过对这一发展过程的分析，发现城市边缘圈层的绿地和生态环境与新的居住社区建设在城市发展中起到了关键作用。在快速城市化阶段，城市边缘圈层通过建设环城绿带一定程度上控制了城市的无序蔓延，以大伦敦规划的绿带为典型代表。随着城市郊区化和郊区城市化阶段的到来，城市边缘圈层通过系统化的绿地建设起到改善城市生活、提高环境品质的作用，已成为探寻生态宜居导向下城市空间创新模式的重要区域，如大巴黎周边四个新城的规划及法兰克福、哥本哈根腰部地区的发展趋势。最后在概览国内外公共绿地空间发展典范的基础上，挖掘公共绿地空间建设对城市发展的价值导向，探究城市边缘圈层的发展趋势，结合最新的城市腰部支撑规划概念和理论，为未来城市高质量发展提供借鉴意义。

第 2 章

城市边缘圈层人居环境的规划思潮演变
The Evolution of Planning Trends on Habitat in Urban Fringe Circles

⮕ 2.1 近现代公园建设与城市边缘的关系

2.1.1 西方公园建设与城市发展

亚里士多德说："人们来到城市，是为了生活；人们居住在城市，是为了生活得更好。"城市的公园绿地与人居环境改善有着密切的关系。历史上，帝王将相在城镇边缘都建有大片园林、苑囿，供自己狩猎、娱乐之用。城市中心王公贵族也都建设私家园林，而广大居民无法享用，居住在逼仄的巷弄中。

现代意义上的城市公园最早产生于英国，并随后在法国和美国发展成熟。18 世纪英国工业革命开始后，机器大生产占据了国民经济的统治地位，城市不断扩张，环境日趋恶化，当时的公共花园、街道广场只能满足诸如散步、小集会等活动，而宫苑、猎苑和私园则仅向皇室、贵族和商绅等小众群体开放。为了解决公共环境危机及公共需求，1833 年英国国会采取举措，拟定了"在人口聚集区附近建立固定的公共散步场所和健身广场，促进居民健康，提高生活舒适度"的方案。往日英国王公贵族的专有园地逐渐向大众开放，欧洲各国竞相效仿，掀起向公众开放皇家宫苑、私家花园的浪潮，城市公园逐渐兴起。1853 年乔治 - 欧仁·奥斯曼（Georges-Eugène Haussmann）在主持巴黎城市改造时，在城郊规划建设了文森纳森林公园和布隆森林公园。

受到欧洲开放公园的影响，美国营建公园的呼声也日益高涨。在移民迅速增加及近代产业制度的刺激之下，美国各个城市不断扩大，城市公园理念正好与这一时代潮流相适应。景观建筑之父弗雷德里克·劳·奥姆斯特德（Frederick Law Olmsted）主持了中央公园的设计和建造，他指出：公园塑造城市环境，舒缓城市生活压力，促进市民身心健康，从而整体上推进城市文明化。

1873年纽约中央公园建成，它是美国历史上第一个真正的大型城市公园。中央公园建设之初，奥姆斯特德将其定位为地处城市近郊、交通便捷，能为成千上万的市民提供乡村风景体验与休闲放松的场所。奥姆斯特德的设计方案确定后，中央公园周边的土地利用、街区格局和交通的规划及天际线设计皆是以中央公园为核心空间加以组织和协调，环绕中央公园形成高强度开发。中央公园的设置大大激活了周边土地的开发，围绕中央公园的相邻区域迅速聚集高级酒店和公寓，土地价值大幅增加。中央公园的建成对周边地区产生了结构性影响，促进了新的中央商务区的形成。从1868年和1918年纽约的历史地图可见，中央公园已从最初定位为城市近郊区的"乡村休憩所"转变为了城市中心容纳大小活动场所的"人民公园"。

中央公园的发展战略被视为以超规模的公园作为城市扩张秩序化的一种城市规划手法，在后续城市的规划建设中被广泛应用。受中央公园影响，19世纪末至20世纪初，城市美化运动在美国兴起。1892年，奥姆斯特德在波士顿市规划建立了第一个公园系统，也就是人们所熟知的"翡翠项链"的前身。后来又在布法罗、底特律、芝加哥等地规划了城市公园系统，成为有计划地建设城市绿地系统的开端。

2.1.2　中国古典园林建设与城市发展

中国古代的传统园林以北方皇家园林及江南私家园林为主体，多为特权阶层服务，除了部分依托"城邑近郊山水形胜之处，建置亭桥台榭"而发展形成的公共园林，缺少真正意义上为普罗大众服务的"公园"。中国真正意义上的公园出现于1840年鸦片战争后。在西方资本主义入侵的背景下，租界公园诞生，公园文化开始兴起。鸦片战争后，随着一系列不平等条约的签订，沿海开埠城市划出租界，西方侨民带来了西方的公共性活动场所形式，城市公园就是其中之一。公园的开放性及所谓民主意识的表达为我国公园建设的发展提供了契机。

中华民国建立后，中国各大城市在市政改革过程中引入城市公园系统规划的理论，公园建设以政府为主导在全国范围内铺开。在实践上，不但开放了一些皇家宫苑、坛、庙作为公园，还兴建了公园、墓园等，风格大多为中西混合型。同时，中国传统私家园林与洋人的花园、公园收归国有，开放成为全民共享的公园。

南京是六朝古都，且作为民国政府的首都，是这一时期公园建设发展极具代表性的城市。通过对比南京市1898年的古典园林和1939年的城市公园分布，可以发现，南京近代绿地空间建设呈现由南部城市核心区向北部城市边缘地带蔓延的趋势，且城市核心区的公园建设以点状绿地为主，城市边缘地带的公园建设以较大面积的块状绿地建设为主。其主要原因在于，城南老城区地价高昂，且土地性质复杂、建筑密度较大，原有的古典园林也以小型私家园林为主，难以开展

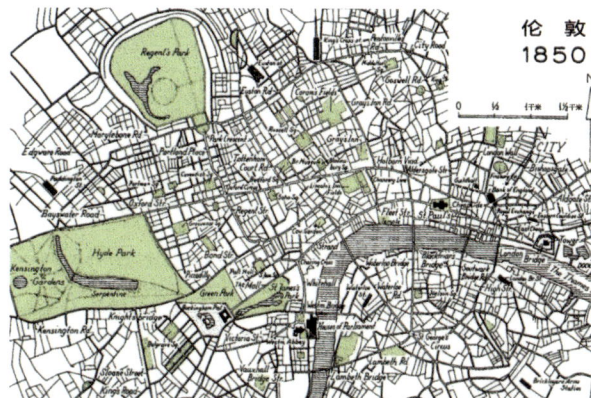

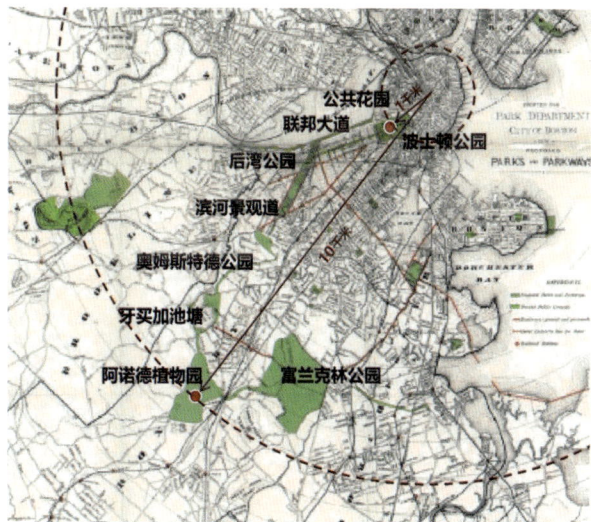

1　19世纪伦敦市中心公园分布图
（图片来源：《现代伦敦的诞生》）

2　奥斯曼时期巴黎公园绿地分布图

3　波士顿"翡翠项链"位置示意图
（图片来源：波士顿公园委员会）

较大规模的绿地建设；城北近郊区地价低廉，建设用地稀少，自然空间成片分布，且随着玄武湖这一大型皇家园林的开放以及与紫金山等山水资源的结合，城市得以依托城市边缘地带良好的生态本底，进行大面积且连续的系统性公园建设。同时，南京近代时期城市边缘地带的公园空间建设也对后来的城市发展产生了深远影响，其中玄武湖公园已逐渐从民国时期的近郊公园演变为主城区绿地系统结构的核心，成为南京市现代城市空间功能的重要组成部分。

2.1.3　公园建设与城市边缘的关系

通过前文对近现代城市化背景下中西方公园建设的梳理，可以发现，在城市发展的初期或扩张阶段，城市大型绿地空间建设与城市边缘圈层密不可分，并对后续的城市发展产生深远影响。具体表现为，由于城市中心地域土地资源紧张，大型公园建设在选址时，往往会考虑到城市的土地资源、生态环境以及未来城市发展的方向等因素，因此城市边缘地区由于土地成本相对较低，且生态本底环境相对较好，成为大型公园建设的重要区域。同时位于城市边缘地区的大型公园建设也会凭借自身产生的社会、生态、经济价值对周边地区建设产生影响，进而影响城市的空间结构和发展方向，对改善人居环境、增强城市特色具有十分重要的作用。

南京市1898年和1939年城市公园的位置分布图
（图片来源：许若菲　王晓俊《近代南京城市绿地形态演变及其影响因素分析》）

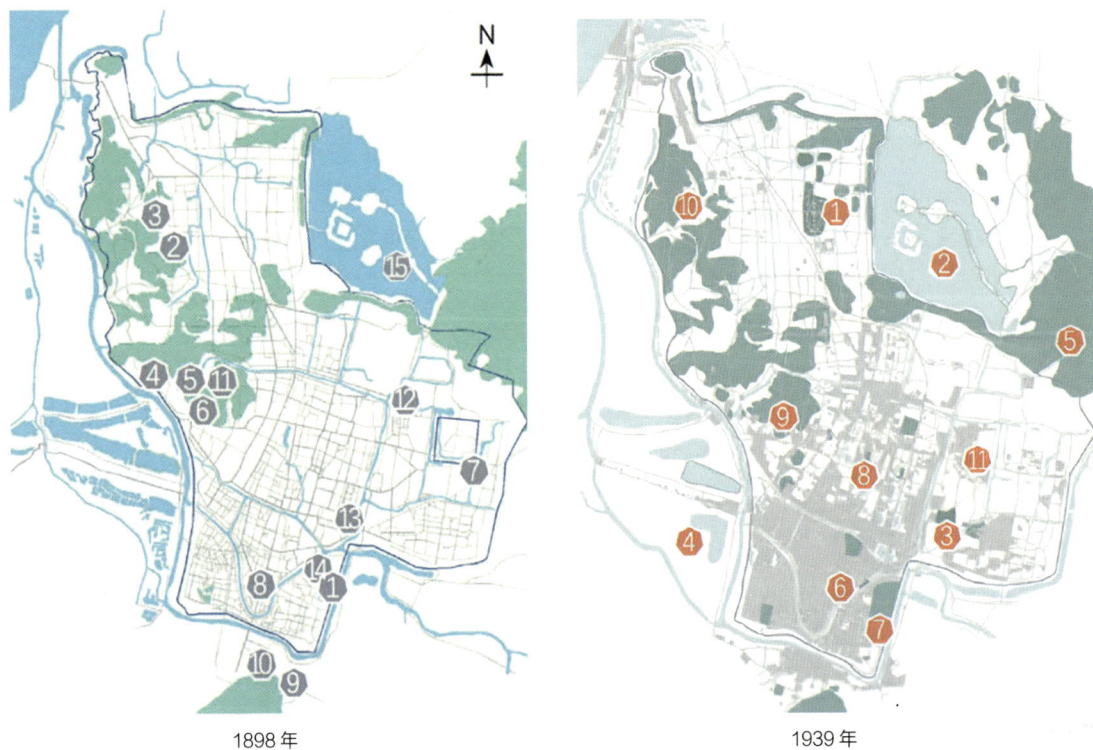

1898 年

1. 东园旧址	6. 颜鲁公祠	11. 薛庐
2. 古林寺	7. 明故宫	12. 煦园
3. 金陵寺	8. 愚园	13. 五亩园
4. 清凉寺	9. 刘园	14. 瞻园旧址
5. 随园旧址	10. 雨花台	15. 玄武湖

1939 年

1. 绿筠花圃	6. 秦淮小公园	11. 中央政治区公园
2. 玄武湖公园	7. 白鹭洲公园	
3. 第一公园	8. 新街口公园	
4. 莫愁湖公园	9. 清凉山公园	
5. 中山陵园	10. 平民公园	

→ 2.2 城市边缘区规划理论指引

2.2.1 田园城市理论

1750—1911 年伦敦人口增长了 5 倍，城市建成区扩大了 10 倍。工业革命引发了现代城市化进程，伴生了一系列的城市问题。埃比尼泽·霍华德（Ebenezer Howard）在此背景下提出了田园城市的设想。

田园城市理论开始重视城市边缘的建设，强调在城市周围永远保留绿带的原则，使整个城市处于绿色的环抱中。绿地空间的形态设计凸显了其围合与调控功能，旨在遏制城市无序蔓延，避免"摊大饼"式的空间扩张模式。通过构建多个围绕核心城市布局的卫星城，利用农田作为天然屏障，实现城市间及城市与自然环境之间的有效隔离与和谐共存。同时要求农村地区在绿化覆盖面积与数量上达到城市的数倍规模，以确立其作为城市生态支撑系统的关键地位。

城市之间被广袤的农业用地所环绕，这些用地不仅是农业生产的基础，也是城市生态安全的重要屏障。而在田园城市内部，绿地系统的规划则采用了绿核与绿带相结合的布局模式，二者通过精心设计的林荫大道相互连通，形成了复杂而有序的绿色网络结构，显现出了绿地优先的规划方法与思想。1903 年，英国在伦敦以北 56 千米处的郊区建设了世界上第一个田园城市式的卫星城莱切沃斯（Letchworth）。

1924 年在荷兰阿姆斯特丹召开的国际城市规划会议上，霍华德"田园城市"理论中的绿带理念获得了广泛共鸣，会议着重讨论了限制大都市扩张的重要性，并倡导环绕现有城市扩张地域设计生态缓冲区。同年，伦敦都市工作委员会积极响应这一理念，发起

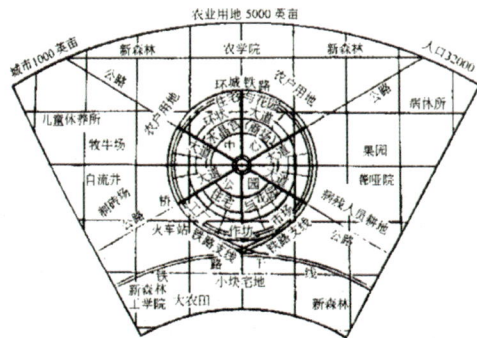

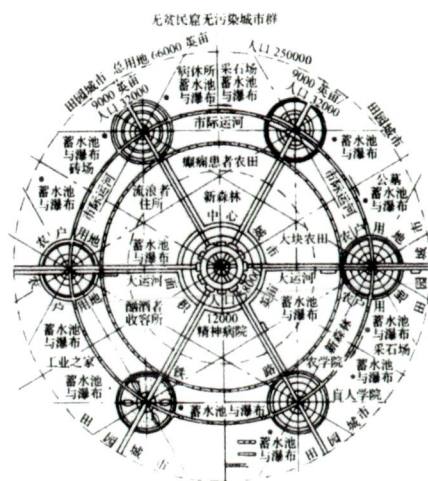

2
3
1|

1　1750—1911 年伦敦城市扩展图

2　田园城市的空间方案图

3　田园城市的模型示意图

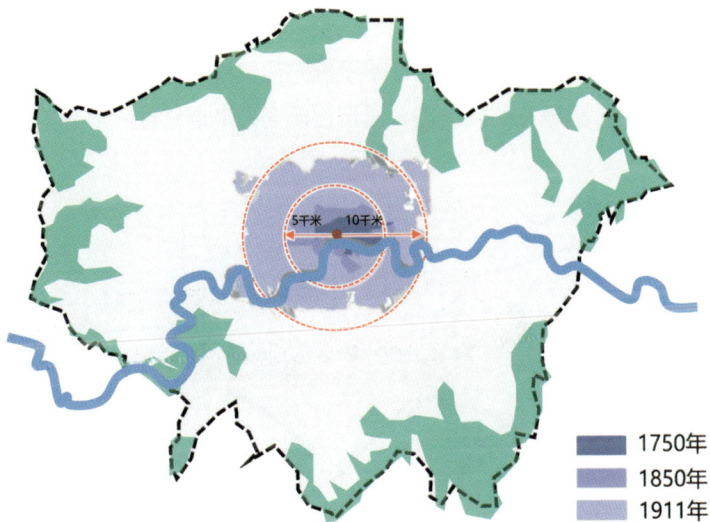

1750年
1850年
1911年

了一项公共咨询，探讨在市区及其附近设立绿色地带的可能性，特别是绿化带宽度的设定问题。初步结论为采用 0.8 千米宽的绿色地带最为合适，然而，由于当时伦敦市政府的权力限制，这个设想未能在实践中落地。

1933 年，霍华德的追随者雷蒙德·恩温（Raymond Unwin）针对伦敦地区提出了一个新的城市规划构想——绿色地带方案。他建议的环形绿色地带宽 3 至 4 千米，环绕城市的核心区域，绿带内用地以公园和自然保护地带为主，既能为市民提供多功能的休闲空间，又能促进城市空间结构合理化。

2.2.2　区域规划理论

帕特里克·盖迪斯（Patrick Geddes）通过对人与生态环境交互关系的研究，揭示了城乡间人类活动与环境格局之间的内在联系。他观察到人们根据地理位置的不同而从事多元的工作和拥有不同的生活方式，首次实现了人类行为与其所处生态环境及地域特征的系统关联。在此基础上，盖迪斯创新性地将生态学原则与城市规划实践相结合，提出了区域规划理论，强调城市规划不应局限于城市边界，而是需要将城市与近郊区作为一个相互影响的整体进行综合考虑和设计。

盖迪斯认为自然地区是规划的基本框架，主张城市与近郊区的规划须顺应并尊重生态环境的承载力，以实现生活空间分布与地方经济发展的和谐统一。他在《进化中的城市》中提出了"组合城市"（Conurbation）的概念，认为城市增长至一定程度后，会联动周边区域进行新的空间集聚和重新组合，直到形成新的稳定的城镇群体空间形态。这一过程中，近郊区被视为城市边缘的关键地带，它不仅是城市扩张的延伸，也是多种生活功能交织的地方。

2.2.3　城市边缘区理论

1936 年，德国地理学家赫伯特·路易斯（Harbert Louis）在分析柏林城市空间结构时发现，城市外郊区的军事设施与建筑沿城市边界呈条带状布局，其间散布着居民区、绿地和公共设施，显示出明显的非连续性和多功能混合特征。基

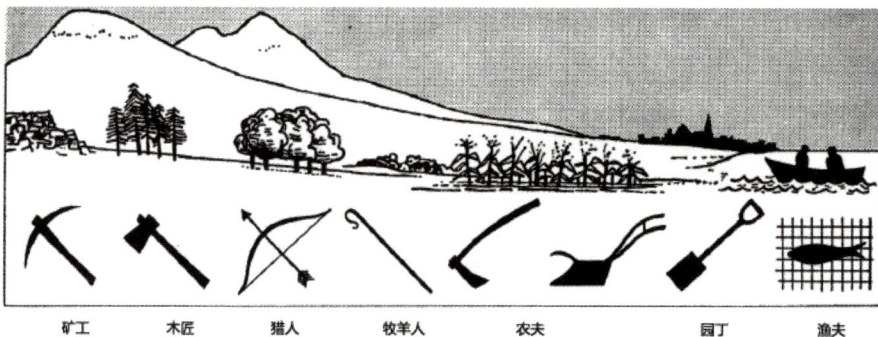

1 莱切沃斯田园城市鸟瞰图

2 莱切沃斯区位图

3 山谷断面图
（图片来源：《进化中的城市》

矿工　木匠　猎人　牧羊人　农夫　园丁　渔夫

于这一独特的观察结果，路易斯将其定名为城市边缘区（Urban Fringe）。

随后众多学者就此展开了一系列研究，认为城市边缘区是一个受多重因素影响的复合性过渡地带。二战结束后，世界各国城市百废待兴，随着全球城市化进程的加速和工业化的快速发展，城区不断向周边区域蔓延扩张。作为城市化的前沿地带，城市边缘区成了经济增长导向下矛盾最集中的区域，也成了一个城乡相互作用、相互渗透，兼具城乡双重特征的特殊区域，具有复杂性、异质性特征。作为一种不完全城市化的过渡性区域，城市边缘区通常包含各种空间形式，包括城市蔓延、郊区化、后郊区化和多中心化的各种过程。城市边缘区形成的本质是边缘效应在空间地域上不同地域实体的交互差异所形成的融合区域。城市系统内部与外部之间均存在边缘效应。在系统视角下，系统内部存在城市、乡村、原野三种异质单元，并存在两种边缘效应，表现为城市与乡村之间和乡村与原野之间。在系统外部，边缘效应的形式表现为城城边缘区。在空间视角下，在城市系统相离、相切与相交三种空间状态下，边缘效应的表现形式以城野边缘区、城城边缘区、城乡边缘区三种方式存在。

城市边缘区的复杂性使其成为城市规划和管理的一个具有挑战性但又充满机遇的领域。应注重发挥城市边缘区的景观、文化效用，对空间的规划应着重于多元的空间功能发展策略，保持空间使用上的灵活性，以适应居民多样化的生活需求。

2.2.4　郊区化理论

郊区化是城市发展到一定阶段的必然过程，对城市的扩展是非常重要的。虽然美国由于缺乏更理想的规划造成了郊区化蔓延的问题，但不能因此而否认郊区化的过程。20世纪90年代兴起的新都市主义规划理论对郊区化蔓延的修正，使郊区化更加理想。

从今天的发达国家来看，郊区都是人口最聚集的区域，一般都超过了城市中心区的人口数量，拥有更好的生态环境、更多的高新技术企业、更高的收入及教育水平等共同特征。因此，做好中国的郊区化规划，是实现产业和城市转型升级的关键。

1 | 2

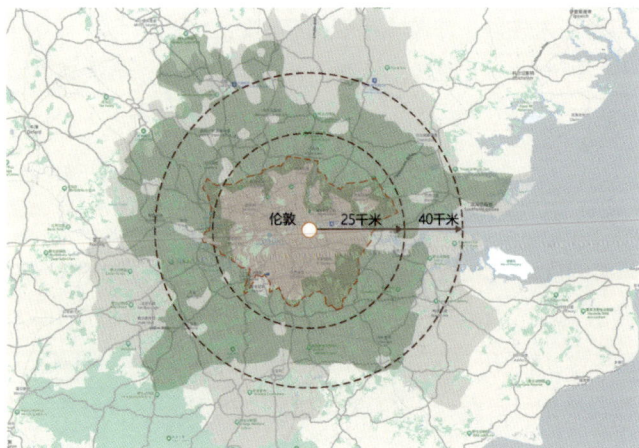

1　伦敦绿带环位置示意图

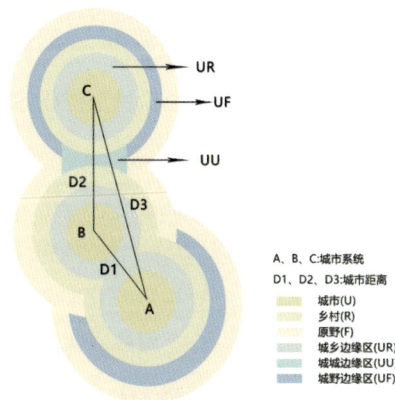

2　城市边缘区认知体系示意图
　　（图片来源：薛冰　付博《城市边
　　缘区概念演化与分类体系重构》）

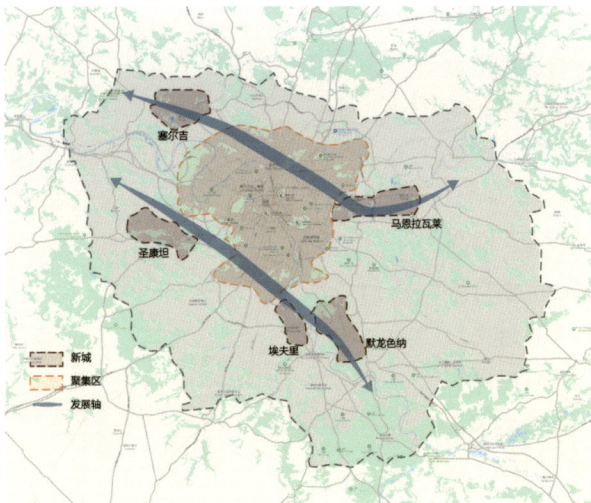

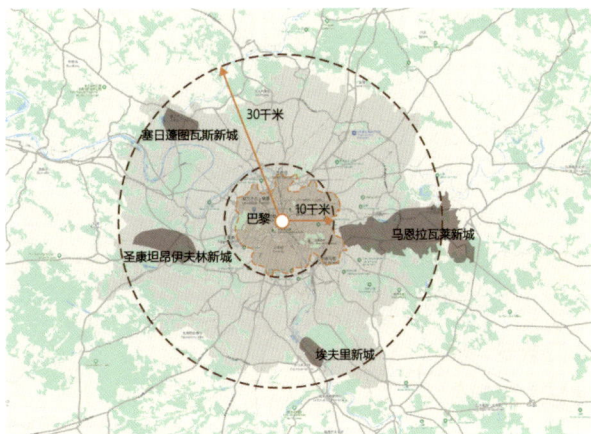

1 1965 年巴黎 SDAURP 规划示意图

2 法国环城绿带位置示意图

→ 2.3　城市边缘圈层 1.0 阶段：限制城市扩张的绿带

田园城市和区域规划理论中提出的环城绿地规划思想以及对城市周边区域的重视，对工业革命后快速扩张的城市产生了重要影响，其中英国是最早实践这一思想的国家。目前，英国的环城绿带建设已成为世界各国的典范。随后法国等国家也先后进行了环城绿带的规划建设。

2.3.1　英国伦敦绿带环

1927 年，雷蒙德·恩温在编制大伦敦区域规划时，提议设置绿带环绕核心城市区域，限制其无序扩张，并借此引导过剩人口和就业机会向外围疏散，形成一系列有序的"卫星城镇"。这些卫星城独立于主城，通常通过农业用地或绿地与主城相隔，同时通过高效的交通网络相连，保证了相互之间的高效互动。

1935 年，大伦敦区域规划第一次正式提出建设绿带空间来作为城市未来发展的潜在游憩空间。1938 年的《绿带法案》赋予了伦敦议会购置土地的权利，以满足绿带建设的需要。1942—1944 年间，在田园城市思想影响下，规划师帕特里克·艾伯克隆比（Patrick Abercrombie）将伦敦规划为由内城环、近郊环、绿带环和农业环 4 个层次构成的圈层式城市空间结构，其中绿带环宽 11~16 千米，面积达 2 000 多平方千米，绿带内部用地进行严格管控，旨在限制城市的快速增长和无序蔓延，同时在远郊区建设卫星城镇，来疏解中心城区的人口和建设压力。1947 年后，伦敦陆续颁布了一系列法律法规保障了绿带政策的实施。随着时代变迁，1975 年，伦敦政府更新了目标，主张绿带应更好地服务广大居民的生活品质，推动外围休闲设施的建设。1988 年的《绿带规划政策导则》再次确认了绿带在城市规划中的核心作用。伦敦环城绿带以公共开放空间、自然保护地和农业用地为主，与城市的生活、生产空间相结合，共同形成了今天的伦敦都市圈。目前，伦敦都市圈的发展仍坚持以城市规划为先导，注重城市空间布局的合理性，以"环状 + 放射状"为基础，形成了由内伦敦、大伦敦、标准大城市劳务区和伦敦大都市圈四个圈层构成的圈域形都市圈。

2.3.2　法国巴黎环城绿带

19 世纪末，在工业革命的推动下，巴黎迎来了快速增长，开始向四周无序扩张，导致农业地带遭受巨大冲击，城市周边的生态环境承受着沉重的城市化压力。为了缓解快速城市化带来的问题，法国在 1934 年颁布了巴黎地区空间规划（PROST 规划），旨在保护现存的森林和历史景观，并明确划定了城市建设区域与禁止开发区域，阻止城市的盲目扩张。尽管 PROST 规划在一定程度上遏制了城市无序扩张，但它过于强调绝对的禁止，忽略了城市适应性发展的可能性，未能充分考虑巴黎的长远发展。

经历多年的修订与演变，1956 年，PROST 规划改为《巴黎地区国土开发计划》（简称 PARP 规划），在延续了 PROST 规划核心理念的基础上，提出了分散市中心人口、提升郊区人口密度和建设密度等目标。同时主张在城市边缘预留特定用地作为潜在的卫星城镇建设基地。这种做法赋予了农业地带以缓冲地带的角色，城市绿带的构想初步显现。然而，PARP 规划在新建住宅区和卫星城规划方面仍沿袭了前一阶段严格的管控思路，并不符合地区发展的客观趋势。

1983 年 1 月的巴黎区域环境保护议题中首次提出了绿化带的概念，由此引发了对环城绿带的深入探讨。此后经过持续的研究推动，至 1987 年，巴黎议会正式确立了绿带项目，决定在距离城市中心 10~30 千米的范围内建立环城绿带。绿带涵盖了森林公园、农业保护区以及需要修复的工业遗迹等地区。通过连续不间断的环状形式，在一定程度上起到了控制城市边界、防止城市无序扩张的作用，同时也保护了城市周边地区的农业用地。此外，巴黎环城绿带还通过创造大面积的绿地，促进了城市与乡村间的和谐交融。

2.3.3 日本东京绿带的命运

在 1912—1922 年这 11 年间，日本工厂数量暴增，整个日本面临着工业化及城市化的高速发展，导致住工混杂、环境卫生恶劣等城市问题日益显著，在这种环境下城市绿地防灾减灾功能日益凸显。受国际城市规划思想的影响，为防止市区无限制地膨胀扩张，也为促进市民休闲运动及保障首都防卫安全，1939 年《东京绿色空间规划》首次正式提出在东京市的外缘建设环状绿带，幅宽在 1~2千米，面积约为 13 623 公顷，环状部分延伸 7~8 千米，形态为放射状环形绿地，并划定了大量需严格保护的农地。该规划由于没有考虑对土地所有者权益的补偿，缺乏实际执行力。1946 年日本出台《特殊城市规划法》，要求建立一个保护区域绿色空间的规划体系。依据此法，东京区域规划委员会成立，负责绿带的划定及相关事宜。委员会的工作受到绿带内土地所有者的强烈抗争，同时由于法律本身没有赋予规划委员会强制执行力，绿带内的土地被不同程度地开发为低密度郊区，绿带范围也由 1948 年划定的 140 平方千米减少为 1955 年的 98.7 平方千米。

1956 年，日本专门针对东京大都市区的《首都圈整备法》出台，提出将城市中心建成区外围 5~10 千米规划为绿带，形成环状三圈层结构，即"中心建成区—绿地区域—外围卫星城"。重点保护绿带区域，使得具有生产力的农业用地免于开发。然而，这一绿带仍然没有实现，土地所有者补偿机制的缺失使当地居民和地方政府强烈反对绿带内的开发控制；部分居民争取到 20%~30% 的开发权，使

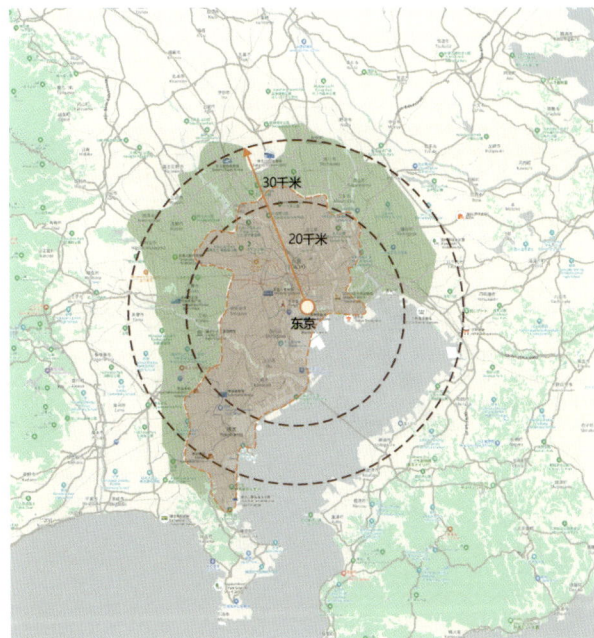

日本东京绿带位置示意图

哥本哈根绿色空间结构示意图

（图片来源：根据夏雨珂 钟舸《绿楔思想的当代内涵：哥本哈根手指规划再研究》绘制）

绿带内部分土地转变为建设用地；中央政府为了实现促进东京都市区集聚经济增长的目标，做出了一些不利于绿带保护的决策，如支持多摩新城在绿带范围内选址。1965 年该法律修订时，郊区绿带被调整为"基础设施带"，部分土地被正式规划为开发用地。

在特定时代背景下，东京绿带作为限制城市开发的手段本身是失败的，但多次绿带规划过程中对部分绿地空间的保护仍为后期的城市建设和都市农业发展奠定了良好的空间基础。

➡ 2.4　城市边缘圈层 2.0 阶段：发挥绿带的生态功能

伴随着城市人口与城市产业的外迁，城市郊区化侵占了大城市周边区域的大量农田、林地等，城市景观与乡村景观交织，随后永久转变为城市景观。城市边缘圈层也不再局限于外环绿带的建设，而是结合城乡过渡地区的生态环境本底，形成绿带、绿楔、公园相结合的绿地空间系统，进一步发挥绿带的生态和公园功能。其中丹麦哥本哈根指状公园系统、北京绿隔城市公园环、成都公园城市建设均为这一背景下的典型代表案例。

2.4.1　丹麦哥本哈根指状公园系统

哥本哈根于 1945—1948 年间制定了丹麦首都地区的区域规划，确定了以哥本哈根市为核心，沿向外辐射的交通线路建设新市镇的城市结构，称为"指状规划"（Finger Plan）。规定城市"手指"之间的地区是城市绿楔，绿楔只供农业和户外游憩使用，不得转化为城市建设区。1973 年区域规划提出需要增强绿楔之间的连通性，在哥本哈根老城护城河和内城环状河网两道绿环的基础上，在距离市中心约 15 千米处建设第三绿环，将原有的城市绿楔横向串联在一起。2005 年区域规划在距离市中心约 25 千米处增加了新的绿地，同时起到绿楔和绿环功能，形成绿楔和绿环交织、以绿楔为主导的绿色空间体系。

2007 年以后，丹麦环境部接管了大哥本哈根地区的区域规划，关注重点从建设转向绿色发展，绿色空间体系更趋系统化和丰富化。根据不同区域生态环境特点，哥本哈根将绿色空间按不同的功能类型和管控要求划分，展示了绿色空间的居民健康生活价值和丰富的规划内涵。其中，城市第二绿环与第三绿环是整个绿色空间体系中的核心部分，与哥本哈根新城的建设密切相关。规划要求新城的建设以车站为中心，距离车站 600 米范围内建设高密度的大型办公场所；600~1 200 米范围内建设低密度的居住区；铁路沿线 2 千米以内的乡村划定为未来可转化成城市的区域。围绕新城的绿楔中，既有紧邻城市边缘的郊野公园，又有农田和交通道路设施附属的防护绿地，呈现出半人工化、半生态化的城市形态和景观风貌。

2.4.2　北京绿隔城市公园环

北京城市总体规划一直延续分散集团式布局，在城市外围和集团间划出绿带和绿楔用地。2000 年以来，北京以城乡一体化的景观建设为主旋律，在发展城市建设区内绿地的同时，把城市绿化建设的重心移向建设区以外的对城市生态环境起控制作用的氧源绿地、廊道绿地、湿地等环境绿地的建设上。

2002 年版的北京城市绿地系统规划，针对城市热岛效应明显的现象，在城市边缘集团之间划定了一块从城市郊区伸向城市中心地区的楔形绿地。这块城市楔形绿地外连五环路与六环路之间的环市区生态环，内插市区隔离地区公园环，将城市外围的大环境生态绿地和城市中心区连接起来。楔形绿地由绿化隔离地区、生态景观绿地及河道、放射路两侧绿化带组成，使城市绿地空间结构与城市总体空间结构融为一体，城市绿地生态功能和城市布局更科学、更合理。

2007 年开始，按照北京城市总体规划，城市启动了绿化隔离地区"郊区公园环"建设。北京第一道绿化隔离带位于市中心地区与边缘集团之间，由沿规划市区边缘的一系列郊区公园、楔形绿地、滨河绿带、隔离绿地等组成，涉及海淀、朝阳、丰台、石景山、昌平、大兴 6 个区，总面积约 3.1 万公顷，旨在拓展城市绿化隔离带功能，为市民提供更多休闲娱乐空间。2017 年，新一版北京城市总体规划将"一道绿隔"的定位由郊野公园环变成城市公园环。在《北京城市总体规划（2016年—2035 年）》提出的健全市域绿色空间体系的"一屏、三环、五河、九楔"结构中，首次提出了"三环"中的"二道绿隔郊野公园环"的概念，明确第二道绿化隔离地区的功能定位为郊野公园环，是五环路至六环路范围规划集中建设区以外、以九条楔形绿色廊道（以下简称九楔）为主的地区，总面积约 910 平方千米。

截至目前，一道绿隔地区公园数量达到 109 个，"城市公园环"基本闭合，二道绿隔地区公园总数达到 44 个。数据显示，像东坝公园的这类一道绿隔城市公园，500 米范围的居住区近千个，居住人口达到 300 万，年接待游人约 4 454 万人次，已经成为首都市民就近就便非常重要的绿色休闲、康体健身、踏春赏花的重要场所。

在最初的外圈绿化带建设中，为了解决征地和资金问题，北京市采用了开发带动绿化公园建设的方式，在近年来的建设中，国家支持北京实施退耕还林的绿化建设，核减了大量的耕地指标。但目前看，也存在建设资金来源问题和维护管理的问题。

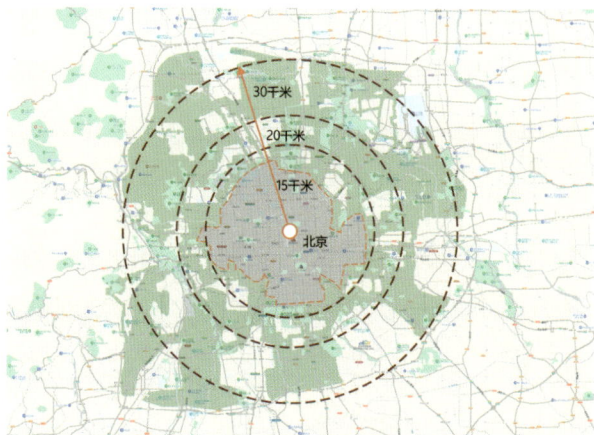
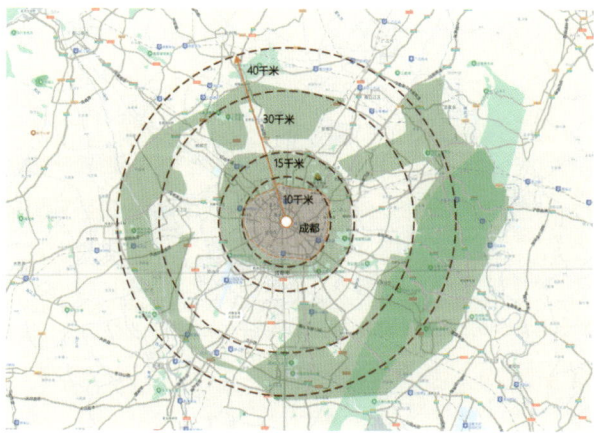

1
—
2

1　北京市绿带位置示意图

2　成都绿道规划位置示意图

2.4.3　成都公园城市建设

为限制中心城不断蔓延，保持城市健康发展，成都市也对生态隔离带作出了明确的界定：外环路内外两侧各 500 米的生态带及深入中心城的生态绿楔。2003 年成都市将中心城区外围面积 198 平方千米的区域控制为生态建设用地，成为环城生态区前身。为便于称呼，成都市将此环城绿带命名为"198"地区。"198"地区是城市向农村的过渡地带，兼具城乡特征，是典型的城郊接合区域，也是成都统筹城乡发展的头号阵地。

为了协调区域生态保护目标与片区经济发展诉求之间的矛盾，2012 年成都市人大通过、四川省人大批准《成都市环城生态区保护条例》，对环城生态区进行立法保护。成都市环城生态区距离城中心 10~15 千米，属于近郊生态保护区。2013 年，《成都市环城生态区保护条例》颁布施行，环城生态区是沿中心城区绕城高速公路两侧各 500 米范围及周边七大楔形地块内的生态用地和建设用地所构成的控制区，环城生态公园是天府绿道体系"三环"中的重要一环，生态圈上形成各具特色的公园。优化城市空间布局、公园体系、生态系统，形成覆盖全域、城乡一体的网络化布局模式。2018 年新一轮总体规划确立市域城乡形态从"两山夹一城"到"一山连两翼"，形成"一心两翼三轴多中心"的全域多层次、网络化城市空间结构，成都城乡空间形态演变进入新阶段，成为公园城市建设的开创地，引领生态文明导向下城市发展的新模式。成都在公园建设上加大投入，创新了各种投融资方式，增加公园经营收入。但目前也面临公园建设资金来源问题和维护管理问题。

➔ 2.5　城市边缘圈层 3.0 阶段："腰部"圈层的创新发展趋势

许多的城市方案以人体为喻。柯布西耶在做昌迪加尔规划时，就把城市比喻为一个人。行政中心是大脑，道路是骨架和血管，公园是绿肺。今天，经济学家和地理学家把一些中小城市比喻为腰部城市，把一些中小型企业比喻为腰部企业，显现其重要的力量和支撑作用。城市的外围地区，从其重要性看，就是城市的腰部地区。

通过对上述中西方城市边缘圈层规划思潮的梳理可以发现，位于城市中心区和边缘的卫星城或城乡接合部之间的城市"腰部"圈层，多指近郊区，逐渐成了城市发展的重点关注区域。世界各大城市的"腰部"圈层中创新聚落异军突起的现象比比皆是，正如《连线》杂志主编凯文·凯利（Kevin Kelly）在其著作《失控：机器、社会与经济的新生物学》中所说，"很多颠覆性的创新，都是从边缘地带产生的"，旧金山的硅谷、北京的科创中心中关村、广州的番禺和黄埔均位于距离核心区 10~30 千米的城市边缘圈层中，呈现出在地理位置上的共性。通过城市"腰部"圈层的绿地空间建设在城市中打造良好的自然与人文环境，以此吸引知识密集型产业聚集，促进城市完成产业转型升级，逐渐成为吸引新型产业所需人才的"磁石"。因此规划领域对城市"腰部"圈层的建设方式也需随之转变，由过去以绿带建设为主、以控制城市的无序蔓延的规划理念，转变为结合周边区域的生态贯通、功能复合的综合性空间规划理念，以良好环境带动城市更新与产业复兴，更加注重城市"腰部"圈层的功能多样性和空间灵活性。

2.5.1 英国伦敦"腰部"圈层的空间发展

伦敦作为全球领先的城市以及圈层式发展的代表性城市，其新时期"腰部"圈层的空间发展模式以及绿地系统规划是我国剖析研究的重点对象。伦敦绿带经过几十年的发展已不再局限于基础生态功能的应用，开始与城市更新及产业发展需求相融合。伦敦先后在 20 世纪 80 年代与 90 年代，大力发展金融业与创意产业，重新吸引了大量人口。而"腰部"圈层内绿带空间的重塑在其中起到关键作用，城市中的绿楔被定义为"解决 21 世纪城市问题的绿色网络"。

伦敦于 2000 年推行了"100 个公共空间计划"，依靠公共空间改造为城市制造"新空间"。2004 年《大伦敦空间发展战略》提出将绿环、绿链、公共空间纳入整体环境规划之中，视其为伦敦作为全球化城市的竞争力，并在此基础上提出了以"战略机遇区"为空间单元，实现良性、可持续的发展增长目标。

2011 年绿楔被纳入《大伦敦空间发展战略》，成为伦敦向外延伸的 5 条产业走廊的起始点，并规划形成"两区五轴"的城市廊道来促进都市圈区域一体化发展。2021 年英国发布了最新的《大伦敦空间发展策略》，也称"大伦敦规划（2021 年）"，指出"环境战略"是城市未来发展的重心，"战略机遇区"扩展到 47 个，主要位于伦敦的近郊区域，同时将"战略机遇区"与沿绿楔建设的大伦敦增长廊道深度结合，以推动区域间的联系。这些依托绿环及外围的绿色空间网络与交通网节点结合发展的"战略机遇区"也被设定为"具有发展能力的重要地点，可以容纳住房、商业开发和基础设施等所有类型，在当前或未来可以改善公共交通的连通性和容量"，具有丰富、多元属性的复合空间。

其中，位于伦敦中央活动区东侧、总面积约 901 公顷的"边缘之城"，是"战略机遇区"空间规划最具代表性的案例。2011 年，时任英国首相卡梅伦启动"科技城计划"，为地区转型升级提供明确的功能指引。此后，"边缘之城"重点针对五大方向进行空间规划政策的优化调整：确保"特定政策区"内有可持续的科创商务空间供给；确保居住和商务功能的均衡协同发展；确保通过功能高度混合营造地区特质；明确区域内重要的发展节点地区；加强联系，提升地区的交通可达优势。最终实现了从"战略机遇区"到科技城的升级转型，并成了伦敦城市发展中重要的功能引领区。

1

—

2

1　《大伦敦规划（2021 年）》中的战略机遇区位置示意图
　　[图片来源：《大伦敦规划（2021 年）》]

2　《法兰克福 2030 年城市综合发展规划》中的地区发展潜力
　　示意图
　　（图片来源：《法兰克福 2030 年城市综合发展规划》）

2.5.2 德国法兰克福"腰部"圈层的空间发展

德国法兰克福也是圈层式发展的代表性城市，其绿带体系建设可以追溯到 19 世纪 80 年代初。经过 100 余年的发展，法兰克福"腰部"圈层内绿带及周边空间的建设已成为城市开放空间提升的关键，同时也对城市形态、市民生活、城市可持续发展等起到重要作用。

1970 年，针对二战后法兰克福城市空间混乱的问题，建筑师和城市规划师提尔·贝伦斯（Till Behrens）首先提出规划外环绿带作为"面向发展的城市政策与应对综合问题的绿色空间"，建设网状绿色开放空间体系为主导的城市结构，重塑城市形象，并基于此策划了法兰克福城市复兴的概念规划。贝伦斯的规划理念将绿色开放空间看作城市综合发展的组成部分，他的法兰克福开放空间总体规划是外环绿带的雏形，也是当今法兰克福开放空间系统的奠基石。

随着城市发展，外环绿带已经成为法兰克福最重要的多功能绿色开放空间。在市议会制定的法兰克福 2030 年城市综合发展规划中，可以发现城市发展潜力区域主要集中于城市"腰部"圈层，沿外环绿带及其向中心城区延伸的绿楔分布。占城市面积三分之一的外环绿带在城市的综合发展中具有重要作用。法兰克福绿带规划管理部门在"绿带 2030 发展路线"中也对绿带及周边区域的空间功能做出了进一步的规划，从空间结构、生态可持续、社会服务等角度，促使外环绿带向城市绿色开放空间体系转变，并提出了"连接—突出—激活"的指导方针。以连通内外的绿楔为依托，进一步优化绿带的空间功能，强化绿带与中心城区及与更广域地区的联系。在绿带空间形态设计中，融入了景观、交通、气候、基础设施建设、农业发展、文化保护等因素。绿带空间实际上为社会、经济、环境三方面的功能叠加创造了一个空间平台，并在此基础上推动了区域整体空间结构的优化。

在规划方案的实施过程中，城市对小型项目进行了系统性的调整和分类，提升了方案对社会公众的吸引力，旨在增加非政府资本的注入。从 20 世纪 90 年代开始，法兰克福开始采用公私合作的融资模式，资金来源既包括自然环境教育工作协会等政府机构和区域内的公园管理公司等非政府营利单位，也包括高校的科研组织以及市民为绿带建设提供的捐款。通过以上方式，绿带每年可获得约 30 万欧元的资金用于规划方案的建设。其中超过 60% 用于新建项目的实施和基础设施的优化升级，40% 用于绿带空间内的社会活动。

同时，为提升绿带的公众认同度，法兰克福也实行了一系列推广宣传活动，包括分发绿带空间地图、推出文创商品、组织徒步和展览等活动。在这些活动的推动下，绿带空间进一步开展了环路步道、本土景观复兴、旧机场改造、生态教育及自然保护等项目的建设。整体而言，这种政府、社会、市场共同合作推动的方式不仅确保了资金筹集与执行的灵活性，还显著提高了绿带及周边地区空间的整体品质，形成了法兰克福特有的、以系列项目为基础的长期渐进式建设模式。

综上所述，城市"腰部"圈层的绿色空间从早期的以限制城市扩张，单纯发挥生态、绿化、公园功能为主逐步向复合功能空间转变，成为城市市民休闲生活、科技创新加速业态发展的重要组成部分，也为城市的多功能发展提供了新的可能。随着对城市研究的不断深入，绿地空间建设思想结合城市功能主义、景观生态学、经济地理学等理论，产生了生态、社会、经济方面的新功能。在生态方面，城市"腰部"圈层的绿色空间可以作为保护生物多样性的生态廊道和城市的通风廊道；在社会方面，城市"腰部"圈层的绿色空间是城产融合发展的最佳场所，是市民休闲娱乐的游憩场所，其社会效益随公共开放程度提高而增加，可以通过增强市民的使用率和对绿色空间的认同感，提升城市形象，也可以拓展多层面的参与渠道，减轻政府资金负担，最大限度地发挥多元主体的合作优势；在经济方面，城市"腰部"圈层的绿色空间可以吸引科创商务产业和品质住宅的建设，也可以发展景观园地、新型农场等面向展览和旅游的产业，形成城市创新地带。在概览国内外公共绿地空间发展典范的基础上，挖掘公共绿地空间建设对城市发展的价值导向，探究城市边缘圈层的发展趋势，为未来新型城市高质量发展提供借鉴意义。

柳林公园片区现状航拍照片
（图片来源：天津市城市规划学会
城市影像专业委员会 | 侯鑫拍摄）

"津环"是指天津市中心城区快速环路到外环线绿化带之间的生态宜居圈层以及面积 50 平方千米的外环线 500 米绿化带，总面积达 314 平方千米，涵盖 8 个行政区、48 个街道，人口 183.6 万人。区域现拥有良好的自然本底和已经收储的众多土地资源。经过数十年的规划建设和管控，天津中心城区外环线周边地区没有出现许多大城市城乡接合部村庄无序生长、违法建设遍地、垃圾围城等状况。按照上位规划，津环内有 11 个大型城市公园及比邻的宜居社区，未来预计 80 万到 100 万新增人口将在这个区域落户。因此，津环圈层作为城市"腰部"区域，是天津未来城市发展的重点区域。但是受行政区划管理弊端的影响，津环东部和北部区域基础设施、公共服务设施配置建设不足，区域认知度不高。另外，虽然比较早地实施了成片危陋房改造和海河两岸综合开发改造等工程，市中心人口已经向外部分疏解，但由于滨海新区的规划建设和工业东移等策略，缓解了中心城区扩张的压力，加之特定的规划管理和土地政策，造成外环线绿化带以外区域产业和城镇的快速发展，而津环成为真空地带。不管是产业，还是居住、房地产和教育等社会事业，津环区域都处于洼地，使津城发展动力不足，形成所谓"腰部塌陷"。

　　本章聚焦"津环圈层"的独特特征和目前所处的发展阶段，分析现状问题，梳理未来发展的方向。1986 年国务院批复的天津第一版城市总体规划提出"三环十四射"的环放城市骨架和外环绿化带，30 多年来，津环及一环十一园地区的规划建设在不断推进，虽然有基本建成的梅江地区和正在建设的新梅江地区、水西公园地区和海河柳林设计之都核心心区，但总体上规划和实施还比较滞后，发展不平衡。一环十一园的建设不仅对周边新型社区和房地产市场产生了积极影响，还为区域内的产业创新环境提供了有力支持。这些城市公园绿地不仅是居民安居乐业的理想场所，更是提升城市品质、促进社会和谐的重要财富。随着更多大型公园的建成和配套设施的完善，津环将成为天津新时期城市发展中的重要引擎，为城市的可持续发展注入新的活力。

　　为了进一步推动津环圈层的发展，政府应加强统筹协调，优化行政区划管理，加大对基础设施和公共服务设施的投入，提升区域认知度和吸引力。同时，鼓励多元主体参与，探索公私合作模式，吸引更多的社会资本投入津环的开发建设中，形成多方共赢的局面。通过这些措施，津环有望实现从"腰部塌陷"到"活力增长极"的转变，成为天津现代化大都市建设的新亮点。

天津外环线绿化带
天津市城市规划设计研究院总院有限公司提供

第 3 章

津环的昨天、今天和明天
Yesterday, Today, and Tomorrow in Tianjin Golden Doughnut

→ 3.1 津环的基本情况

3.1.1 津环的尺度

津环内环的平均半径约 7.5 千米，最大半径约 10 千米，最小半径约 4 千米。外环平均半径约 12.5 千米，最大约 16 千米，最小约 10 千米。津环的平均宽度约 5 千米，最大宽度约 8 千米，最小宽度约 1.5 千米。与国内外其他主要城市相比，津城用地约 1 466 平方千米，但天津中心城区规模较小，津环相当于伦敦的内城环。

3.1.2 津环的用地面积

津环的范围为快速路环线至外环绿带之间的区域，包括津城总体城市设计中的"生态宜居圈层"和外环绿带。津环总面积 314 平方千米，其中生态宜居圈层面积为 264 平方千米，外环线 500 米绿化带面积为 50 平方千米。

一环十一园及周边地区位于津环圈层内，用地面积约 144 平方千米，其中，十一园用地面积约 18 平方千米，周边地区用地面积约 76 平方千米，外环绿化带面积 50 平方千米，约占津环圈层用地面积的 46%。

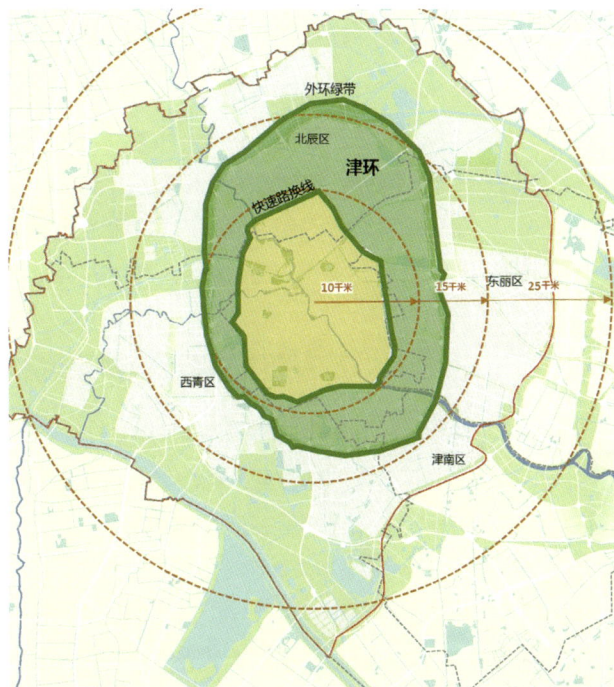

1 | 2
─────
3

1 津环的尺度

2 一环十一园地区在津环的位置关
系示意图

3 不同城市环城绿带的比较图

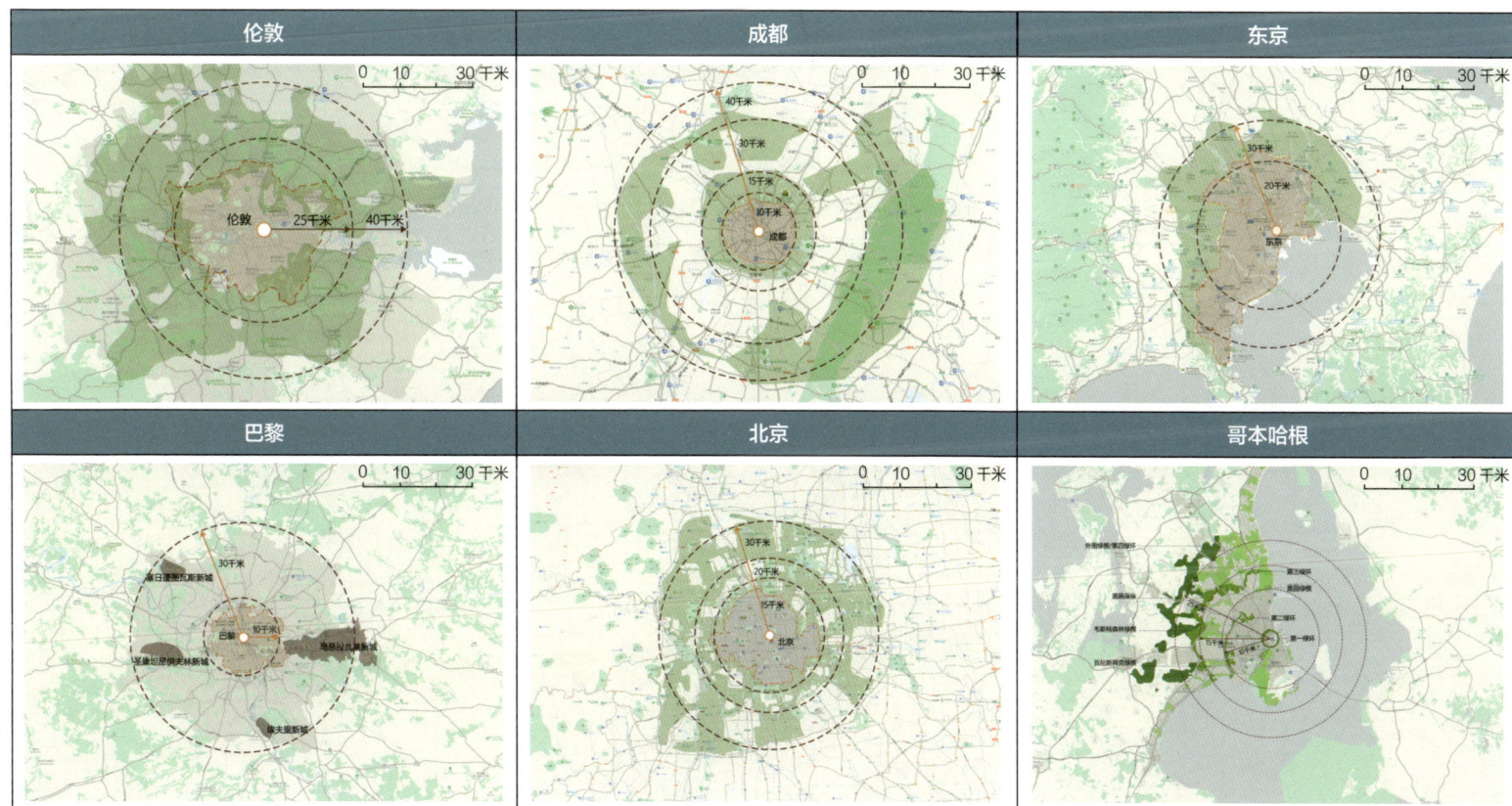

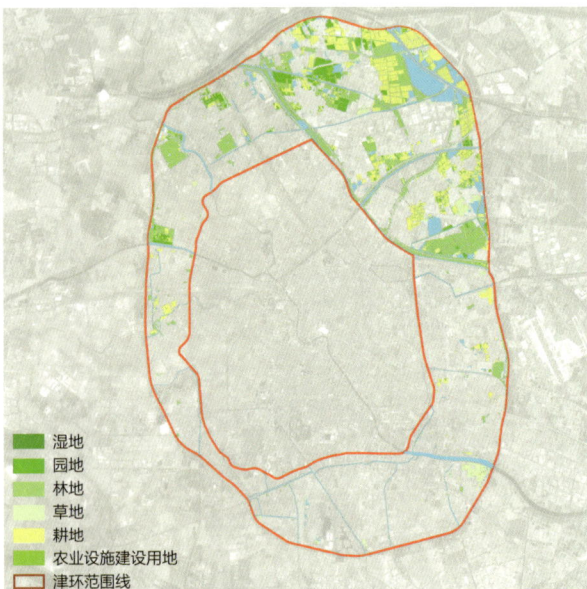

1
—
2

1　津环的生态本底示意图

2　津环人口增长率、地铁密度、楼面地价示意图

3.1.3　生态本底

津环圈层现状呈现城市边缘区的自然环境特征，生态本底优越，原生态景观丰富，包含耕地、园地、林地、湿地、农业设施用地及水域等用地类型，主要位于一环十一园地区的外环线以及南淀公园、银河公园、刘园苗圃公园等未开发区域。

津环圈层非建设用地面积约 99 平方千米，约占津环圈层用地的 32%。其中耕地、林地、水域占比较高，约占津环圈层用地的 24%。

3.1.4　津环的生态本底与城市叠加

历史上，天津中心城区海河以南发展较海河北岸快，虽然通过海河两岸综合开发部分平衡了两岸发展，但差距还是比较明显的。而城市外环线及外环调整线是人为划定的，目前呈现出津环西南片区城市化发展较快，东部、北部发展相对滞后的"偏心"发展的状态。

从第七次全国人口普查（简称七普）数据来看人口增长速度，七普人口较六普人口增长情况如下：西青区人口增长 75%、津南区增长 56%、东丽区增长 50%、北辰区增长 36%。人口增长率越高的地方，区域城镇化程度越高，区域的经济社会发展及吸引力越强。

从地铁覆盖的密度来看，西南片区高于东部与北部片区。西青区拥有 7 条地铁线，北辰、东丽区各有 4 条地铁线，津南仅有 2 条地铁线。地铁密度越高意味着吸引城市资源的能力越强，区域的活力越高。

从楼面地价来看，环城四区中西青区的地价最高，基础地价在 1 万元左右，其中水西板块达到了 1.5 万元，甚至超越了河北区和红桥区。津南区、北辰区普遍在 8 000 元左右。楼面地价是区域占据城市资源以及居民对区域认可度的反馈，城市资源越丰富，区域认知越高，地价自然也就越高。

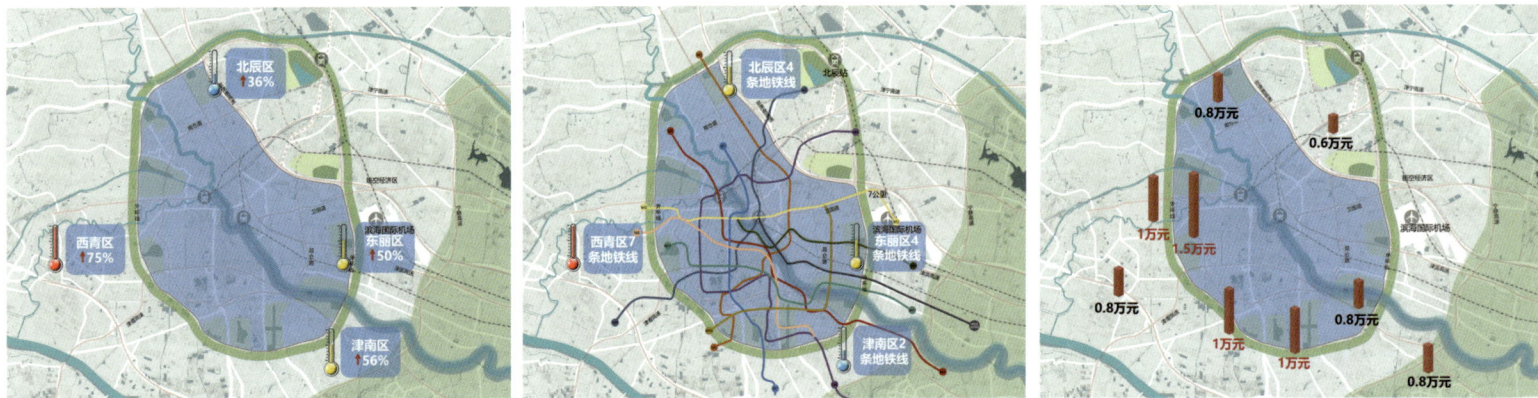

→ 3.2 津环的现状和潜力

3.2.1 津环圈层的建设情况

津环圈层总用地面积 314 平方千米，其中建设用地面积约 215 平方千米，占津环面积比例约为 68%，以居住用地、工矿用地、交通运输用地为主。

津环圈层土地储备良好，其中一环十一园地区土地储备面积约 22 平方千米，其中权属为：市土地整理中心土地约 7 平方千米，区土地整理中心土地约 5 平方千米，企业属土地约 10 平方千米。

据 2020 年七普，津环圈层人口约 183.6 万人，其中城镇人口约 182.4 万人，农村人口约 1.2 万人，涉及北辰区、东丽区、津南区、西青区、河东区、河西区、南开区和红桥区 8 个行政区域，48 个街道以及 112 个控规单元。

公共文化设施方面，津环内当前教育设施承载能力与服务人口规模不相匹配。图书阅览与文化活动类设施方面也有提升空间，同时设施需要结合场馆建设或者扩建补足差距以应对未来区域服务人口的变化，更好地满足人民群众对图书阅览及文化活动的多样化需求。

道路交通方面，城市重点建设区域路网密度偏低，结构不成体系。海河柳林、侯台、刘园、北辰活力区以及程林地区路网密度普遍偏低，且区内道路以既有道路为主，缺乏结构性、贯通性干路。轨道交通方面，城市外围地区站点周边路网密度偏低，北辰科技园北、小淀、南何庄等站点周边路网密度不足 3 千米/平方千米。

产业发展方面，津环圈层内目前涉及现状市级以上工业园区有天津滨海高新技术产业开发区、北辰科技园和华苑科技园，主要发展智能装备制造和现代中药、新一代信息技术、高端装备制造、新能源与新能源汽车、生物医药等产业。在邻近的外环线外，有空港经济区，滨海高新技术产业开发的环外片区、西青经济技术开发区、东丽经济技术开发区、北辰经济技术开发区等国家级开发区，重点发展高端装备、信息技术、航空相关等高新技术产业。

3.2.2 房地产发展情况

津环是中心城区增量发展的主要区域，通过对一环十一园周边地区的房地产市场进行盘点，共覆盖房地产板块 29 个。涉及市内六区的南开区、河西区、河东区及河北区，环城四区的北辰区、西青区、津南区及东丽区。通过对 29 个房地产板块近十年来商品住宅的成交价走势进行盘点，可以看出一环十一园周边地区的房地产板块商品住宅的年市场容量在 150 万~160 万平方米。通过与津城商

类别		用地规模/平方千米	占比/%
非建设用地		99.24	31.61
其中	耕地	16.51	5.26
	园地	5.55	1.77
	林地	29.98	9.55
	草地	5.36	1.71
	湿地	0.21	0.07
	农业设施建设用地	5.70	1.81
	水域	28.71	9.14
	其他土地	7.22	2.30
建设用地		214.76	68.39
其中	居住用地	68.49	21.81
	公共管理与公共服务用地	11.46	3.65
	商业服务业用地	17.74	5.65
	工矿用地	41.78	13.31
	仓储用地	6.47	2.06
	交通运输用地	41.18	13.11
	公用设施用地	9.16	2.92
	绿地与开敞空间	15.66	4.99
	特殊用地	2.82	0.90
合计		314.00	100.00

$\frac{1}{2}$

1　津环现状用地构成表

2　一环十一园地区公共服务设施热力图

1　津环行政区划图与街道单元图

2　一环十一园周边地区覆盖的房地产板
　　块成交情况（2023 年）

3　一环十一园周边地区覆盖的房地产板
　　块示意图

板块	十一园	成交面积 / 万平方米	成交均价 / （元 / 平方米）
北仓	刘园苗圃公园 堆山公园	2.97	17 770
瑞景	刘园苗圃公园 子牙河公园	15.1	17 887
赵苑	子牙河公园	0.42	20 562
水西	水西公园	12.1	35 155
华苑	—	—	—
奥体	—	0.07	23 369
李七庄	李七庄公园	5.11	13 667
梅江南	梅江公园	3.52	41 660
梅江		2.3	44 611
新梅江	新梅江公园	10.72	41 463
陈塘庄		19.23	40 107
小海地	—	1.97	36 556
双港	—	5.88	15 737
海河柳林 - 河西	柳林公园	0.96	37 275
海河柳林 - 东丽		—	—
一号桥		0.08	23 476
二号桥		5.52	28 046
张贵庄		9.03	23 594
程林庄	程林公园	9.92	18 697
万新村	—	—	—
太阳城		10.64	23 623
昆仑路	南淀公园	4.16	19 478
金钟公路		19.91	14 437
建昌道	—	0.31	25 812
铁东路	—	9.67	18 550
宜兴埠	—	—	—
淮河道	—	1.75	17 171
小淀	银河公园	2.87	12 491
西堤头		—	—

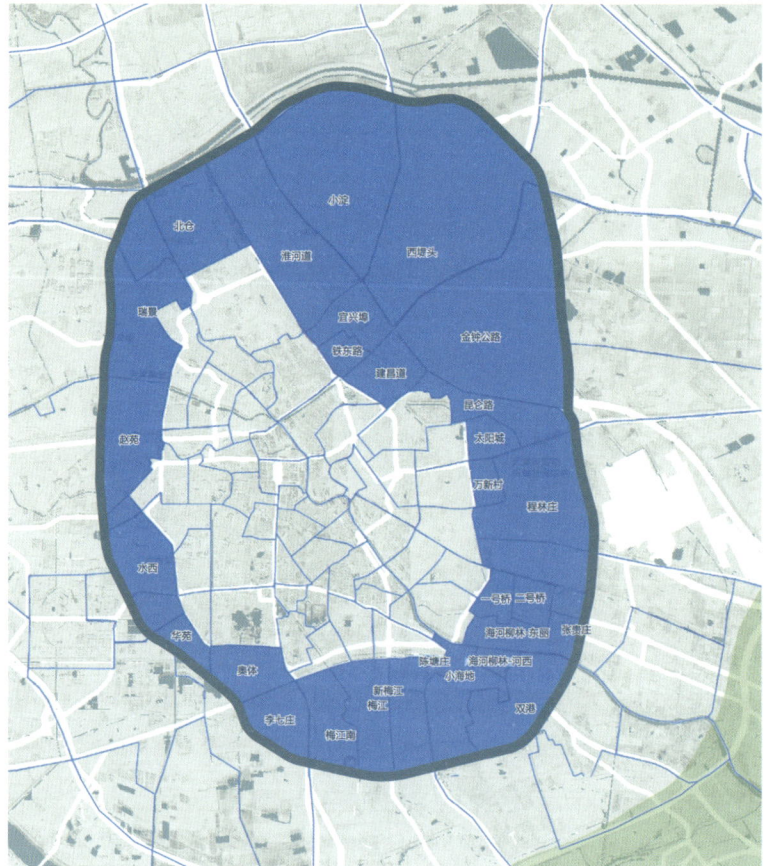

品住宅的年成交量进行对比，一环十一园周边地区房地产板块的商品住宅成交量占津城年成交总量的16%~20%。

在天津市一环十一园中，水西公园、梅江公园已经建成开放；柳林公园、新梅江公园正在建设施工；而北辰堆山公园、银河公园、南淀公园、程林公园、李七庄公园、子牙河公园以及刘园苗圃公园尚未建设。从十一园对应的房地产板块的成交情况来看，当前已经建成的水西公园、梅江公园以及在建的新梅江公园与柳林公园对应的房地产板块商品住宅的价格实现度相对较高。以 2023 年为例，天津市内六区商品住宅成交均价 35 025 元 / 平方米，与之对照，梅江公园周边成交均价达 41 000~44 000元 / 平方米，新梅江公园周边成交均价达 40 000~41 000 元 / 平方米，柳林公园周边成交均价最高达37 000 元 / 平方米。2023 年环城四区商品住宅均价 16 372 元 / 平方米，权属在西青的水西公园板块内的在售商品住宅成交均价达 35 000 元 / 平方米，由此可见，一环十一园的建设对周边房地产市场起到了积极的带动作用。虽然津环区域的教育等公共服务设施水平相比中心城区低一些，各类配套设施和基础设施有待完善，但是从在建的一环十一园地区的住宅成交价格和面积来看，还是呈现了良好的发展前景。

3.2.3　津环的发展潜力

津环具有非常优越的区位条件，自然本底良好。多年来，规划一直结合现状条件按照一环十一园的总体思路进行管控和不断优化，有约 22 平方千米已收储土地资源，是支持中心活力圈层城市更新和服务外围地区的城乡发展的腰部地区，作用明显。随着教育、医疗等设施以及大型公园的建设，津环发展潜力巨大。

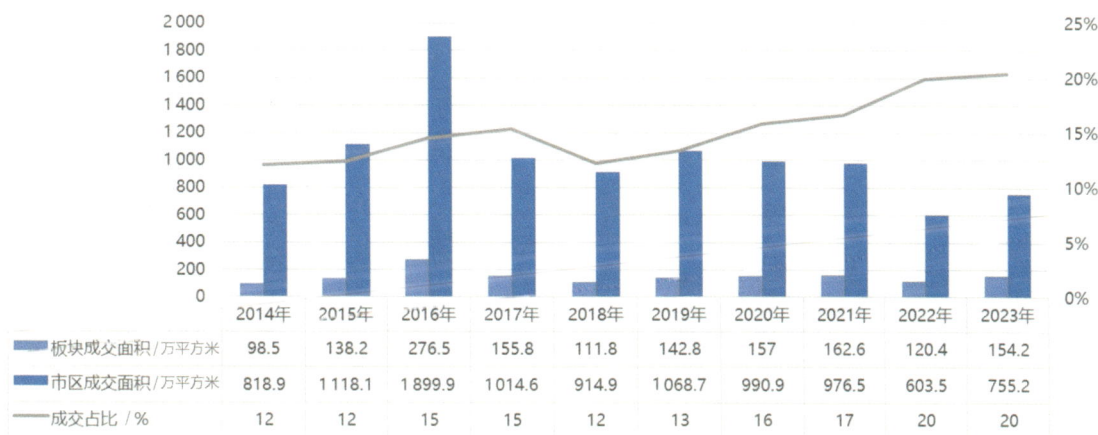

2014—2023 年一环十一园周边地区与市区总成交量的对比
（数据来源：天津市土地交易中心）

	2014年	2015年	2016年	2017年	2018年	2019年	2020年	2021年	2022年	2023年
板块成交面积 / 万平方米	98.5	138.2	276.5	155.8	111.8	142.8	157	162.6	120.4	154.2
市区成交面积 / 万平方米	818.9	1 118.1	1 899.9	1 014.6	914.9	1 068.7	990.9	976.5	603.5	755.2
成交占比 / %	12	12	15	15	12	13	16	17	20	20

→ 3.3 津城总体设计对津环的定位和发展指标

　　绿地建设在城市空间结构中起到的作用愈发凸显，成为影响城市发展方向、提升城市环境宜居品质的重要组成部分。津城总体设计通过外环绿带、公园和新型社区、新产业，实现城市空间结构的进一步优化和重组，同时也为津城的未来发展奠定了坚实基础。

　　位于城市边缘地带的快速路环线与外环线之间的生态宜居圈层成为规划重点关注的区域。绿地空间的建设在生态宜居圈层的规划中仍占据主导作用，并由早期限制城市蔓延、构成城市空间骨架的外

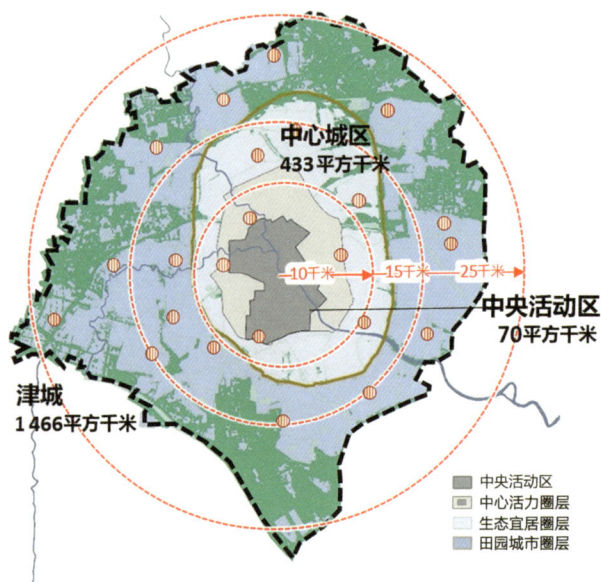

津城范围 1 466 平方千米
现状人口 793 万人
（0.54 万人 / 平方千米）

现状住宅平均容积率 :1.36
人均住宅面积：32 平方米

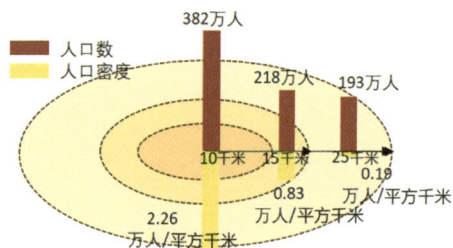

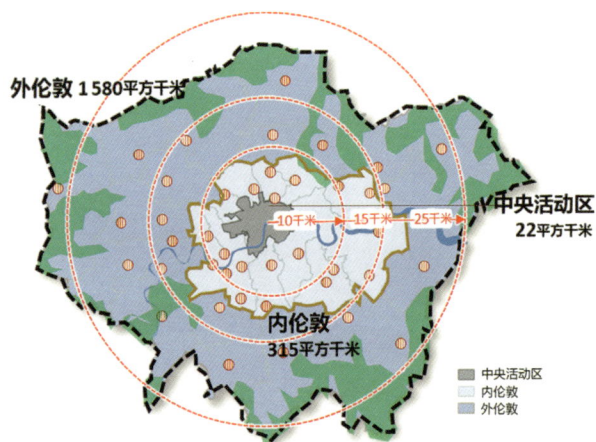

大伦敦范围 1 580 平方千米
现状人口 780 万人，
（0.49 万人 / 平方千米）

平均容积率 :0.6~0.8
人均住宅面积 :32 平方米
伦敦数据存储库 2014 年基准资料

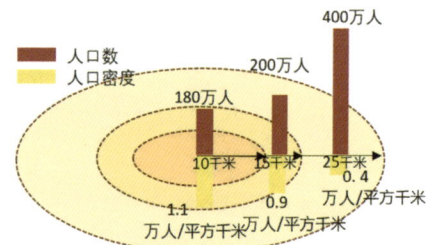

津环圈层与伦敦环圈层人口及密度的对比

环绿带，转变为由外环绿带和外环城市公园共同建设带动整个近郊地区高质量发展的绿地系统。具体表现为，规划中提出了"塑造更靓丽的中央活力区、更生态宜居的一环十一园地区和更美好的城市近郊地区"，强调对各个外环城市公园及周边地区城市设计的整合，建设高品质的一环十一园地区和生态花园式的近郊地区，以顺应人口自发流动的需求，满足市民对美好生活的向往。并针对城市边缘地带的特性，对生态宜居圈层的建设模式进行了创新性的探索。推动新型居住社区试点，围绕公园构筑幸福宜居社区，以探寻生态导向的津城空间结构优化及发展模式的创新路径，实现"生态公园 + 宜居社区 + 新型产业"的高质量发展模式。根据国土空间总体规划和总体设计，在该区域人口将增加 100万左右，有巨大的开发建设潜力和经济发展潜力。

⊃ 3.4　津环的诗意栖居愿景

3.4.1　诗意栖居愿景的提出

天津市中心城区空间结构经历了由双城多核形态到"三环十四射"空间结构，再向总体城市设计中由中心活力圈层、生态宜居圈层、田园城市圈层组成的圈层式空间结构发展的演变过程。在这一过程中，津环也就是位于核心区边缘的生态宜居圈层以及外环绿带，随着城市化进程的发展，在城市空间结构中起到的作用愈发凸显，成为影响城市发展方向、提升城市力量和环境宜居品质的重点建设区域。

在这一演变过程中，津环区域的发展也逐渐体现出"后郊区化"特征。早期传统的郊区发展模式以低密度、单一功能为主，通过绿带限制城市的无序扩张。然而，近年来，随着全球城市边缘区的多元化与自治化趋势逐渐加深，规划理念也在更新。中西方城市边缘区的创新实践表明，后郊区化时期城市边缘圈层已从单一功能的绿带转变为综合性、多功能的城市新增长点。

具体表现为，后郊区化背景下更加关注城市尤其是郊区发展的新形态和功能特征。与二战后西方城市郊区的低密度、单一功能的居住组团不同，城市边缘地区正逐步向功能混合、形式多元化的格局转型。此外，随着郊区的发展，土地利用的混合度逐渐提高，成熟的城市边缘区逐步展现出更加多样化的经济结构。传统的"卧城"或"卫星城"等形式单一的空间格局正在转变为职住更平衡、基础设施更加完善的新型都市区。这种新模式挑战了对传统城市结构模型的理解，展现了城市边缘区作为独立经济增长点的新潜力。同时，后郊区化作为一种独立、内生的城市形态，其发展受到多重体制机制的影响。除了对其物质空间特征的关注外，后郊区化理论更注重分析这些区域在生成、演变过程中的政策、制度等多方因素。这种综合性治理框架既包含对空间与功能的考量，也需要重新审视行政管理模式，以适应城市边缘区的复杂发展需求。

城市	圈层尺度
北京	六环：187 千米 五环：98.6 千米，环内面积：667 平方千米，平均半径 15.7 千米 四环：65.3 千米，环内面积 302 平方千米，平均半径 10.4 千米
天津	原外环线 71 千米 新外环线 80 千米，环内面积 433 平方千米，平均半径 12.5 千米， 天津快速路长度 49 千米，环内面积 169 平方千米，平均半径 7.8 千米 环城高速 143 千米

1
—
2

1 北京与天津城市圈层尺度数据比较

2 天津、北京、伦敦 同比例城市圈层尺度的比较

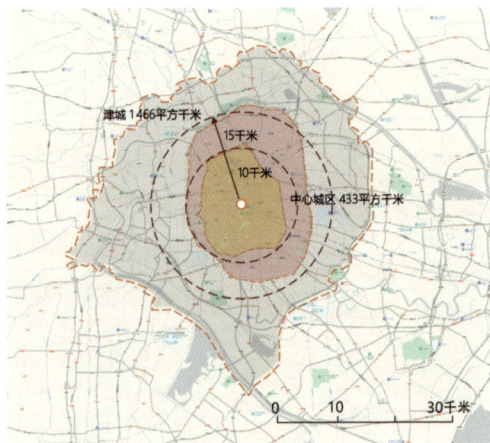

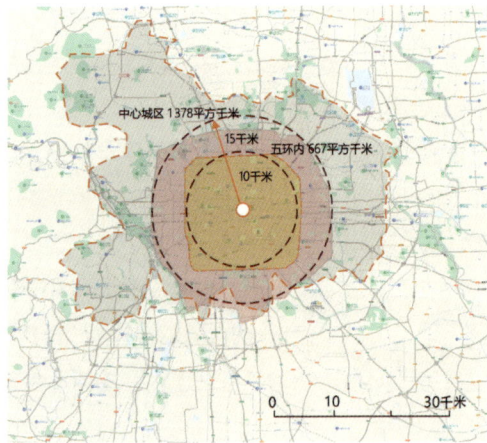

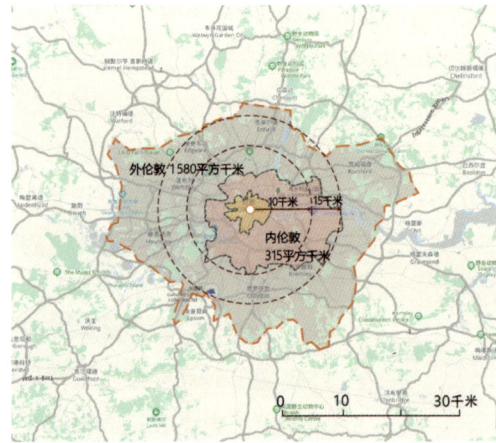

津环区域作为天津的"腰部"圈层，相当于北京的四环到五环之间，或者是伦敦的内城区，具有无与伦比的区位优势和后发优势。它并非典型的近郊区，而是城市中心与远郊之间的关键地带。后郊区化背景下，津环区域可以规划建设成为国内和世界上最具创新性和影响力的生态宜居创新区域，成为天津新时期建设"四高"现代化大都市的制胜一招。实现诗意栖居，营建良好的自然与人文环境，带动城市更新与产业复兴也成为津环未来发展的核心目标。

3.4.2 发展和改革创新方向

目前城市经济社会发展正进入转型期，天津政府债务高企，大规模房地产开发面临挑战，人口增长趋缓。以往政府主导的成片开发方式难以为继，需要进行改革创新，解决面临的困难和挑战。在明确了实现诗意栖居的美好人居愿景，厘清了绿环的发展历程、生态本底以及现状建设情况后，结合从国内外经典案例中汲取的优秀经验，本节提出了津环圈层四大发展和改革创新的方向。

首先，包容的社区环境是实现津环诗意栖居目标的基础。鼓励多主体建造和多样化住宅套型。探索具有中国特色的面向广大工薪阶层的住宅。应通过多元文化的融合、社会资源的均衡分配以及不同群体的平等参与，来营造津环圈层和谐共生的社区氛围，不仅有助于提升社区凝聚力，还能增强地区居民的社会归属感和幸福感。

其次，创新和活力的公园营建是提升津环圈层生活品质的重要举措。改变传统城市公园的习惯性做法，探索林地转化为城市郊野生态公园的发展路径。应注重绿色空间的规划与建设，提供多功能的公共休闲设施，促进生态环境的改善和

居民身心健康的发展。同时，公园的设计应体现文化特色和社区需求，增强其使用频率和社会价值。此外，公园规划和建设应充分利用低碳技术，采取减碳增汇措施，实现生态良性循环。

再次，招商引资是外因，培育内生经济发展是内因，是经济发展的根本。创新的业态培育是促进绿环圈层经济可持续发展的关键。通过支持新兴产业的发展以及引入多样化的业态模式，鼓励创业，培养更多的企业家，吸引更多的企业，提供更多的就业机会，从而激活津环圈层的内生经济活力。此外，多元的参与机制是增强津环圈层空间建设科学性和民主性的重要基础。通过鼓励居民、企业和其他利益相关方积极参与一环十一园的规划与管理，探索公私合作的融资模式，减轻政府资金负担，最大限度地发挥多元主体的合作优势。

最后，高效的治理模式是上述发展方向得以进行的重要保障。政府层面应以津环和一环十一园地区为试点，改革创新，构建科学、规范、透明的治理体系，确保绿环圈层社区治理的透明度和公平性，提升公共服务水平和治理效率，推动绿环圈层的持续发展和繁荣。

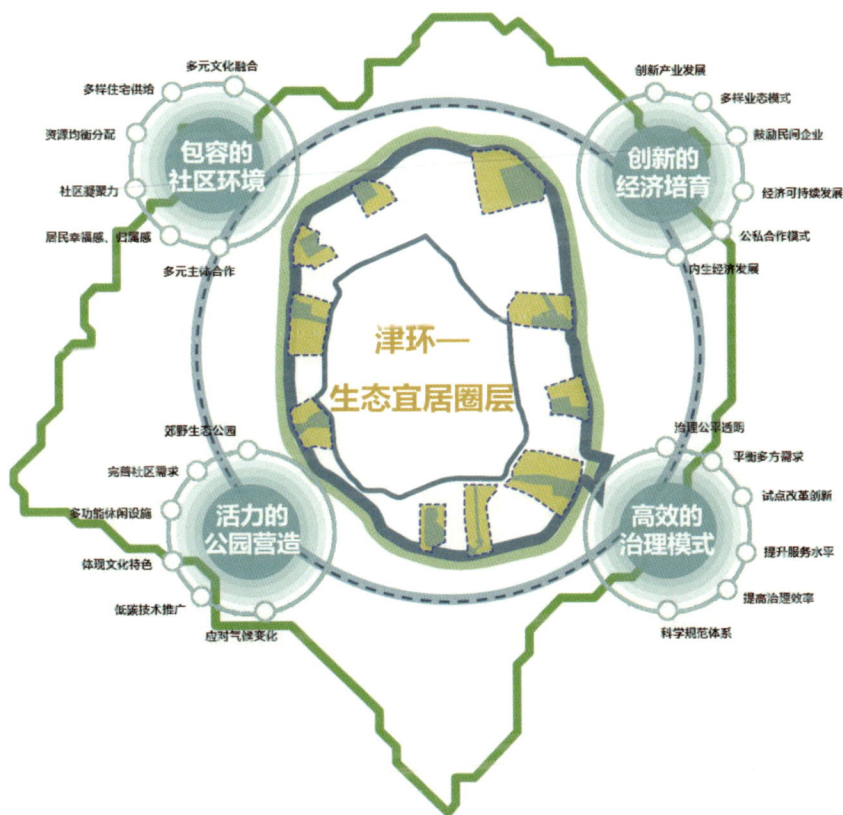

津环发展和改革创新方向模式示意图

第二部分

天津一环十一园规划与实践回顾

Review of the Planning and Practice of Tianjin Golden Doughnut and Eleven Parks

在生态宜居圈层和津环概念提出之前，天津中心城区外环线"一环十一园及周边地区"是规划设计和建设的重点。该区域面积 122 平方千米，占津环面积的三分之一，是津环的新建区。1986 年天津城市总体规划中首次明确提出外环线绿化带和四个风景区绿楔，奠定了中心城区绿色的基底和骨架。在其后 30 余年的实践过程中，天津城市绿化体系经历了从雏形构建到生态转型的演变，展现了从单一绿化带、风景区到绿化带、城市公园到复合自然生态体系的转变，体现了城市规划对生态环境的高度重视和持续创新探索。在推动绿化带和风景区建设的过程中，结合实际情况，学习借鉴北京等城市的经验，采取了片区整体开发带动绿化建设的做法。风景区逐步转变为城市外围的大型公园。2006 年，"外环线一环十一园及周边地区"的概念和规划结构确立，加速了城市公园的建设步伐。同时，外环线绿化带外边四个郊野公园的规划建设进一步扩展充实了城市外围绿带体系。此后，天津通过系列规划方案如《天津市生态用地保护红线划定方案》等，不断强化生态环廊体系，完善绿道网络，促进绿地系统与城市空间的深度融合。

　　进入 21 世纪第二个十年，天津步入高质量发展阶段。在习近平生态文明思想的指引下，天津市委、市政府提出建设"津城""滨城"双城间的生态屏障，保护市域内自然生态资源，并发布《天津市双城中间绿色生态屏障区规划（2018—2035 年）》。在城市空间战略规划的指引下，双城绿色生态屏障的建设连接城市自然生态体系，融入京津冀体系生态网络，避免了双城连片蔓延。天津是住房城乡建设部第二批城市设计试点城市，《天津市外环城市公园及周边地区城市设计草案》（征求意见稿）及重要公园周边地区城市设计，促使外环绿化带和城市公园向生态公园与新型宜居社区融合转型。在此基础上，城市提出"植物园链"建设计划，进一步强化了十一个公园的地位和作用。同时，作为天津市国土空间总体规划的专项规划——《天津市绿地系统规划（2021—2035 年）》提出津城"一屏双廊两环，五楔十一核多园"的绿地系统结构。《津城总体城市设计（2021—2035 年）》着眼于整体空间结构优化，提出了三个圈层的概念，将一环十一园及周边地区的概念扩展为生态宜居圈层，将一环十一园及周边地区纳入生态宜居圈层，推动城市空间与绿地系统的和谐共生，旨在打造生态宜居的城市外围圈层典范。

　　数十年来的规划控制和实践探索积累，给城市"腰部"区域的发展提供了很多成功的经验。不过，实现公园的可持续发展、协调人居环境与城市的关系以及促进多维度的可持续性增长等，也是津环圈层面临的挑战。

天津梅江居住区 柱言拍摄

第4章

天津一环十一园规划发展历程
The Evolution of the Planning and Development of Tianjin Golden Doughnut and Eleven Parks

➔ 4.1 规划概念和规划编制的演进

4.1.1 形成阶段

（1）外环线及绿化带首次在规划中确定

1986 年《天津市城市总体规划方案（1986—2000 年）》中外环线及绿化带被首次确定。天津外环绿化带的建设起步于 1987 年，规划和建设 500 米宽的环外绿化带让天津在当时成为国内其他城市的榜样；2001 年建成了环内 50 米宽绿化带，2002—2003 年，完成环外 200 米绿化带建设工程，成为当时天津一道亮丽的风景线。

1 | 2

1 1987 年外环线建设场景

2 外环绿带东丽段航拍照片

（2）一环十一园结构基本形成

2006 年《天津市城市总体规划（2005—2020 年）》发布，一环十一园基本结构确定。"一环"是指外环线两侧绿化带，"十一园"是指北辰堆山公园、刘园苗圃公园、子牙河公园、水西公园、李七庄公园、梅江公园、新梅江公园、柳林公园、程林公园、南淀公园、银河公园。

（3）郊野公园规划建设的提出

2011 年，《2011—2015 年天津市造林绿化规划》提出规划建设全市 16 个郊野公园，旨在增加城市绿化、为城市的长远发展预留空间，串起 300 千米的绿色走廊，打造水绕津城、城在林中、天蓝水清、郁郁葱葱的宜居环境。16 个郊野公园分别为：北辰北运河郊野公园、北郊生态公园、东丽郊野公园、东丽湖郊野公园、北三河郊野公园、茶淀观光郊野公园、东军粮城郊野公园、西军粮城郊野公园、官港森林公园、小站葛沽郊野公园、独流减河郊野公园、南三河郊野公园、津南郊野公园、西青郊野公园、津西郊野公园、子牙河郊野公园，总规划面积约 867 平方千米。

4.1.2　发展阶段

（1）生态环廊体系的明确

2013 年《天津市生态用地保护红线划定方案》，将外环线绿带、16 处郊野公园以及中心城区、滨海新区范围内 10 公顷以上的 26 处重要城市公园及苗圃纳入生态用地保护范围，主导功能为美化环境、调节气候、生态观光、休闲游憩等。

（2）中心城区绿道体系初成

2014 年天津市中心城区生态绿道专项规划方案编制完成，方案契合城市空间布局，整合资源特征的城市型绿道系统，明确中心城区"三环、五射、三联络线"的绿道布局，构筑城市—城区—社区三个层级，兼顾市民游憩休闲和绿色出行双重需求，完善城市慢行功能，改善城市公共空间品质，规划绿道总长约 220 千米。

（3）郊野生态空间与十一园建立连通

2015 年郊野公园绿道连通方案编制完成，方案实现环外郊野公园相互**连通**，强化郊野公园与环内城市公园联系。环内绿带连通，结合外环线辅道预留空间，设置慢行内环，总长约 75 千米；外环绿带连通，依托环外已实施的 100~200 米绿带，设置慢行外环，总长约 87 千米；郊野绿环连通，主要依托郊野公园相接的河流、道路绿化廊道连通，郊野绿道总长约 332 千米。

$\frac{1}{2}$

1　天津市中心城市绿地景观规划图
　　[图片来源：《天津市城市总体规划（2005—2020 年）》]

2　天津城市公园布局示意图

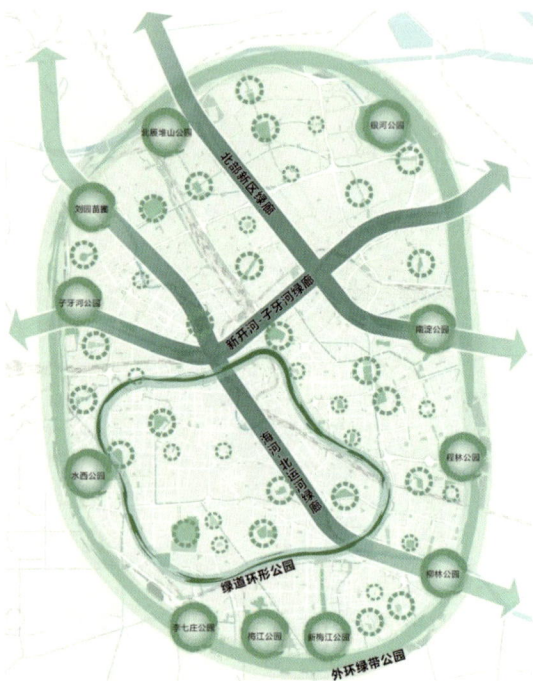

4.1.3 转型阶段

（1）双城高质量发展

2019 年《天津市双城中间绿色生态屏障区规划（2018—2035 年）》公示，提出天津市将规划建设绿色生态屏障作为深入贯彻国家生态文明建设指引、践行"绿水青山就是金山银山"理念的实际行动，从京津冀协同发展的大环境、大生态、大系统着眼，高标准谋划建设绿色生态屏障，完善城市布局，推动城市发展绿色转型。双城中间绿色生态屏障蓝绿空间结构为"一轴、三带、五湖、多廊"，总体呈现"大水、大绿、成林、成片"的景观特色，形成"双城生态屏障、津沽绿色之洲"。

（2）外环防护绿带转变为生态环城公园，确定津城生态网络

2020 年《天津市外环城市公园及周边地区城市设计草案》（征求意见稿）发布，将外环 500 米防护绿带转变为生态游憩功能的环城公园。环城城市公园及周边地区是津城改善生态环境、提升宜居水平的战略空间，是彰显天津城市魅力的新名片。在总体布局上，结合天津全域生态格局，契合津城城市空间结构重塑，首先使外环绿带实现由"守城"向"融城"的功能转变，其次依托环城公园向内连接核心区铁路绿道，向外连接环城郊野公园及郊野绿道，并通过海河等六条河流廊道进行串接，形成"三环、六廊"的生态系统，构筑"林、田、水、景、园"相融共生的"翡翠项链"。

（3）"一屏双廊两环，五楔十一核多园"的津城绿地系统

2021 年编制《天津市绿地系统规划（2021—2035 年）》并提出规划目标，衔接市域山、海、田、园自然要素，形成多元共享的城市绿地空间布局，构建城绿共融的绿地系统，增强城市碳汇能力；建立结构合理、服务均衡、功能丰富的公园体系，满足人民群众休闲游憩需求；塑造中西合璧、古今交融的特色绿化景观，不断提升城市环境景观品质。到 2035 年，建成"绿量充沛、普惠共享、美丽宜居"的北方园林城市。

关于津城绿地系统结构，融入区域生态格局，统筹城区外围生态空间和内部绿地空间关系，形成内联外接、融入区域生态基底的"一屏双廊两环，五楔十一核多园"绿地系统结构。"一屏"：指在津城、滨城双城之间建设的天津市绿色生态屏障，作为城市重要的绿色生态背景；"双廊"：指海河—北运河绿廊和新开河—子牙河绿廊；"两环"：指串联城市大型公园的外环绿带环和连通城市内外绿色空间的津城郊野绿环；"五楔"：指依托外围生态空间形成的北辰北运河生态绿楔、北郊生态绿楔、子牙河生态绿楔、西青生态绿楔、东丽生态绿楔五处向城市空间渗透的绿色空间；"十一核"：指外环绿带环串联的十一个大型城市综合公园；"多园"：指分布在津城范围内的各类城市公园。

1 | 1 津城核心区绿地系统结构图
--- |
2 | 2 天津植物园链规划范围图

（4）天津市"植物园链"建设方案

2022 年《天津市"植物园链"建设方案（征求意见稿）》发布，以外环绿道为纽带串联打造 11 个植物公园，对于让城市融入大自然、增加城市绿色碳汇、提升生活幸福指数、实现城市内涵发展具有重要意义。到 2025 年，全市建成区绿地总量、绿地质量、生态安全显著提升，布局更加合理，设施更加完善，环境更加宜居，人民群众的幸福感、获得感、安全感不断增强。到 2035 年，全面建成以"植物园链"重大生态工程为主体的植物公园体系，为全面建设社会主义现代化大都市提供有力支撑。

➡ 4.2 2020 年天津一环十一园及周边地区城市设计

4.2.1 规划范围与背景

在 2018 年外环线一环十一园规划的基础上，结合天津市纳入住房城乡建设部第二批全国城市设计试点城市，市规划和自然资源局组织编制了一环十一园及周边地区城市设计，以推动公园和周边居住区开发建设。一环十一园及周边地区城市设计规划总用地面积约 122 平方千米，其中外环及绿带约 34 平方千米，十一园约 18 平方千米，周边地区约 70 平方千米。

4.2.2 规划定位与总体布局

外环城市公园及周边地区是中心城区改善生态环境、提升宜居水平的战略空间。其中，外环线绿带是津城蓝绿生态空间主骨架，是连通十一公园、郊野公园与主要水系，具有生态、游憩、运动、文化、休闲功能的蓝绿空间纽带。外环城市公园周边地区的规划与建设对优化中心城市布局及人口分布、服务中心城区及外围组团、提升津城宜居水平起到重要的作用。

城市设计方案构筑津城"园水林田城"生态格局与大美城市形态，生态格局上形成"三环、六廊"的主体框架。三环（绿道）包括郊野绿道环、外环绿道环、铁路绿道环。六廊（廊道）包括海河绿廊、南运河绿廊、北运河绿廊、子牙河绿廊、新开河绿廊、外环河绿廊。

4.2.3 外环绿化带及十一个公园——翡翠项链

在外环绿化带及公园建设上，规划整合生态要素，连接双城屏障，旨在建设津城标志性的生态空间。规划建设 11 个大型综合性城市公园，依托外环绿带构筑复合功能的环城生态游憩公园，同时通过河流绿廊连接外围郊野公园，共筑"林、田、水、景、园"相融共生的翡翠项链。规划将构建绿色人文的运动休闲环，构筑水网相通的淀沽河景环，形成多彩缤纷的城市森林环，打造城园融合的健康绿廊环。

1 一环十一园及周边地区规划范围

2 一环十一园及周边地区与外围空间的
产城融合示意图

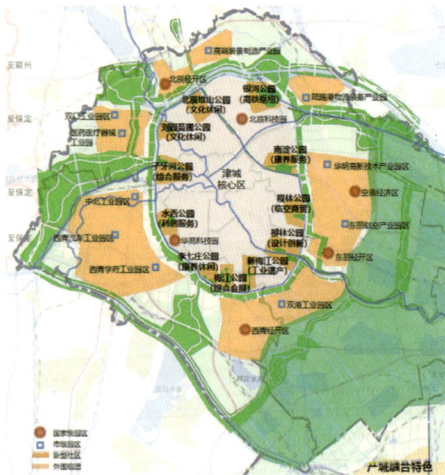

4.2.4 外环线十一个公园周边地区——产城融合

在产业发展方面，规划将加强津城核心与外围的空间、功能衔接，促进新兴产业、服务业与新型社区融合。十一个公园周边地区结合产业环境与优势发展条件，因地制宜，制定各具特色的产业发展方向。银河公园片区——高铁枢纽，南淀公园片区——康养服务，程林公园片区——临空商贸，柳林公园片区——设计创新，新梅江公园片区——工业遗产，梅江公园片区——综合会展，李七庄公园片区——康养休闲，水西公园片区——科创服务，子牙河公园片区——综合服务，刘园苗圃公园片区——文化休闲，北辰堆山公园片区——文化休闲。

4.2.5 外环线十一个公园周边地区——新型社区

规划依托翡翠项链，围绕十一个大型城市公园，建设"生态 + 生活 + 产业"新型社区，形成绿色生态、产城融合、环境优美的高品质公园社区，构筑津城生态宜居圈层。

在社区营造上，规划结合公园合理布局公共服务设施，形成五分钟、十分钟、十五分钟生活圈。在绿地及开放空间方面，规划以大型公园为核心，组织社区开放空间系统，实现3分钟到社区公园，5分钟到城市公园，10分钟到外环绿带公园。

在整体空间管控方面，规划强化公园周边城市空间控制要求，建设强度适宜、整体有序的新型邻里。

在综合交通方面，规划提出了提高交通支撑能力，构建智慧、绿色交通系统的总体目标。建立环形放射结构的快速路网，为地区提供基本交通保障，提升道路通达性，构建便捷畅通的路网体系。促进轨道交通同步建设，远期实现每个公园及周边地区有轨道站点支撑，实现轨道线网密度1.05千米/平方千米，轨道站点800米范围人口覆盖率达85%。

在配套服务设施方面，一是完善各级配套服务设施，二是打造特色养老、教育、医疗等配套服务设施。每个公园社区规划有1~2处特色养老设施，并建立完善的社区养老服务体系。每个公园社区都至少有一家公立市重点小学、中学、高中，也可以布置特色教育与国际学校。每个公园社区都有一处国内先进的综合性医疗设施。

→ 4.3 近期一环十一园地区规划和实践进展

4.3.1 一环十一园规划提升

2023 年，为深入落实天津市委、市政府"十项行动"工作部署，加快建设"植物园链"（一环十一园），推动天津市园林绿化生态建设高质量发展，在进一步整合优化生产、生活、生态城市空间格局的基础上，市规划资源局和城市管理委员会共同完成《一环十一园生态公园带规划提升》（以下简称《规划提升》）项目编制工作。

提出"先环后园，以环促园"工作思路，依托环城绿带、十一个公园、六大郊野公园及主要水系，重塑环城生态格局，打造集生态、游憩、运动、文化、休闲功能于一体的环津城蓝绿空间纽带，通过"城市低碳交通带、城市生态公园带、城市休闲运动带、城市旅游资源带、城市公共服务带、科技产业创新带"的建设，重塑环城生态格局，促进绿化空间经济转型，推动外环生态防护林地向环城生态公园带转变。

《规划提升》引导了天津市环城生态公园带建设实施方案中关于林地、耕地、绿地开发政策的研究，指引了《天津市绿化条例》的修编和生态公园技术导则方案的编制，带动了一环十一园周边地区存量资源的盘活更新。

4.3.2 一环十一园及周边地区规划进展

作为城市新建区域，一环十一园及周边地区的规划设计自始至终秉持着高标准的设计理念，成为天津新型居住社区规划和建设的引领区。该区域的大部分片区都进行了详尽的城市设计编制与城市设计方案征集，并经市委、市政府审慎敲定后，在优中选优的基础上，综合考虑各方因素，形成综合方案予以报审，并最终形成了法定控制性详细规划，用以指导区域的建设实施。

早在 2000 年，梅江公园北部进行安居工程建设时，就进行了修建性详细规划的方案征集。2001 年梅江南地区进行国际方案征集。2004 年梅江公园周边地区土地首次带方案招拍挂。2008 年梅江公园进行了景观设计竞赛，同年，海河中游及智慧城地区国际竞赛也同时开展。2010—2012 年，市规划和自然资源局分别组织了解放南路地区、侯台地区、南淀地区的城市设计方案国际征集。2013 年，市规划和自然资源局组织编制了银河公园周边地区的城市设计。2012 年，随着中心城区控规修编，原外环线内一环十一园周边地区控规都取得批复，为规划建设提供了依据。

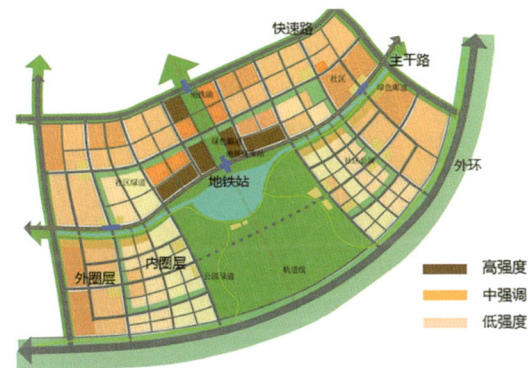

| 高强度 |
| 中强调 |
| 低强度 |

1
2
3

1　公园社区空间布局示意图

2　公园社区开发模式示意图

3　梅江公园片区中标方案（易道公司）

随着城市发展，一环十一园地区的规划和建设也在不断优化。2016 年，市规划和自然资源局启动了水西公园及周边地区的城市设计提升工作。2017 年，天津市被住房和城乡建设部列为全国第二批城市设计试点城市，一环十一园及周边地区中的水西公园地区、新梅江公园地区、程林公园地区和柳林公园地区作为试点项目开展新一轮的城市设计相关工作。新梅江公园地区是第一个城市设计评估项目，程林公园地区举办了设计竞赛，水西公园和柳林公园地区的城市设计受到了市委、市政府的高度重视，在各方努力下，各项工作都圆满完成。四个地区的城市设计方案全部经天津市规划委员会通过，由市政府正式批复了城市设计和控制性详细规划。

2019 年，按照天津市委、市政府打造北部活力区的要求，天津市规划和自然资源局组织编制了银河公园及周边地区城市设计和控制性详细规划，并取得了市政府的批复。至此，只剩下南淀公园地区还没有完成批复的城市设计和控制性详细规划。在明确南淀地区不再保留天津乐园用地的基础上，市规划和自然资源局积极响应新时代的发展要求，于 2022 年组织开展了南淀公园及其周边地区的城市设计工作。经过科学、严谨的研究与规划，该地区城市设计方案最终在 2024 年 2 月圆满完成。此番南淀公园及周边地区的城市设计研究与编制工作，不仅为南淀公园地区的发展提出了新的发展路径，注入了新的活力，也成为本书编纂工作启动的重要契机与起点。

4.3.3　一环十一园及周边地区的建设情况

（1）外环线绿化带的建设情况

外环线绿化带项目是天津市一项宏大的生态建设工程，包含外环线绿化带和外环线东北部调整线绿化带。其中，外环线绿化带规划总长度 78 千米，用地面积 34 平方千米，目前已建设完成 26 平方千米，实施率 76%。外环线东北部调整线绿化带规划总长度 22 千米，用地面积 12 平方千米，目前尚未实施。

已建设的外环线绿化带整体以防护绿地为主，为了满足周边居民日常休闲游憩的需求，对绿化带进行了局部游园化的提升。目前，外环线绿化带共建成游园 15 处，建设面积约 3.61 平方千米，约占外环线绿化带的 14%。

此外，为了进一步提升外环线绿化带与十一园及郊野公园的连通性、可达性，构建津城生态网络，在外环线绿化带外侧规划绿道 100 千米，目前绿道已建设约 3 千米，实施率约 3%，实施进度有待提升。

（2）十一个公园的建设情况

十一个公园规划总面积约 18 平方千米，已建面积约 3.6 平方千米，实施率约 20%。已建、在建的公园共 4 个，主要集中在津环的西南部，包括梅江公园（2010 年开园）、水西公园（2018 年开园）、新梅江公园一期（2023 年开园）、柳林公园一期（2023 年开园）。未建设的公园共 7 个，分别是李七庄公园、子牙河公园、刘园苗圃公园、堆山公园、银河公园、南淀公园、程林公园。

1　程林公园周边地区鸟瞰图

2　柳林公园周边地区鸟瞰图

3　新梅江公园周边地区鸟瞰图

（3）十一园周边地区的建设情况

十一园周边地区规划总面积约 76 平方千米，已建面积约 20 平方千米，实施率约 26%。已建、在建的地区共 4 个，与公园建设情况类似，也主要集中在津环的西南部，包括梅江公园周边地区、新梅江公园周边地区、水西公园周边地区以及柳林公园周边地区。从已建成的居住区类型来看，梅江、新梅江片区以高层居住社区为主，水西片区落实新型居住社区导则，以小高层及多层建筑为主。柳林片区以本地特色为依托，对保留的工业遗产进行城市更新提质，成为天津东南片区一个新的活力节点。未建、待建地区共 7 个，包括李七庄公园、子牙河公园、刘园苗圃公园、堆山公园、银河公园、南淀公园、程林公园的周边地区。

1 | 2 | 3

1　外环绿化带建设情况

2　一环十一园建设情况

3　一环十一园及周边地区建设情况

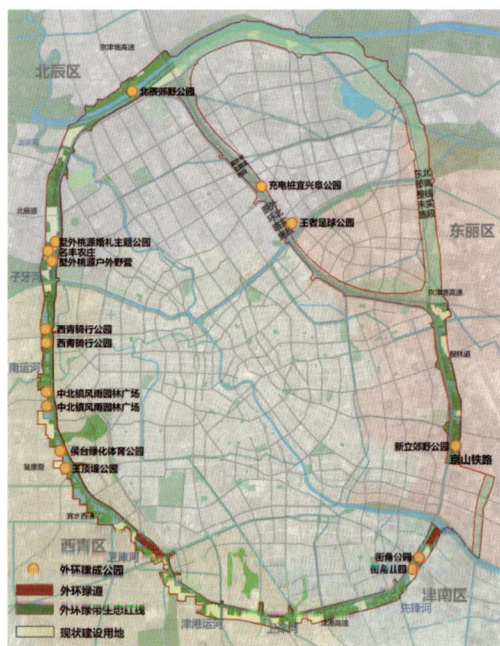

水西公园实景照片
（图片来源：天津市城市规划学会
城市影像专业委员会 | 枉言拍摄）

从 1986 年外环线建设和外环绿化带植树造林开始，外环绿化带的规划建设已近 40 年。从 2000 年梅江公园及周边居住区规划建设开始，一环十一园及周边地区的规划建设也已经历时 20 多年。由于海河对城市切割的影响，天津中心城区的发展不平衡，海河以南的和平、河西、南开三区发展较快，城市开发水平较高；而海河以北的红桥、河北、河东三区发展较缓慢。虽然 2002 年开始的海河两岸综合开发改造有意拉动海河北岸的发展，并取得了一定的效果，但发展的差距仍然存在。而 1986 年划定天津外环线时，有比较重的人为痕迹，形似一个鸭梨，但基本是以海河中心广场为圆心的圆形。所以，一环十一园及周边地区本身发展就不平衡。西南部的公园与社区发展较快，而东北和北部的公园和社区发展较慢。特别是外环线调整线的建设，将东北部原外环线外的 100 平方千米的区域划入中心城区津环的范围，这使得现阶段一环十一园及周边地区发展的差距和不平衡更加明显。

本章深入探讨了一环十一园及周边地区规划方案的历史演变、最新进展与规划实施效果。首先，分析了外环绿化带的规划演进、建成效果及最新的实施规划。最新的规划按照"总体谋划、分类推动、运营前置、滚动建设"的工作思路及"先环后园、以环促园"的建设原则，提出城园相生的愿景，分类、分时段推动外环线绿化带的项目谋划实施，探索新的建设机制。然后，按照已建和在建、拟建两大类，由各项目规划设计团队对一环十一园及周边地区的规划和实施效果进行逐个分析。按照统一的格式，从区域位置、历史沿革、规划历程、规划定位与策略、城市设计方案、规划实施情况及效益等六个方面进行系统的整理和分析，找出各自的成绩和存在的问题，为下一步规划深化和实施做好准备。拟建片区中的南淀公园及周边地区将在本书第三部分第八章进行详细的介绍，本章省略对该片区的描述。

总体来看，20 余年来，一环十一园及周边地区规划建设一直在走城市规划建设的前列，许多新的模式和住宅类型都是在这个区域出现的，成为当时城市发展的引领者。基本建成的梅江地区，规划设计保留了大量水面，通过片区整体开发建成了梅江公园及梅江会展中心。在统一规划设计指导下，众多的开发商围绕水面和公园开发了不同类型的社区和住宅类型，成为当时天津房地产的热点地区，提升了区位价值。但较高的开发强度造成建筑高低配这种不良模式；大街廓的规划模式也造成活力不足、生活不便的问题。基本建成的新梅江地区，规划考虑城市更新与新建区的融合，保护工业遗产，规划中央绿洲，采用海面城市和湿地公园的设计以及道路红线与绿线融合的新做法，集中建设高水平配套设施，成为新一轮房地产的热点地区。正在建设中的海河柳林公园地区和水西公园地区都采取了新的规划建设模式。海河柳林公园地区作为天津设计之都核心区，强调产业先行，突出濒临海河的特色，采取了 PPP 建设模式。水西公园地区作为新型社区试点，采用了窄路密网的布局和集中建设的社区中心，多样的住宅类型、建筑平缓的空间形态以及具有中国传统特色的公园和社区及居住建筑，令人耳目一新。

天津水西公园
天津悦美房地产开发有限公司提供

第 5 章

一环十一园及周边地区规划方案与实施效果
Planning Programs and Implementation Effects of Golden Doughnut and Eleven Parks and Surrounding Areas

5.1　以环促园：外环线绿带建设规划

　　2023 年 4 月，天津市委、市政府领导实地踏勘外环绿带西青段、津南段、东丽段，提出工作要求，并借鉴四川成都天府绿道系统建设经验，结合"植物园链"选址的土地类型、用地权属等基础数据，梳理周边现状及文化元素，研究产业布局等相关工作。对标"城市生态公园带、休闲运动带、低碳交通带、公共服务带、科技产业创新带、旅游资源带"的新定位，初步确立"先环后园、以环促园"的工作思路。

外环线生态绿化带及外环河

5.1.1 基本情况介绍

1986 年，《天津市城市总体规划（1986—2000 年）》获国务院批复，外环线及绿化带首次在规划中确定，并于 1987 年启动建设。2002 至 2006 年，外环线外侧绿地及外环河工程实施，历经 4 年施工，天津建成外环河及外环线两侧绿地，彻底改善了外环线内外侧的生态环境。2013 至 2014 年，完成外环线防护绿地规划编制，《天津市生态用地保护红线划定方案》确定了外环线绿带生态环廊体系。2020 年，天津市规划和自然资源局发布《天津市外环城市公园及周边地区城市设计草案》（征求意见稿），将外环 500 米防护绿带转变为生态游憩功能的环城公园。

经过 30 余年的多次提升改造，外环绿带基本建成，内侧绿带宽度 38 至 50 米，外侧绿带宽度 50 至 500 米，形成了占地规模约 26 平方千米的环中心城区防护林带，构建了良好的生态基底，充分发挥了生态防护作用。

5.1.2 规划定位与策略

以引动城市经济活力为目标，遵循"活存量、扩增量、赋能量"的科学发展原则，将"一环十一园生态公园带"建设成为引领津城绿色转型的生态活力区和经济区。通过建设"城市生态公园带、休闲运动带、低碳交通带、公共服务带、科技产业创新带、旅游资源带"，重塑环城生态格局，促进绿化空间经济转型，提升沿线城市功能和地块价值。

5.1.3 规划方案

修复外环林地和水系，构建丰富的自然生境，建设生态绿道，增加运动场地和休闲服务设施。通过建设特色游园和小游园等微改造，形成外环绿带"植物园链"。对外环沿线周边街镇、居住区、人口分布及已建、在建轨道交通等条件进行分析，可以看到，津南、西青、东丽区域内人口基数较大，且已建成及在建轨道交通站点较为密集。未来绿带连通后，可利用现状绿地布局驿站、服务及体育设施等产业，建立更加完善的内部游园系统，为地区发展提供助力，并进一步提升周边片区和天津市南部区域发展的基础优势，形成良好示范效益。

外环绿化带（西青段）改造示意图

整体规划方案形成了"绿出行、营场所、塑品质、助产业、聚人气、促活力"六大策略与内容。

绿出行，打造城市低碳交通带：强化绿道连通功能，编制环津城 350 千米健康绿道网，向内联系十一个公园，向外联系郊野公园。同时，强化城市轨道交通、快速交通、公交系统与城市休闲绿道的有效衔接，为游客提供快慢结合的交通模式，构建更为便捷、高效的绿色交通系统。

营场所，打造城市生态公园带：通过修复环城林地与环城水系，在林间建设综合绿道、特色游园、小游园、驿站及体育休闲设施，强化外环绿带系统的综合休闲与服务功能，促进水城融合，构建林水相依的生态森林带，为市民增添更好的亲水活动体验。在保护一环十一园现有的自然生态基底的基础上，形成公园独特的自然特色，融入城市的文化脉络，赋予公园鲜明的文化特色及功能特色。

塑品质，打造城市公共服务带：通过环城生态公园建设，采用联动式更新路径，改善宜居生活圈居住品质，科学布局文化、教育、体育、医疗、社会福利等公共服务设施，营造"公园 + 服务"特色生活圈，提高公园周边活力，从而进一步提升周边土地价值，同步起到疏解津城核心区人口、促进功能转型升级的目标，满足人民对美好生活的向往。

助产业，打造科技产业创新带：通过生态赋能，助力环城产业转型发展，围绕"6+10园区"产业提升，形成生物医药、智能制造、集成电路、临空制造、高端装备制造五大产业集群，构建助力环城四区发展的产城融合功能组团。

聚人气，打造城市休闲运动带：以践行全民健身为目标，将环城生态区建设融入休闲、运动等多元活力功能，打造"外环绿道 + 公园""休闲 + 运动"产业链条，延伸与周边城市功能缝合的公共体育设施网络，从而形成对城市体育设施布局的有力支撑，引领天津运动文化新发展格局。

促活力，打造城市旅游资源带：通过深入挖掘城市旅游文化资源，借助城市绿道、海河与南北运河有效串接各大人文、生态、体育等城市旅游节点，充分展现大美津城的城市文化底蕴，打造津城文化游、公园城市游、津城体育游等特色主题旅游线路。

绿道示意图

5.1.4 城园相生愿景

通过实施十一园建设，全市建成区绿地总量、质量显著提升，布局更加合理，设施更加完善，环境更加宜居。为全面建设"高质量发展、高水平改革开放、高效能治理、高品质生活"的社会主义现代化大都市贡献力量。

生态效益方面，依托现状26平方千米外环防护绿带的良好生态基底，在现有林地植入参与性、服务型功能，让市民可以近距离亲近自然、感受自然、享有自然，有利于林地自身生态价值效益得到更好的提升。外环绿带、十一园及郊野公园实施完成后津城蓝绿空间占比将提升14%。津城核心区人均公园绿地提高2.4平方米/人，可达11.6平方米/人。

社会效益方面，聚焦民生需求，着力提升城市品质、环境、服务与交通，践行"十项行动"计划，增强人民幸福感，构建和谐津城。以保护生态为原则，加强生态建设和自然环境保护力度，提高环境品质；以倡导健康生活方式为导向，提高生活品质；以城市更新为抓手提升城市质量，提高社区品质；以升级公共服务配套为重点，提升公共设施服务水平；以经济建设为中心，聚力产业升级发展，增加居民收入；以整合城市资源为路径，提升城市影响力。

经济效益方面，结合市民对休闲体验的需求，强化外环绿带系统的综合休闲与服务功能，打造承载城市新品质生活的活力环。发挥临近绿带的城市轨道站点辐射广、效率高、运力大的优势，进一步扩展服务范围，有效带动外环周边地区整体发展，为实现城市高质量发展目标提供新的经济增长空间。

5.1.5 一园一策方案

盘活资源型：包括梅江公园、新梅江公园、水西公园三个城市公园。重点加强养护管理，提升运营效能，根据《天津市"植物园链"专项规划（征求意见稿）》（以下简称《专项规划》），依据住房城乡建设部印发的《城市公园配套服务项目经营管理暂行办法》，多渠道筹措资金，研究制定提升改造方案。按照城市综合公园标准，适时适度提升完善公共基础设施和配套服务设施，进一步推动专类植物公园落地，使之融入"植物园链"一体布局。

资源利用型：包括刘园苗圃公园、程林公园、南淀公园三个城市公园。充分利用现状苗圃及林

外环绿化带（津南段）改造示意图

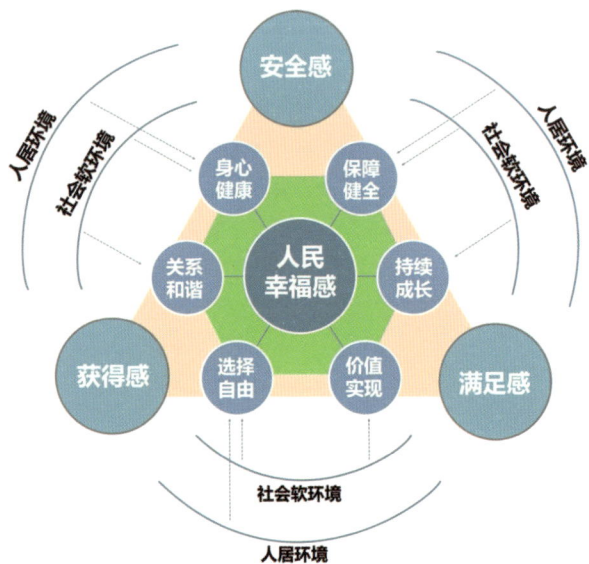

地资源，近期可在未征转土地的前提下，植入休闲活动设施，满足对外开放需要，远期逐步更新完善城市公园功能。

城市更新型：包括柳林公园、李七庄公园、子牙河公园、银河公园、北辰堆山公园五个城市公园。结合片区综合开发进度，由属地政府推动相关主体开展前期策划工作，条件成熟适时启动建设。

5.1.6 实施进度

在城市基础设施更新和综合整治的基础上，外环绿带建设将对接属地政府，调查土地现状，论证开发条件，并采用"碎片化"处理方式，在配套设施完备的区域实施自平衡项目，提升区域影响力。同时，引入社会资本，条件成熟时启动建设。

1
—
2

1　人民幸福感要素示意图

2　柳林公园航拍照片
　　（图片来源：何俊祥拍摄）

5.2　已建和在建公园及周边地区

5.2.1 梅江公园及周边地区

梅江公园及周边地区位于天津市中心城区南部，地处河西区、津南区和西青区的交会处，东临友谊南路，南接外环南路，西靠梅江西路，北至丽江道，总占地面积达 527 公顷。这片区域是天津中心城区重要的绿色空间，对中心城区的城市生态平衡、居民生活质量和城市可持续发展有着深远的影响。梅江公园片区的规划遵循"特色鲜明、功能齐备、质量优良、节能降耗、适度超前"的原则，旨在打造一个生态和智能的健康环保住宅区。通过人车分流和动静分区的设计，居住区的安静与安全得到了保障，居民的生活品质得到显著提升。同时，绿化环境的优化美化了城市景观，改善了生态环境，使梅江公园片区成为一个生态友好的区域。

梅江公园片区的建设始于 2000 年，当时梅江一期的翠水园、玉水园等安居型项目开始开发，随后蓝水假期、芳水园、香水园等高档项目陆续落成，梅江地区逐渐转型为高档生态住宅区。2001 年，天津市政府与天津市滨海市政建设发展有限公司共同开启了梅江南区域的规划和建设。2002 年，梅江南首个项目半岛蓝湾入市，标志着梅江南区域正式融入大梅江板块。2003 年，万科水晶城项目的入市进一步扩展了梅江南东侧的范围，使其与解放南路内的地块相连。2004 年，现梅江湾地块摘牌，将大梅江板块的范围向西扩展至卫津南路，增加了约 455 万平方米的土地，正式将梅江、梅江南、卫南洼三大湿地风景区纳入其中。2005 年，大梅江开发了水岸公馆、天鹅湖、卡梅尔等新项目，但也加剧了产品同质化的进程。到了 2006 年，大梅江可供出让的土地逐渐减少，梅江开发进入成熟时代，前期开发的项目开始入住。梅江生态居住区建成后被选为天津市智能化示范小区试点，达到国家智能化二星级、天津市智能化 B 级标准。智能化系统涵盖了完善的物业管理系统、功能齐全的安防系统以及先进的多表远传及结算系统等高科技元素，为居民提供了更加便捷和安全的生活环境。

梅江公园的规划和建设始于 2008 年，当时市规划资源局组织了梅江风景区景观设计竞赛，并确定由天津市规划设计研究院编制《梅江风景区修建性详细规划》，同时完成湖面景观及景区的施工图设计。2009 年，市规划资源局批复了该规划，同年部分园区的施工图设计及施工工作也逐步完成。2010 年 5 月，梅江公园一期景区正式建成并对外开放。

总体来看，梅江公园及周边地区区位优越，且拥有独特的水域资源，这是其他区域难以复制的优势，整体实施效果显著，也在一定程度上改变了天津的房地产格局。梅江生态居住区的规划设计以人为本，充分借鉴国内其他城市的成功经验，实现了人车分流、动静分区。建筑风格新颖别致，房型设计充分考虑居民需求，多样化且适应不同消费群体，为居民提供了舒适优美的生活环境。

梅江公园的湖面是整个公园的最大亮点，湖面开阔，大面积的水域显著改变了周边居住区的温度，真正实现了"冬暖夏凉"。同时，大量的水分子提高了空气中的负离子含量，调节了空气湿度，使人们在城市中也能享受到自然清新的生活。梅江公园的植株密度高于水上公园，绿化以速生杨树和垂柳为主，并配以不同种类的开花灌木，景观更为丰富。梅江公园也凭借独特的地理位置、优美的生态环境以及开放式的氛围，成为周边地区居民晨练的好去处，为梅江地区的居民开辟了一个休闲娱乐的新场所，随着公园的不断迭代发展，它也将成为津城西南独具魅力的自然生态园林景区。

梅江公园及周边地区总平图

$\dfrac{1}{\dfrac{2}{3}}$

1　梅江公园及周边地区鸟瞰图

2　梅江公园及周边地区实景照片

3　梅江公园航拍照片
　　（图片来源：天津市城市规划学会
　　城市影像专业委员会 | 枉言拍摄）

5.2.2 新梅江公园及周边地区

新梅江公园及其周边地区，位于文化中心与海河柳林地区之间，北至海河，南至外环线，西至解放南路，东至微山路。这片区域是天津南部重要的门户区域，其规划建设始于 2010 年。当时，该地区南部主要是闲置的坑塘空地，北部是陈塘庄老工业基地，中部是 21 世纪初建设的装饰城和汽配城以及 1991 年开始建设的陈塘热电厂。陈塘庄的工业发展历史悠久，最早可追溯至清代，20 世纪 50 年代逐渐成为河西区内最大的工业企业集聚区。进入 21 世纪后，随着天津工业战略东移，工业企业逐步外迁。陈塘热电厂于 2015 年全部关停。

2010 年，天津市为盘活闲置土地资源，对区域进行全面的城市更新，建设天津市南部重要的迎宾道路，打造生态宜居社区，为文化中心周边地区居民安置提供高水平配套和优质环境，解放南路地区开展了城市设计方案征集工作。2011 年，解放南路地区城市设计和导则获得批复。同年 3 月，解放南路地区开发建设指挥部成立，进一步推进了城市设计的落地和专项规划编制。2014 年，区域北部的新八大里地区开展规划提升工作。2015 年至 2024 年的近十年间，地区规划围绕高品质生态环境、高品位文化氛围、职住在地平衡等理念，进行了动态维护与优化提升。

新梅江地区的规划理念坚持生态优先，构建区域生态骨架。结合废弃的陈塘货运铁路支线的位置走向，规划了一条长 5 千米、宽 200 米的 T 形生态空间，作为地区规划的主骨架，并连接南北两条环城绿道，完善了中心城区的整体生态系统。同时，规划有序串联了基于既有产业的四条产业带，包括海河公园、设计创意公园、家居公园和汽车公园，希望通过现有汽配、家居等产业的升级和转型，形成地区活力引擎，促进职住在地平衡。规划还注重挖掘工业遗存的场所精神，并非单纯保留单体建筑，而是以工业遗存作为精神和空间的脉络，串起整个地区。结合复兴河、陈塘铁路支线以及陈塘热电厂的冷凝塔、老厂房等工业遗存，构建 T 形开放空间作为结构主骨架，形成工业文化记忆之轴。

规划坚持以人为本组织居住社区。借鉴新加坡邻里中心模式，创新设置社区配套，形成三级邻里中心。同时，创新设计街道断面，将绿化带从道路红线外侧置换到红线以内，布置在机动车和非机动车或行人和非机动车之间，在增加街道安全性的同时，也拉近了行人与建筑底商的距离，营造了更好的步行体验，进一步增强了街道的活力。此外，规划因地制宜，创新性地建构了开放式街区。布局上采用南疏北密的社区形态，在北部靠近城市中心区的新八大里地区，建构了窄路密网的院落式街区，缩小了居住社区的封闭尺度，使院落内部安静私密，而外侧底商则为街道提供了更多的商机和活力。

新梅江公园片区作为近年来天津重点发展的新兴区域，在规划实施上取得了喜人的成绩，成为津城西南板块新一代的生态居住区样板。以珠江道为界，北区

1　新梅江公园及周边地区区位图

2　新梅江公园及周边地区权属分析图

新八大里片区融合商务、居住功能，形成活力、创新、宜居片区，成为片区城市新地标。南区以生态、居住功能为主，配置商业、教育及公共服务设施，结合新梅江公园和陈塘热电厂冷凝塔，形成了生态与文化融合的复合功能区，吸引了较多高品质开发商入驻，土地供应活跃、房价走势稳健。目前，地铁 6 号线、10 号线已运营，新梅江公园南北段已陆续开放，结合海绵城市理念，形成了设计创意公园、海棠花谷等特色景观。

新梅江片区通过"产城融合＋生态宜居"的双轮驱动，已发展成为天津高端改善住宅聚集区和城市南部活力增长极。未来随着交通、商业、医疗等配套的进一步完善，其作为"城市微中心"的潜力将持续释放。

$\dfrac{1}{2}$

1　2011 年批复版城市设计方案

2　2014 年新八大里地区城市设计方案

海河公园

设计创意公园

家居公园

汽车公园

产业区
居住区

1 | 2 | 3
   | 4

1 区域生态骨架

2 新梅江公园规划意向图

3 设计创意公园意向图

4 海河公园意向图

公交二公司

起重设备厂

电机总厂

陈塘铁路支线

青海无线电

陈塘热电厂

1 | 2 | 3
   | 4

1 保留工业遗存

2 陈塘热电厂实景照片

3 陈塘铁路支线实景照片

4 电机总厂改造后的实景照片

绿化带 绿化带 绿化带 绿化带 绿化带 绿化带

5.0 2.5 2.5 2.0 3.0 7.5 2.0 7.0 2.0 7.5 3.0 2.0 2.5 2.5 5.0
10.0 36.0 10.0

建筑	绿化带	道路红线	绿化带	建筑
无退线、设骑楼	人行、非机动车、设施带	机动车道、绿化隔离带、公共交通与设施	人行、非机动车、设施带	无退线、设骑楼

1 | 2/3

1 三级居住社区邻里中心

2 开放式街区意向图

3 创新道路断面示意图

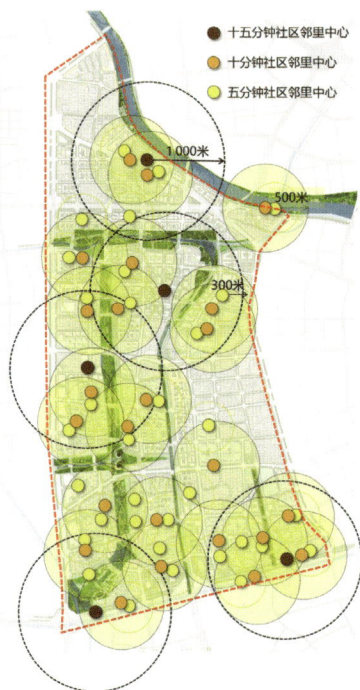

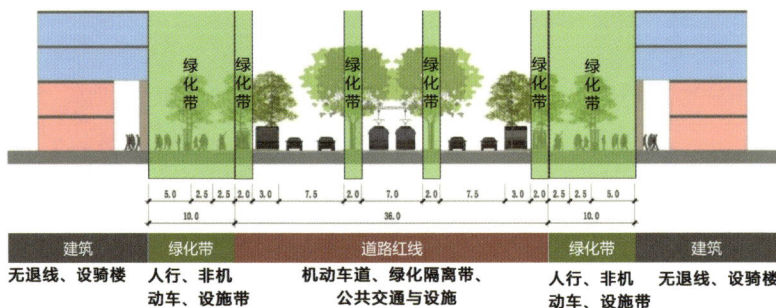

北侧新八大里地区第三里

靠近城市中心区的新八大里地区，以**窄路密网的开放式街区**布局为主，沿街布置商业，营造城市活力。

活力 → 娴静 街区化住区 生态化住区 城市 → 自然

南侧万科新梅江柏翠园

靠近城区边缘以小区式散点布局为主，结合生态公园，营造宜人娴静的生活环境。

1 | 2

1 院落式街区肌理

2 城市肌理演变示意图

5.2.3　水西公园及周边地区

水西公园片区位于天津市中心城区西部，东起快速路，西至外环线，南接复康路，北达闵行路，规划总占地面积约 6.78 平方千米。片区以水西公园为核心，规划为生态宜居型城市片区。

水西公园及周边地区，其聚落发展可追溯至明代初期，其地理命名源于特殊的地貌特征与早期移民史。根据地方志记载，该区域原为九河下梢的洼地地貌，其核心区存在一片地势相对较高的台地，成为早期人类活动的理想选址。明永乐年间，因"靖难之役"引发的北迁移民潮中，邢氏家族迁居至此，形成"侯邢台"聚落，此为"侯台"地名之雏形。至清乾隆四年，该区域正式定名为"侯家台"，标志着行政建制的初步确立。近现代时期，该区域历经两次重要行政调整：1966年"文革"期间更名为"红旗村"，隶属大稍直口人民公社管辖；1969 年恢复原称，划归九一九公社管理体系。改革开放后，1986 年在《天津市城市总体规划方案（1986—2000 年）》中，首次将侯家台纳入四大市级风景区体系。2014 年实施的"三改"工程（农改非、村改居、散改聚）完成了从传统村落向城市建成区的转型。2018 年，水西公园一期工程竣工开放，标志着该区域正式进入生态导向型城市发展阶段。

水西公园及周边地区的规划历程始于 2011 年，当时开展了城市设计方案国际征集，法国达思（DAS）公司方案胜出，提出"公园嵌套社区"理念，奠定了水西地区空间的基础框架。同年，水西公园景观设计方案征集完成，天津市园林规划设计院与美国 SWA 联合方案确立了公园的生态基底。2012 至 2014 年，片区城市设计进一步深化，并取得城市设计、"一控规两导则"的批复。2015 至 2020 年，水西地区纳入"一环十一园"地区，成为天津市城市设计试点片区，并启动规划提升研究。2021 年，《天津市新型居住社区城市设计导则（试行）》发布，水西公园及周边地区成为践行新型居住社区规划设计理念的先驱地。

水西公园及周边地区规划定位为天津西南城区的创新型活力服务中心和开放型宜居公园社区。规划统筹片区发展优势，整合区内成片存量土地，优化空间格局，节约集约用地，提高空间环境品质。未来，这里将以科创服务功能促进产城融合，积极推进产学研用深度融合。以水西公园为核心，构建宜居社区，利用双向换乘站点发展地区活力中心。规划结构为"一心、两社区、双轴、多组团"，即以水西公园为核心，南北社区为两翼，保山道和文洁路为发展轴，多组团包括创智街区、安居街坊、滨水风情小镇等。

城市设计方案通过密路网、通园道、活商街，整合公园系统、控制街道界面、推动地块开发，构建"开放型宜居公园社区"。密路网：通过提升支路网密度与增设社区道路优化交通结构，街坊路宽度严格控制在 6 至 15 米之间。基于城市设

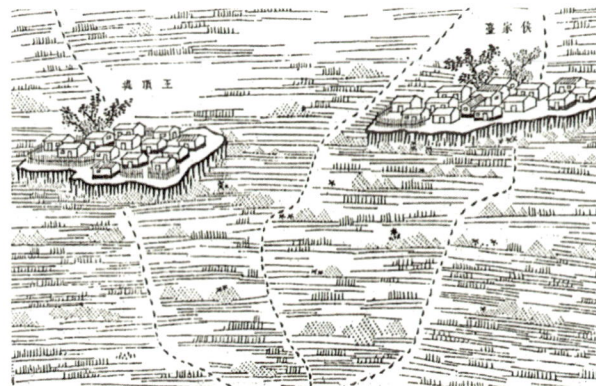

1

―

2

1　水西公园及周边地区区位图

2　水西公园及周边地区历史场景图

1 2011 年水西公园及周边地区城市设计
国际竞赛效果图

2 2011 年水西公园景观竞赛方案图

3 2015 年水西公园及周边地区控制性
详细规划方案

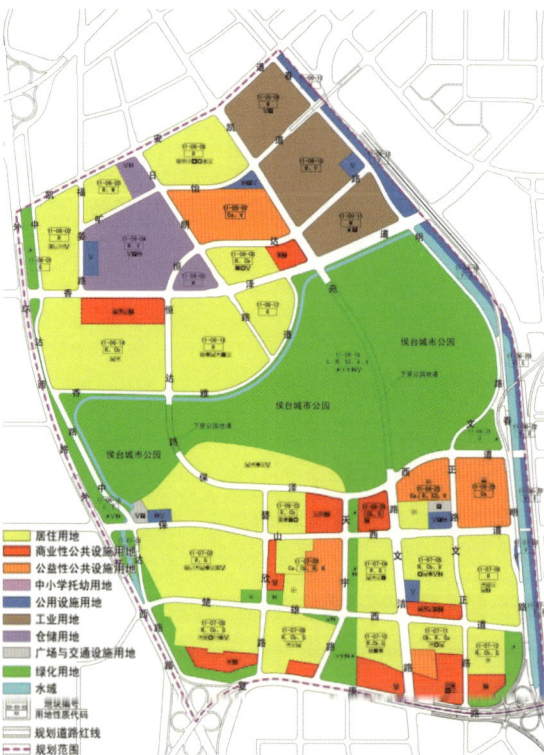

4 水西公园及周边地区审批通过的总体
城市设计

计导则，构建小街廓、窄马路的密路网肌理，优先保障慢行体系与开放空间连续性，形成精细化路网体系。通园道：以多级绿道网络串联公园与社区，通过开放街区布局与连续步行路径设计，衔接水西公园主入口、邻里中心绿地及宅间口袋公园，实现城园空间紧密衔接。活商街：商街布局采用功能混合开发模式，轨道站点周边集中布局商务办公与复合型商业，社区道路沿线设置便利店、餐饮等生活服务设施。通过开放街区道路界面与退界空间设计，形成串联公园、学校与地铁站的线性商业带，沿街界面控制商业业态比例，保障社区日常需求与街道活力。同时规划围绕轨道 11 号线和 15 号线双轨换乘站打造 TOD 活力核心区，对站点 600 米辐射范围实施地上地下一体化开发，地下空间衔接轨道交通与商业设施，地面层布局开放广场与复合型商业，地上建筑融合科创办公、商业服务、文化休闲及居住功能，形成多业态功能复合的片区服务中心。

在规划实施上，总体来看，2014 年至今，水西片区的建设取得了显著成果。40 余项市政基础设施建设完成，70 公顷用地出让，62.7 万平方米住宅上市，4 203 套住宅交付。水西公园建成，成为中心城区占地面积最大且生态丰富的城市公园。天津市第一中心医院（水西院区）投入使用，泰康之家·津园一期完成验收，商业中心开工建设，一处居委会社区中心落成，高标准教育设施和优质教育资源也已配置完成。此外，片区也提供了多样化的住宅类型，并应用相关政策实现住宅多样性空间增值利用。

控规编制方面，结合城市设计思路，系统修编了水西公园周边的 678 公顷宜居社区的控制性详细规划。用地方面以公园为核心，优化低密度居住与商业用地布局，最大程度释放水西公园的共享能力。公共服务方面重点提升了教育、医疗及社区服务等配套设施，按照"街道与居委会"两级配套的模式，营造社区中心，将文体设施、社会管理设施、社会服务设施统筹安排，空间上整合积聚，营造社区氛围。结合新型居住社区试点与完整社区的规划思路，灵活运用兼容性、混合使用等方式，为居住用地与产业用地对接市场需求预留弹性。

公园建设方面，水西公园占地 140.57 公顷，东至春明路，南至香怡道、保泽西道，西至中达路，北至香泽道、香雅道。园内新建人工湖 73 万平方米，绿化面积 47.64 万平方米，管理及服务用房 1.32 万平方米，配套建设城市家具、给排水、电力照明、消防和监控等设施。为配合区域能源系统建设，在公园内敷设地热浅层埋管并设置两对深层地热井。2018 年 10 月 1 日试开园，水西公园内有着丰富的自然景观和人文景观，是天津市民休闲娱乐的好去处。水西公园建设按照生态、大绿、自然、低碳、精致的设计理念，建设成为"古今交融、中西合璧"、富有地域特色的新津派园林代表作。公园汲取天津园林文化中的精粹，在总体空间结构特征下，在关键点位布局建设藕香榭、屋南小筑、侯月舫、数帆台等 21 个园中园，景点以新中式风格为基调，突出了"黑、白、灰"的优雅色调，"轻、雅、秀"

1
—
2

1 一心、两社区、双轴、多组团的规划结构

2 2019 年水西公园及周边地区控制性详细规划方案

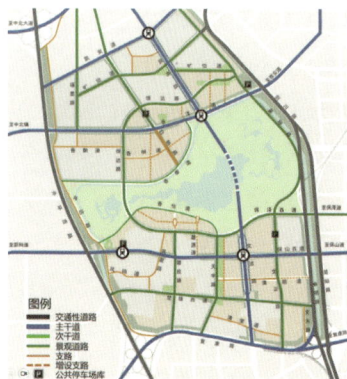

1 密路网——道路系统规划图

2 轨道交通与功能分区

3 通园道——慢行系统规划图

4 慢行街巷人视意向图

5 开放空间系统规划图

6 街道级公园人视意向图

7 新建地块土地利用规划图

8 沿街界面意向图

的建筑体量和"情、神、趣"的园林意境，可为市民游憩、文化展示和科普宣传提供丰富体验，使公园成为有生活、有生机的城市舞台。

基础设施建设方面，片区新建道路与桥隧设施 21 项，完成河道线型优化 3 千米，同步实施沿河绿地建设 6 万平方米。完成 5.44 千米市政管线迁改工程，新建跨铁路箱涵 1 座。配套建设日朗路雨污合建泵站及输水管网系统。同步建设两处公交首末站，配建非机动车停放区、绿化景观及市政管网附属工程。

土地出让方面，水西公园及天津市第一中心医院（水西院区）已建成投用，周边市政道路同步完成建设。环公园区域 1.54 平方千米存量用地纳入开发计划，规划新建总建筑面积 238 万平方米（含居住建筑 132 万平方米）。自 2021 年起，天津市政府有序推进土地供应，截至目前，累计出让水西公园周边 15 个地块及侯台地区其他 2 个地块，分别由绿城集团、天津城投集团、泰康集团及侯台集团（金地代建）联合开发，住宅上市总量为 62.7 万平方米，约 4 203 套。

公共服务设施建设方面，天津市第一中心医院（水西院区）于 2023 年 4 月正式运营，总规模 41 万平方米，设置 2 000 张床位，日均接诊量达 8 200 人次，当前单日服务量已突破千人级。高端医养综合体泰康之家·津园养老项目在建中，占地约 7.1 公顷，规划建设 14.3 万平方米养老社区，提供 1 600 套持续照护单元，并配套建设二级康复医院，实现"医疗—康复—养老"全链条服务。社区配套进展方面，按新型社区示范工程标准，已完成 2 处居委会综合服务中心、1 所 36 班小学及 3 所幼儿园建设。区域整体践行"公园城市"理念，形成"生态绿核 + 品质住区 + 健康服务"三位一体的发展格局。

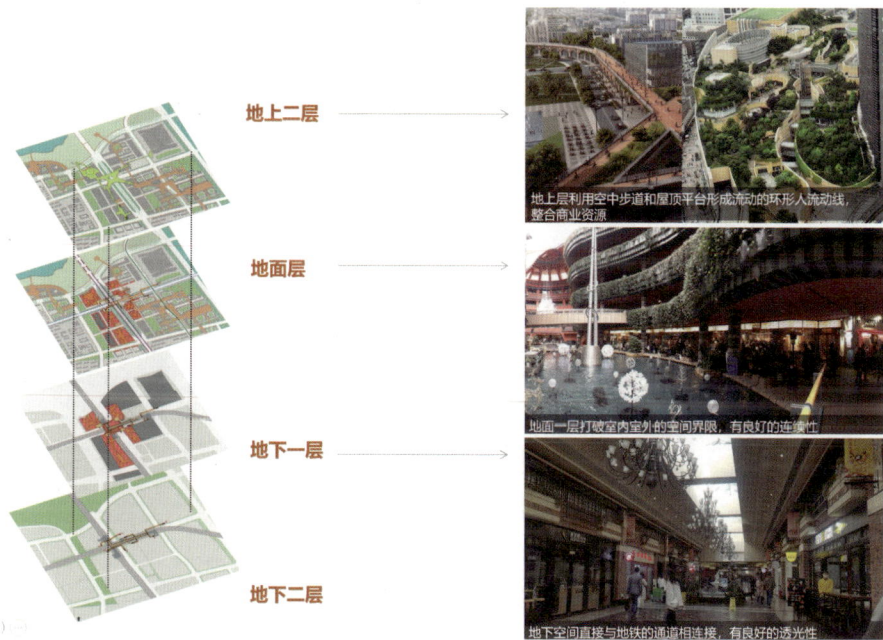

地上二层 →

地上层利用空中步道和屋顶平台形成流动的环形人流动线，整合商业资源

地面层 →

地面一层打破室内室外的空间界限，有良好的连续性

地下一层 →

地下二层

地下空间直接与地铁的通道相连接，有良好的透光性

$\frac{1}{4}\left|\frac{2}{3}\right.$

1 天津市第一中心医院（水西院区）实景照片

2 泰康人寿养老社区效果图

3 绿城·水西雲庐 A 墅区实景照片
   （图片来源：天津悦美房地产开发有限公司）

4 地下、地面和地上空间一体化设计

住宅社区建设方面，多个地块均在建设中，且陆续交房入住，住宅类型以洋房为主，大都为改善型大户型产品，有效疏解周边改善型人群需求。

规划效益方面，水西公园及周边地区城市设计运用"城市设计手段"改进规划方法，提高规划编制水平。贯彻落实在规划编制和规划管理中的新运用和新发展，利用城市设计导则和土地细分导则落实上位规划要求，转化为可操作管理的导则，实现规划管理的精细化。这一实践对指导和规范国土空间规划编制和管理中的城市设计方法的运用以及提高国土空间规划编制和管理水平具有重要的现实意义。同时，规划以密路网、通园道、活商街构建"开放型宜居公园社区"，也将成为"以人为本"和"高品质发展"的城市设计项目示范。

$\dfrac{1}{2}$

1 水西公园航拍照片
（图片来源：天津悦美房地产开发有限公司）

2 水西公园实景照片
（图片来源：天津悦美房地产开发有限公司）

5.2.4 柳林公园及周边地区

柳林公园及周边地区，又称海河柳林地区，位于中心城区东南部，东至外环线，西至昆仑路，南至大沽南路，北至津塘路，总面积 14.5 平方千米，涉及河西、河东、东丽、津南四个行政区。作为天津"设计之都"核心区，海河柳林地区资源富集，附近聚集了超 2 000 家设计企业。片区内海河穿流而过，河宽近 200 米，两侧堤岸已完成生态治理，宽阔平静的水面优美灵动，是国内首个城区内水上运动赛艇、皮划艇赛道。北岸有天津钢厂老厂房、第一机床厂等工业遗存，南岸则有胸科医院、环湖医院两座三甲医院以及始建于 1908 年的天津医学高等专科学校。这片区域的经济活力、社会活力与文化活力均有良好基础。

海河柳林地区的历史可以追溯到 1908 年，当时天津首次在比利时租界（今河东区十五经路至光华路一带）河岸采用"柳条排"维护坝基并取得成功，随后在老河道内种植大量柳树苗，以备编排"柳

海河柳林地区区位分析图

条排"所需，因此得名"大河堤树林"。柳林公园于 1986 年和 1989 年分两期建成，占地 6.6 公顷。位于海河北岸的天津钢厂始建于 1935 年，随着中国钢铁工业的发展和天津的快速成长，其规模不断扩大，同时也吸引了包括第一机床厂在内的一批工业项目在此聚集。2002 年，为落实天津市工业布局东移战略，天津钢厂实施了搬迁。目前，项目区内保留了包括天津钢厂、第一机床厂、天津市总工会第二工人疗养院旧址等三处具有保护价值的历史建筑。其中，天津钢厂遗址内保留了高线厂厂房等一批特色工业建筑，可在未来的规划建设中进行保留和利用。第一机床厂始建于 1952 年，1956 年和 1960 年分别接待了毛泽东、邓小平等国家领导人参观，其制造的弧齿锥齿轮机床为当时世界三强之一，遗址内有一栋重点保护建筑和三栋特色保护建筑。天津市总工会第二工人疗养院旧址内的原门诊楼、住院楼、干部疗养楼和附属楼等四栋历史建筑均为重点保护建筑。在未来海河柳林地区的规划中，这些重点保护建筑将被保留并加以利用。

　　海河柳林地区作为天津市中心城区海河沿线重要组成部分，其规划历程始于 2002 年，海河综合开发总体规划将其定位为"智慧城"，纳入海河开发范围。2008 年，海河中游及智慧城地区国际竞赛探讨了该地区的发展模式。2009 年，海河上游后五公里地区总体城市设计编制完成，将柳林地区定位为"城市副中心"。2012 年，该地区的控制性详细规划获批。2014 年，城市设计及控规方案进行了

海河柳林地区城市设计总平面图

深化调整。2015 年，市委、市政府确认了开发总量，并将该地区定位为"天津创意城"。2016 至 2018 年，受市场影响，城市设计及控规方案进行了多次调整。2019 年，天津市地名主管部门对该片区进行了规范命名，正式命名为"海河柳林地区"，其中"海河"突出了其在核心区穿流而过的中心地位，"柳林"则是对天津有影响的历史地名和风景区的纪念与延续。2020 年 1 月，海河柳林地区明确为"设计之都"核心区，规划方案进行了重新调整，并开展了该片区控制性详细规划的编制。

海河柳林地区的规划定位为以智慧城市和生态宜居为主要特征的"设计之都"核心区，同时也是中国"三北地区"的现代服务业高地。设计产业将以数字设计和智慧设计为主，结合天津在工业设计、工程设计、软件开发设计、视觉传达设计等方面的优势，形成"4+6+4"的设计产业体系。具体而言，以工业设计、专业设计、工程设计、海洋设计等创意型数字设计产业为主导，以人工智能、5G、工业互联网、BIM、3D 打印、VR/AR 等赋能型数字设计产业为补充，以智能制造、智能基建、智能金融、智能健康等应用型数字设计产业为特色，培育高水平、高密度、国际化设计产业集群，打造具有国际影响力和创新力的设计产业高地。

城市设计方案方面，海河柳林地区在延续原有城市空间规划结构的基础上，结合规划定位和城市开发的重点，从突出地区城市特色和优化地区功能的角度出发，依托海河，形成了"一河两岸、一路两心"的规划结构。其中，"一河"指的是海河，"两岸"指的是海河南北两岸，"一路"指的是规划中设计产业资源集中的龙宇路，"两心"分别是国际设计中心和柳林生态中心。国际设计中心位丁海河北岸，规划为重点引进高能设计行业及相关机构，成为区域发展的核心引擎。柳林生态中心位于海河南岸，先期建设柳林公园，在海河上游与中游之间构建城市重要的开放空间节点，整合优化周边现有的医疗康体和设计产业资源，形成带动地区南部发展的引擎。

在功能布局上，规划突出生态本底，充分发挥海河河面开阔的优势，营造"缓坡碧水、大开大合"的城河空间关系，形成 3 平方千米完整且连续的城市"蓝绿空间"，打造全面向市民开放的滨水生态区。同时，构建综合公园、社区公园、口袋公园等便民绿地公园体系，实现市民 300 米进公园的目标。产业布局方面，围绕"设计之都"核心区的规划定位和产业体系特色，设置大型设计总部区、小型设计总部区、国际设计区、中小设计企业区并存的多元设计载体，以适应各种类型和不同规模的设计企业需求。大型设计总部区紧邻海河，展现城景相融、建筑与环境相融合的自然设计理念；小型设计总部区紧邻柳林公园，微地块划分，形成独具视觉特色的城市界面；国际设计区践行窄路密网要求，将商务区适度划分；中小设计企业区以老厂房等工业遗存为基础，培育适合设计产业聚集发展的创意园区。

图例
居住用地
公共管理与公共服务设施用地
商业服务业设施用地
加油加气站用地
公用设施用地
公园绿地
广场用地
水域
规划道路红线
单元界限
XX-XX 地块编号
XX 用地性质代码

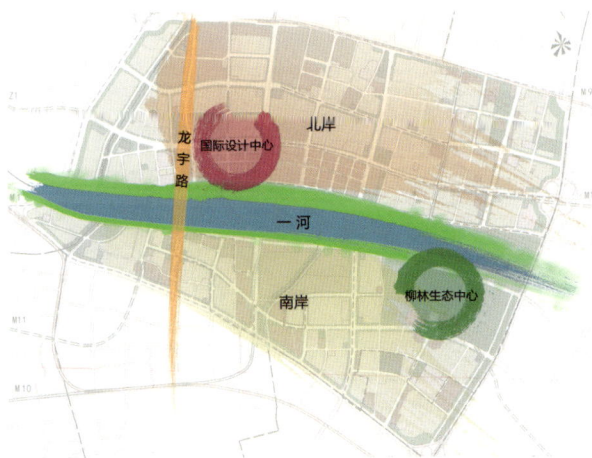

龙宇路
国际设计中心
北岸
一河
南岸
柳林生态中心

1
—
2
—
3

1 周边分析图

2 控制性详细规划用地布局图

3 规划结构图

在宜居生活空间方面，海河柳林地区的居住区作为《天津市新型居住社区城市设计导则（试行）》的试点，构建了体系完整的 15 分钟生活圈配套服务设施。规划采用开放社区、窄路密网、混合使用等新规划方法，利用绿色建筑、海绵城市等新技术，使海河柳林地区成为规划新理念、新技术、新工艺等应用的载体。

片区包含了大师林、柳林公园、小总部等重点城市设计区域。

大师林位于海河北岸，功能上面向国内设计行业院士、国家级设计大师、天津市设计大师和国外设计大师及其团队，为其提供工作、研修及展示的载体空间。大师林片区整体打造"小而精"的建筑风貌，每座单体建筑独立设计，共同形成海河北岸的创意性地标。规划设置 30 个大师工作室，每个工作室占地约 1 000 平方米，高度为 3 层。

柳林公园位于海河南岸，北至海河，东至规划南兴道，南至规划国盛道，西至规划华兆路，总用地面积约 90.87 公顷。柳林公园以生态共享、亲水融城、固本赋能为主题，倡导"人人都是绿色空间共享者"。通过塑造特色、保育生态，聚集人气、营造空间，追寻海河印记。同时，系统植入"智慧+""海绵+""生态+"等多种元素，致力打造具有天津发展特色的智慧低碳公园。柳林公园的植物主题定位为月季园，将布置沉浸式月季观赏园，并打造多处月季体验节点。充分利用全新公共艺术空间核心板块，以自然与开放的公共空间为纽带，深挖设计创意的生活方式、情怀体验。此外，园内还打造了科普秀场，重点结合青少年的特点需求，推出相应的展出，并融入 VR 虚拟现实应用，让市民有更多交互式的体验。

小总部位于柳林公园西侧，紧邻海河，规划沿柳林公园沿线展开，定位为建筑体量小、实力强的小型设计总部企业聚集地，可容纳 50 至 100 人。设计明确了行业准入条件，规划以企业总部办公、创新研发、文化展示等设计产业链上游行业为主，对进驻企业的产业与门类进行有效引导，并针对性

大师林意向图

地制定税收优惠等相关政策，支持企业顺利起步。小总部以"小地块客户定制化"为规划原则，形成25块中小型设计企业总部用地，每块用地约500平方米，容积率1.2至1.5，建筑密度60%，绿地率5%，建筑约3层，土地出让价格约300万元至480万元。

规划实施上，海河柳林地区在城市设计的指引下，取得了显著的成绩。

控规编制方面，结合城市设计思路，系统修编了海河柳林地区的控制性详细规划。本次修编的特点主要体现在按区按单元足额配套、核心区强化窄路密网、多元兼容、1.5级开发四个方面。

基础设施建设方面，海河柳林地区的主要交通路网和市政基础设施已基本建成。轨道线方面，现已建成1号线和9号线，11号线正在建设中。

土地收储方面，规划区内除保留和新建项目外，大部分土地已完成拆迁和土地整理工作。其中，保留及新建用地规模约5.2平方千米，已整理待建用地规模约7.7平方千米。在土地权属方面，共涉及天津渤海国有资本投资有限公司、天津市土地整理中心、天津市地下铁道集团、创客街和天津城投集团等5家单位，其中城投集团整理土地约6.4平方千米。

土地出让方面，海河柳林片区的土地出让正在有序推进。目前，天钢一期、二期以及柳林公园周边地区已陆续下发土地出让条件。天钢一期新建建筑面积35.5万平方米，其中居住29.6万平方米，配套设施5.9万平方米。柳林公园周边地区新建建筑面积共178.3万平方米，其中居住136.8万平方米，商业办公30.2万平方米，配套设施11.3万平方米。天钢二期新建建筑面积共63万平方米，其中居住28万平方米，商业办公35万平方米。

公园建设方面，柳林公园一期工程于2023年9月通过验收，并于2024年五一假期试运营。天

小总部设计意向图

1 柳林公园整体鸟瞰图

2 设计之都产业服务中心意向图

津柳林公园的升级改造不仅在设施和活动项目上进行了丰富，更在文化内涵上进行了深入挖掘。公园的设计融合了天津的地方特色和现代设计理念，使其成为展示天津文化的窗口。

规划效益方面，设计之都核心区项目是天津首个整体打包立项的城市综合开发项目，也是天津第一个市级财政大型城市综合开发 PPP（政府与社会资本合作模式）项目。该项目着力推动全球工业设计要素资源向"设计之都"核心区海河柳林地区集聚，促进设计与经济、文化、科技、品牌等深度融合，提升产业创新能力和城市活力。"设计之都"核心区海河柳林地区正式步入投资建设、产业培育、招商引智的快车道。

5.2.5 北辰堆山公园及周边地区

北辰堆山公园位于津城核心区北部，隶属于北辰区。片区紧邻外环线与铁东快速路，西侧毗邻京津城际高铁，是中心城区北部重要的对外门户区域，规划总用地 4.13 平方千米，其中堆山公园占地 95.2 公顷。片区现状包含天津第一殡仪馆和北仓公墓以及工业及仓储物流厂房。

北辰堆山公园的规划历程始于 2012 年，当时北辰区率先提出发展环内铁东片区的规划构想，整体片区涵盖南仓快速路以北至外环线区域，共计 8.7 平方千米，其核心功能是作为北辰区行政、文化、教育中心，周边辅以大片区新建住宅及商业开发。前期规划编制邀请了多家国内外知名设计团队参与，在前置规划条件梳理过程中，国际团队提出北侧公墓片区对南侧新建区的影响问题，建议整体规划通过设计分区，分隔降低地块功能之间的相互影响，同时结合天津市外环线环状绿带发展格局，打造入市口公园，巧妙处理既有墓地殡葬设施与城市开发和谐共处的问题，继而北辰堆山公园的设想由此产生。2013 年，北辰堆山公园片区作为天津重要的城际铁路入市口空间，纳入京津城际北辰沿线地区总体城市设计，其中对北辰堆山公园具体方案进行了深化设计。2015 年，堆山公园及周边区域被纳入天津市"一环十一园"周边地区规划，并编入 2020 年《天津市外环城市公园及周边地区城市设计草案》（征求意见稿）。2022 年，《天津市"植物园链"建设方案（征求意见稿）》提出，以外环绿道为纽带串联打造 11 个植物公园。

北辰堆山公园的规划定位为文化休闲型森林公园，旨在以文化为魂，以北辰新风尚为魄，构建一个文化、活力、休闲、生态之乐园。作为天津重要的入市口空间，整个片区将依托生态公园打造集人文、景观、休闲、娱乐为一体的生态宜居社区。规划遵循公园城市的发展理念，将公园景观设计与片区整体开发相结合。结合整体城市设计开放空间布局，以堆山公园为底景，构建北辰区文化中心主轴线，整体规划形成"一园、两区、一轴、两心"的空间结构。其中，"一园"为北辰堆山公园，"两区"分别为公园北侧的北辰殡葬服务片区和公园南侧的都市生活片区，

"一轴"为北辰环内核心区板块城市中央绿轴，"两心"分别为宜居生活服务核心和公园配套服务核心。

城市设计策略方面，规划强化高铁门户功能，引绿入城。京津城际铁路是天津联系北京的重要交通线路，规划堆山公园，强化北部生态绿色的入市口，彰显天津北部门户城市形象。公园与北侧环外的永定新河郊野公园仅一线之隔，依托山水汇聚、以人为本的整体理念，形成串联郊野大绿与城市空间的生态绿楔，围绕绿色低碳理念打造美丽天津示范区。规划借鉴天津南翠屏公园的实施经验，采用建筑工程渣土堆造而成，结合原有地形局部进行改造，变废为宝。项目区现状存在大量废弃厂房，随着城际铁路基础设施建设提升，厂房拆迁将形成大量建筑垃圾，通过堆山实现集中统一处理，用生态修护方法逐步调整地区土质状态。此外，规划通过堆山造景实现对现状北侧第一殡仪馆与南侧规划社区的有效隔离，降低殡葬设施对地区内市民生活的影响。堆山公园南侧布局生态宜居居住区，强调与南侧北辰文化中心的轴线联系，强化地铁站点周边共建开发的带动效应，项目区内沿北辰道布局主要的城市公共服务功能，满足地区配套服务要求。

截至 2024 年，堆山公园所在北辰区域板块的开发建设完成比率不足30%，堆山公园建设仍未正式启动立项。回顾规划编制过程，总结以下两方面经验。首先，缺少核心产业支撑的大片区蓝图式新区开发实现难度大。北辰区拥有天津市外环内最大的土地开发空间，上位规划对地区土地功能设定较多偏向房地产属性，在之后的发展过程中过多的住宅释放促使地区开发供给内部竞争，同时地区缺乏核心支撑产业，带来职住关系不合理等问题。其次，规划前期可行性研究不充分，致使对土地生态治理修复成本及影响预估不足。国际征集方案过于关注空间的理想蓝图，对殡仪馆及公墓给公众带来的心理影响以及现状天津市农药厂污染情况评估不足，在建设过程中高昂的土壤修复治理成本及操作难度高，致使地区开发建设难以推进。

1
2
3

1　堆山公园及周边地区区位图

2　堆山公园及周边地区现状用地图

3　堆山公园及周边地区城市设计鸟瞰图

$$\frac{1}{\frac{2}{3}}$$

1　堆山公园人视意向图

2　高铁门户意向图

3　北辰区京津城际沿线规划总体鸟瞰图

→ 5.3 拟建公园及周边地区

5.3.1 程林公园及周边地区

程林公园及周边地区位于天津市东丽区，规划范围北至成林道，东至外环线，南至津滨大道，西至雪莲路，总用地面积约 590 公顷。该区域内的津滨大道和成林道是连接中心城区、滨海机场、滨海新区的重要通道，使得程林公园片区成为中心城区的东大门，也是天津的重要入市口。

片区发展现状呈现出复杂而多元的特点。现状建设较为零散，万山道北部以产能较低的工业、村庄、安置房和大面积空地为主；万山道南部主要为程林苗圃、二手车交易市场、天津市第二殡仪馆和中美天津史克制药有限公司等企业和设施。其中，第二殡仪馆的新址已经建成，现址土地将被腾挪，为未来的片区整体开发提供空间。片区现状对外交通较为优越，包括外环东路、津滨大道两条快速路，雪莲路、成林道两条城市主干路，以及轨道 4 号线的登州南路站和跃进北路站。从整体来看，该地区的城市交通骨架已初见雏形，产业发展具备一定基础，生态条件良好，且拥有大量已整理的土地，发展优势明显。

2018 年 4 月，天津市为了促进城市高质量发展，提升地区活力，拓展规划思路，采取方案征集的方式，启动了程林公园及周边地区的城市设计工作。同年 7 月，经过专家评审，天津市城市规划设计研究总院有限公司中标。2020 年 3 月，天津市规划和自然资源局对《程林公园及周边地区城市设计草案》进行了公示。2021 年 4 月，《程林公园周边地区城市设计》获得天津市人民政府的正式批复，并对外公布。

1 | 2

1 程林公园及周边地区区位图

2 2018 年城市设计征集方案鸟瞰图

天津市"十四五"规划纲要提出优化城镇空间发展格局，初步形成"津城""滨城"双城发展格局。地处中环与外环两大环城干道之间、连接"双城"重要通道的东丽区，自然成为瞩目的焦点。东丽区明确了未来的发展方向，将着力构建创新创业高地、新兴消费高地、绿色生态高地、品质生活高地、人才汇聚高地五个高地，主动融入双城发展格局，打造"双中心"城市建设的重要承载地，成为全市创新驱动、绿色发展的重要增长极。《东丽区国土空间总体规划（2021—2035年）》（草案）中明确了"两轴一带，一城多组团"的空间发展格局，程林中心作为津城五大副中心之一，未来片区将践行绿色发展理念，充分对接津城核心区与空港地区，成为东丽区新的城市发展极。因此，程林公园及周边地区的规划定位为面向空港地区的集文化、体育、体验式商业、商务办公、交流培训等于一体的津滨城市活力中心，回归自然的都市森林公园，创新产业提升区以及新型宜居社区践行地。

城市设计方案优化了道路交通系统，梳理了城市支路体系，落实"窄路密网"的理念，提高路网密度，增加道路用地面积。结合地铁轨道站点，采用 TOD 综合开发模式，形成复合的城市功能。方案优化了用地布局，合理布局居住类、产业类和公建类建筑，优化空间形态，整体高度遵循机场限高要求，开敞空间和建筑交错布局，天际线舒缓有序。方案的总体空间结构为"一心引领、公园带动、绿轴贯通、多区联动"，其中"一心"为津滨城市活力中心，"一园"为城市都市森林公园，"一轴"为城市生态景观绿轴，"多区"包括城市活力中心区、新型生态宜居社区、创新产业提升区。

1 | 2

1 津城、滨城空间结构规划图
  [图片来源：《天津市国土空间
  总体规划（2021—2035年）》]

2 东丽区空间结构规划图

津滨城市活力中心将以天津市第二殡仪馆搬迁为契机，对接滨海国际机场，依托津滨双城连接通廊，打造集商业商务、文化娱乐、体育休闲、教育医疗、绿色生态于一体的城市活力中心，服务中心城区东部地区，对接空港与滨海新区。城市都市森林公园将依托程林苗圃与外环绿带及周边良好的生态空间基础，创建集休闲商业、体育运动、生态科普、文化娱乐等复合功能于一身的综合型城市公园，未来将为区域提供约 77 公顷的自然生态空间。新型生态宜居社区将以塑造宜人的居住生活环境为中心，用精细化的城市设计方法替代传统居住区规划设计方法，以塑造高品质的宜居环境、突出生态优先和绿色发展理念为导向，建设复合活力型未来社区典范。整个片区规划人口约 7.5 万人，按照一个 15 分钟生活圈、三个 10 分钟生活圈、七个 5 分钟生活圈，配置两所高中、两所初中、四所小学、七所幼儿园，布置一处社区中心、一处 15 分钟生活圈绿地、三处 10 分钟生活圈绿地、七处 5 分钟生活圈绿地。创新产业提升区将以现有产业为基础，优化调整产业结构，引入创新型科技研发高端产业，综合提升地区产业能级，延伸上下游产业链条。依托成林道，紧密服务机场，提高临空经济区辐射能力，构建航空商务生态系统和创新产业集聚区，有效促进区域产城融合、职住平衡，未来将重点发展临空配

1

2 | 3

1　津滨城市活力微中心意向图

2　城市设计空间结构示意图

3　城市设计总平面图

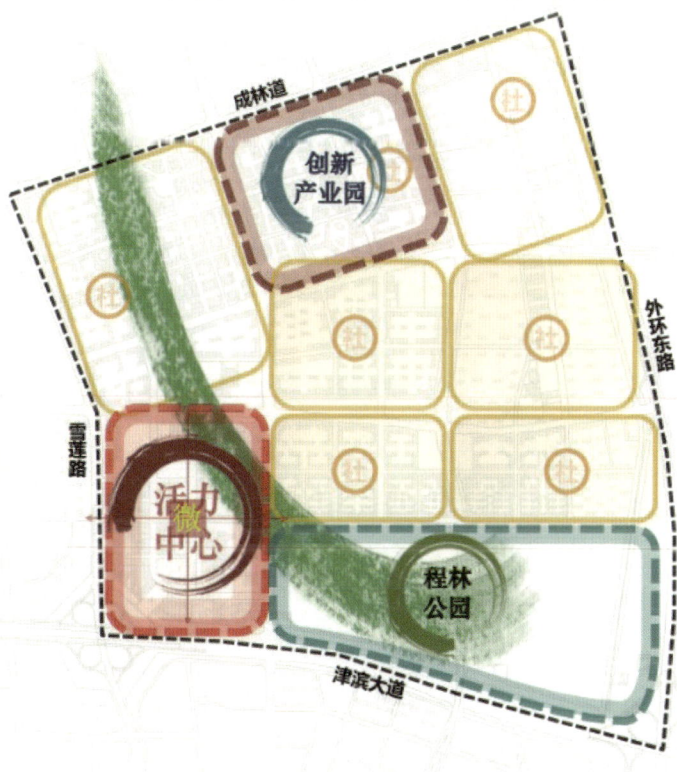

套服务总部、航空特色会议、临空型高端酒店、航空商贸综合体等临空类型产业。

规划充分将"以人民为中心"的规划主题贯穿始终，充分体现未来社区构建的人本化，在程林公园及周边 6 平方千米的地区，围绕人们的需求和日常活动整体打造一个全新的宜居大社区体系。

首先是打造全时化、全龄化便捷生活服务场景。清晨 6:00，市民在社区周边的开放空间和公园绿地晨跑锻炼，每个社区都有面向开放空间的出入口，并设置了满足不同体能人群的慢跑道，打造 1 千米、2 千米、5 千米不等的慢跑空间。清晨 7:00 居民通勤出行，规划考虑了市民的多种出行方式，间隔 500 米设置一处公交停靠站，设置 3 处地面公共停车场，除了居住区和办公区自身配套停车位外，公共绿地和文体中心地下也设置公共停车泊位；沿绿廊、绿带设置了慢行步道空间。早间 9:00，市民工作交流，工作场所和就业岗位主要集中在万新都市工业园和程林中心两个区域，区域内居住地与工作地最远距离约 2 千米，地区常住人口约 7.5 万人，就业人口约 6.3 万人，就业岗位满足地区内部需求，且可以服务周边，基本实现职住平衡。下午 6:00，市民下班后居家消费，规划在每处居委会都设有菜市场，位于社区中心，服务距离均衡，每处居委会还设有 2~3 处小超市或便利店，另有大型综合超市。晚间 9:00，市民的夜生活开启，规划在生活型道路设置了沿

1　城市设计功能节点分析图

2　修编前控制性详细规划

3　修编后控制性详细规划

街商业，保证一定比例的商业界面，增强街区活力。周末是回归家庭、放松自我的休闲时间，规划遵循"以人为本"，针对不同年龄段人群构建了趣味无限的多元生活场景与计划。健康周末计划构建了由"运动公园＋慢跑绿道＋社区体育馆"组成的体育运动设施，提供多样化的健康运动选择；娱乐周末计划构建了由"图书室＋咖啡厅＋电影院"组成的休闲娱乐设施，为社区居民提供丰富的周末休闲去处；游憩计划提供了不同游憩时间安排的选择，下楼一刻钟的休憩，或者绕社区30分钟的散步，抑或是慢跑至公园的锻炼，每一处街坊绿地通过网状的步行通道与公园和绿道相连；亲子周末计划构建了由"社区中心＋邻里中心"组成的两级商业服务空间体系，提供早教、培训、家庭聚餐、逛街购物等商业服务；敬老周末计划构建了由"社区养老院＋托老所"组成的两级综合服务空间体系；零星活动的一站式服务整合了加油、洗车、银行、超市、理发等零星活动的场所，为居民提供一站式服务。

其次是构建社区社会生活共同体（以下简称"社区共同体"）。社区共同体是指实现新型社区建设，塑造社区居民归属感，创造社区居民共有价值的意识载体和空间场所。社区共同体的建立目标可以概括为自治、共享、有归属感的熟人社区。社区共同体分为硬性和柔性两类。硬性共同体承载居住区公共服务配套中应配建的设施，包括教育、文化、体育、卫生医疗、民政等内容；柔性共同体则承载能够传达社区归属感和共识的活动，例如义工团体、节日活动场地、社区食堂、读书广场、女子学校、亲子培训班、半场篮球场、都市果园、虚拟竞技场等内容。柔性共同体应多元化和丰富化，具有一定的弹性，最重要的是能体现主题社区的特点，从而吸引不同社区居民，满足不同的需求，建立社区归属感。社区共同体的规模基本对应20~30公顷的用地规模，服务1万~1.5万的人口，大体上是一个居委会社区，也就是一个5分钟生活圈。社区中心是社区柔性共同体，规划布局符合社区特点的主题性柔性社区功能。柔性共同体相邻布局幼儿园和社区硬性共同体，每个社区街坊内或街坊沿街布局底商或独立设施，布局街坊型服务设施，也就是组团级服务设施。新型社区将围绕社区共同体理念打造特色社区中心，强化居民社区归属感。

城市森林公园示意图

随着人们对美好生活日益增长的迫切需求，人们的思想已由"住有所居"向"住有宜居"慢慢转变，对居住社区自身功能、周边复合化功能、"三大设施"配套、生态环境等方面提出了更高的品质要求。程林公园及周边地区的功能与空间重塑将肩负提升区域经济效益、社会效益、生态效益的作用。自 2021 年 6 月该片区控制性详细规划批复以来，市政府有序推进第二殡仪馆、城中村、汽车交易中心等低效土地的征拆工作。除部分村台外，多数土地已基本整理完毕，为净地成片开发提供了有力的供地条件支持。片区东北部的东丽区万新街、新立街城中村改造定向安置经济适用房项目地块三住宅工程于 2023 年底启动交房程序，该工程是天津东丽区重点民心工程，是涉及 700 余户、2 000 余人的"安居梦"工程，项目总占地面积约 4.5 公顷，总建筑面积约 10 万平方米。

保障和改善民生没有终点，只有新的起点，民生每推进一分，环城地区发展后劲就更足一分。目前，天津第三中心医院（东丽院区）新址扩建项目正如火如荼进行中，拟建门急诊住院综合楼、医疗管理综合楼等，总建筑面积约 26.05 万平方米，规划建设床位约 1 200 张，预计于 2026 年竣工。建成后，它将与天津第三中心医院（河东医院）并行运营，未来"一院两址"的优质资源将辐射东丽区、河东区等区域约 173 万常住人口，提高群众对优质医疗资源的获得感。程林公园项目已完成立项、选址意见书程序，正在办理地籍边界等前期手续，未来将打造展示现代都市活力的文化休闲空间，以"绿色"为引擎，驱动地区经济发展与活力提升。在基础设施建设方面，地区主干路网骨架已初步形成，万山道、迭山路等道路实现通车，能够基本满足片区居民出行需求。

当然，现阶段程林公园及周边地区的发展也面临着一些挑战。受地方财政吃紧与房地产市场下行的双重压力影响，程林公园周边基础设施建设滞后，基础设施建设资金成为该地区开展先期建设的掣肘，一定程度上影响公共设施对片区的带动作用。在高质量发展的背景下，土地作为经济增长发动机的功能已日渐削弱，城市正逐步进入包容提质、结构优化的新阶段。面向未来，必须主动寻找替代原有运转逻辑的动能和发展机制。原有政府独自掌控土地发展权的方式，已被证明不利于调动市场积极性，

1 | 2

1　社区共同体整体空间示意图

2　社区共同体布局示意图

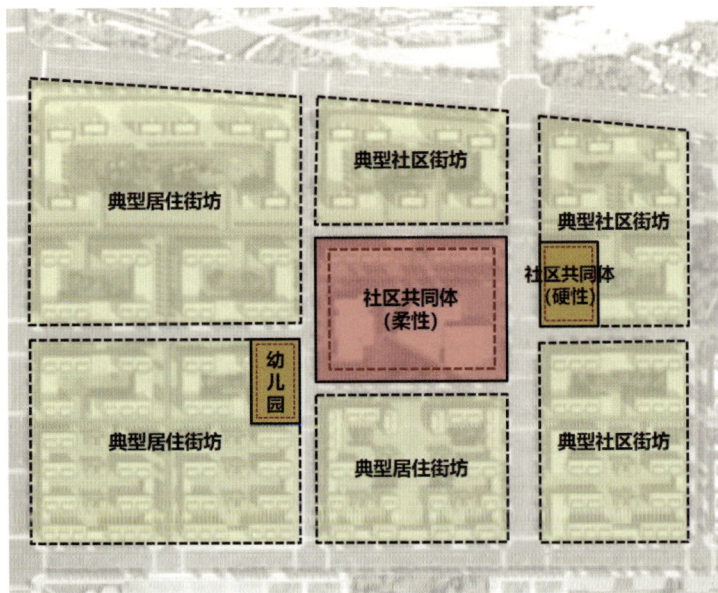

也不利于社会不同群体之间公平地再分配。提高灵活性、增强混合性、尊重市场机制、加强民主参与、简化审批程序等，是存量空间用途管制的未来发展趋势。

　　未来片区发展应整体统筹、分期开发，充分发挥市场主体作用，科学利用城市更新手段推动地区发展。优先考虑程林公园的先期建设，带动盘活周边存量土地资源，切实提升现有在地居民的归属感与地区形象认知度。通过创建高品质的生产生活空间，吸引更多高新企业入驻、更多外来人口安家，从而打造高活力的未来宜居社区、高效率的未来产业社区。同时，借力空港优势要素，全面促进地区港产城融合发展。

$\dfrac{1}{2}$

1　城市设计整体鸟瞰图

2　第三中心医院意向图

5.3.2　刘园苗圃公园及周边地区

刘园苗圃公园位于津城核心区北部，隶属于北辰区，是一环十一园中唯一紧邻大运河的生态公园，也是津城核心区现存最大的园林苗圃。片区规划范围东至北运河，南至龙门道，西、北至外环线辅路，总用地面积达 5.33 平方千米，其中刘园苗圃公园现状占地约 1.3 平方千米。片区文化资源显著，生态优势明显，且具有较好的交通条件。

片区位于北运河西岸，北运河也称潞河，具有特有的潞河漕运文化，北辰区独有的皇家粮仓历史积淀以及苗圃自身也为片区奠定了农业文化基础。同时，运河堤岸、苗圃林木为片区营造了良好的生态基底。历史上，刘园是北运河沿岸的一个村庄，具体位置在北辰道与北运河交会处的东南一侧，与北仓隔河相对。相传，清雍正年间，有刘姓人家来此定居，称为刘家园，后来简称刘园。这一带的村庄聚落基本沿着北运河、永定河和大清河故道分布，后者大致是现在光荣道、津霸公路沿线以北的区域。刘园苗圃始建于 1953 年，是天津市的苗木种植基地，因临近刘园村而得名。刘园苗圃南部以北韩公路为界（现称北辰道），西侧边界是外环线，东侧边界是丁双公路（现称辰永路），北部的边界是王秦庄中排干渠，这条河现在已经无从寻觅了，大致相当于桃花寺新村的南边界。随着丁字沽三号路延长线，也就是现在的辰昌路的修通，刘园苗圃被一分为二。辰昌路东侧与辰永路之间的区域是苗圃的主要部分，辰昌路西侧与外环之间的苗圃只保留了一小部分。如今，苗圃西侧的狭长区域已经基本被开发利用，除了部分商品房，地铁 1 号线的刘园停车场也位于此。

从现状建设情况来看，片区南侧的建设已基本成熟，现状建筑以住宅为主，集中在刘园苗圃南侧和北辰道以南地区。建筑多为 2000 年以后建造，整体质量较好，建筑高度以多层为主，北侧沿街有部分高层建筑。紧邻龙门道有一处王庄工业园，刘园苗圃北侧尚有少量待建地块。交通方面，刘园苗圃紧邻外环西路，距离京津路 500 米、刘园地铁站 300 米，交通条件较为便捷。

1　刘园苗圃公园及周边地区区位图

2　1994 年刘园苗圃示意图

刘园苗圃公园及周边地区的规划历程始于 2014 年，并形成了初步的城市设计方案。方案结合当时的阶段控规，考虑将苗圃西侧地块与郊野公园进行用地平衡，将原苗圃西侧部分划为城市建设用地，规划定位为依托生态公园发展生态居住、商业购物为一体的生态宜居社区。2015 年，该区域被纳入天津市"一环十一园"周边地区规划，并编入 2020 年《天津市外环城市公园及周边地区城市设计草案》（征求意见稿）。2022 年，《天津市"植物园链"建设方案（征求意见稿）》提出，以外环绿道为纽带串联打造 11 个植物公园。刘园苗圃公园作为植物园链的主园区，在新版控规中对其用地性质和范围进行了调整，原本公园与城市建设空间的东西分布调整为南北分布，用地类型从居住商业调整为体育场馆和图书展览用地。近年来，该片区始终围绕如何盘活现状苗圃资源为发展重点，未再开展片区整体城市设计方案编制工作。

2019 年，中共中央办公厅和国务院办公厅印发了《长城、大运河、长征国家文化公园建设方案》，提出开展国家文化公园建设，即打造融合多种功能的公共文化载体。这是以特色文化为引领，推动城市高质量发展的重要举措。刘园苗圃公园作为一环十一园中唯一紧邻大运河的生态公园，迎来了新时期城市发展的新契机。刘园苗圃公园不仅是城镇中的自然观赏区和公共休闲区域，更是融合了保护传承利用、文化教育、公共服务、旅游观光、休闲娱乐、科学研究等功能的公共文化载体，未来将依托苗圃特色，打造漕运文化主题公园、中式文化森林公园和桃花园。片区发展将结合大运河文化公园建设，依托生态公园，发展生态居住、商业购物为一体的生态宜居社区。

2014 年的城市设计方案为片区规划奠定了基础。该方案依据片区特点，规划形成"一核、一心、一带、一圈层"的空间结构。"一核"指的是公园生态核，即刘园苗圃公园；"一心"是公共服务中心，配套服务设施，包括文体、卫生、服务等中心；"一带"是北运河文化体验带；"一圈层"是环刘园苗圃形成的生态居住圈，旨在打造宜居宜业的绿色生态居住区。在绿地系统中，围绕刘园苗圃，依托

1 | 2

1　修改前控制性详细规划

2　修改后控制性详细规划

路侧绿带公园和防护绿地形成多条绿化廊道，串接社区公园和小区绿地，实现 300 米见绿、500 米见园的效果。在天际线控制上，以公园为核心，结合已建区域，在考虑大运河天津段滨河控制区的前提下，规划形成由外至内的两个空间层次：第一层次以低层、多层商业为主，高度控制在 24 米以下；第二层次以高层办公为主，呈梯度增高趋势。在建筑风格上，以"中式—现代"为主，整体色彩清新明快，居住建筑外立面以米黄、暖黄为主色调，公建色彩则更为素雅。

为了进一步突出片区特色，结合现状区域情况，城市设计方案规划了四个特色节点。首先是特色主题公园，以绿色生态和景观休闲功能为主，打造北辰区特有的临河漕运文化和观桃赏桃的特色公园。结合主题公园，塑造以运河文化为主题的特色文体中心，与生态空间有机结合，形成区域的特色核心节点。其次是规划 TOD 项目，结合未来规划的地铁 1 号线站点，设置一处集商业、办公、娱乐休闲等综合服务业为一体的 TOD 项目，作为吸引人流、汇聚人气的地标之一。第三是刘园商贸商业综合体，在辰昌路与北辰道交叉口处，设置一处服务刘园苗圃公园及周边地区的楼宇综合体项目，功能涵盖公寓、酒店、办公、商业、金融商贸、研发、培训、文化娱乐等，成为片区乃至北辰区的重要节点地标。最后是运河商办综合体，在龙门道以北、北运河沿岸，规划布局一处以潞河漕运文化为主题的多功能商业办公综合体，定位于突出北辰运河文化主题，形成特色鲜明的运河岸片区地标建筑群。通过这些特色节点的打造，利用生态绿廊串联，形成以运河文化为主题的特色观光体验路线，为本地居民带来片区文化归属感和认同感，提升区域整体形象。

1 | 2

1 城市设计方案总平面图（阶段方案）

2 城市设计方案整体鸟瞰图（阶段方案）

在现行控规不调整的前提下，未来刘园苗圃公园及周边片区的发展重点将更多着眼于公园本身。考虑分期建设，现阶段充分利用现状苗圃及林地资源，在未征转土地的前提下，植入休闲活动，满足对外开放经营的需要。结合自然教育、林下经济等运营产业展开城市公园建设，利用经营性收入为地块的远期建设和公园自身运营维护提供可持续的发展基础。未来，可结合运营情况，按照《专项规划》《规划提升》的定位，逐步推动公园建设更新及功能完善提升。公园在保留必要的城市公共绿地和实现植物园特色定位的基础上，通过统筹周边可整理用地及平衡地块，增加经营用地范围，丰富集中公共服务载体功能，合理开放经营权、增加运营收入等方式实现平衡。

片区规划将探索更新创新模式。项目捆绑更新，结合区域更新项目，将公园建设与停车设施、综合管廊等有收益的项目捆绑包装，通过 PPP 等模式吸引社会资本参与建设。在依法依规前提下，研究探索在公园及周边建设停车设施和体育设施场地的可行性，通过增加停车设施建设和体育运动设施建设，吸引周边社区和社会资本参与项目建设，推动公园项目实施。此外，还可以进行公园改造微更新，结合基础资源条件，通过提高公共服务配套建设比例，开放公园公共服务配套设施的特许经营权，创新收益分配机制，以公共服务设施运营收益吸引社会资本参与改造、建设和运营，实现公园可持续更新建设模式。

新时代的公园建设要摆脱传统的财政负担模式，需要尝试通过多途径实现自身的可持续建设，从而发挥城市公园的绿色驱动力，反向促进区域高效发展。将刘园苗圃公园建设成为天津市一张高品质城市名片，实现片区的综合价值提升。

1 | 2

1 2021 年刘园苗圃航拍图

2 刘园苗圃公园设计方案鸟瞰图（阶段方案）

5.3.3 子牙河公园及周边地区

子牙河公园及周边地区位于津城西部，紧邻子牙河郊野公园，涉及红桥区、北辰区、西青区三个行政区。规划范围北至光荣道、西至外环西路、南至铁路北边界、东至洪湖东路、复兴路，总用地面积约 14.5 平方千米。其中，子牙河公园规划面积约 1.35 平方千米，是"一环十一园"中面积最大的滨水公园，目前尚未实施建设。

子牙河作为天津市中心城区的主要生态廊道之一，生态环境优势显著，两岸地区沿河公共资源丰富，有利于展示城市建设成就，成为宣传城市形象的重要窗口。子牙河公园周边地区是中心城区最具生态发展潜力的滨水区域，也是中心城区沿河用地最具开发潜力的地区。整个片区现状保留用地约 458 公顷，已批在建、待建约 89 公顷，可整理用地约 150 公顷。在交通上，周边地区东西向交通存在明显不足。快速路以东地区的城市主次干道路网基本形成，跨河桥梁共有 6 座，平均间距约 800 米，两岸联系较为紧密；快速路以西地区的城市次干道与支路网不成体系，滨水交通可达性较差，缺少跨河通道联系。区内快速路及中环线对东西向交通的分隔较为严重，子牙河南路和平津道预留通道尚未建设，沿河交通出行不便。

1　子牙河公园及周边地区区位图

2　子牙河公园两岸实景照片

子牙河是海河水系五大河流之一，其历史可追溯至清康熙年间。当时，人们开始疏河筑堤，河流从献县臧桥起，经静海县（今静海区）的子牙镇，下抵王家口（今王口镇），然后流入东淀。因其下游流经子牙镇，故得名子牙河。在近代，天津与河北中部地区的内河航运逐渐兴旺，自天津大红桥至保定南关大桥，形成了著名的津保内河航道。大红桥西侧子牙河北岸的胜芳码头成为津保内河航道的第一大码头，客货往来频繁，水上商贸繁荣，成为大运河重要的交汇节点，承载着百年的航运要冲历史。

自2014年起，子牙河公园及周边地区已进行了多轮规划。2014年，天津市中心城区子牙河两岸地区城市设计工作启动，规划定位为西站城市副中心的重要居住与产业配套服务区。2017年，规划视野扩大至全市域范围，开展天津市子牙河两岸地区城市设计，规划定位为集文化、生态、游憩、经济为一体的生态景观带，打造环境优美、宜居宜业、充满活力的滨水地区。2018年，为落实中央城市工作会议对加强城市设计工作的重要决策部署，天津市被列为第二批城市设计试点城市。天津市通过开展城市设计试点工作，对于中心城区海河等主要河流两侧、大型开放空间周边、历史文化街区等城市重点地区，制定并实施城市设计。在此背景下，天津市再次启动子牙河公园及周边地区城市设计编制工作。

天津市中心城区范围内分布海河、南运河、北运河、新开河、子牙河五条一级河道，河道总长度约59.4千米，是天津中心城区最具特色的生态资源和最为宝贵的城市资产。过去二十余年，以河为主线，沿河发展的思路使海河成为天津的城市名片。海河两岸汇集了城市中最重要的公共中心、历史文化街

2014年天津市中心城区子牙河两岸地区城市设计效果图

区与标志建筑，为市民提供了观景平台，集中展示了城市建设成就与风貌特色。未来，依托子牙河两岸地区丰富的公共资源，沿河发展的思路将向城市西北延续。与其他四条河流周边地区相比，子牙河公园周边地区的核心竞争力在于其独特的生态环境优势，同时借助两岸公共资源形成一定的经济服务优势以及以航运历史、码头文化为基础的历史文化优势。因此，该地区被规划为集历史、文化、生态、经济为一体的综合发展带，目标是建设环境优美、宜居宜业、充满活力的滨水城区，成为市民休闲健身的生态绿廊。

在城市设计方案中，规划优化了空间构架，形成了"一河两岸、多元混合"的用地布局。整体规划以居住用地、公共管理与公共服务设施用地、商业服务业设施用地、绿地与广场用地为主，商业用地主要沿开放空间周边、滨水地区、轨道站点与社区中心布局。规划致力于提升滨水地区土地价值，滨河布局公共设施，形成城市公共服务职能"向河集聚、面河展开"的空间布局，整体构建"一带、六片区"的空间结构："一带"为滨河生态绿带；"六片区"分别为科研文化综合片区、商业大学高教片区、刘房子社区、海源道社区、西青健康产业区及和苑居住区，规划居住人口约 27 万人。

规划完善了交通体系，打造便捷的交通出行。片区形成了"三横六纵"的路网骨架，周边共有四条轨道线，包括现状运营的 M1 线和远期规划的 M15、M12、市域 Z2 线，共有 13 个轨道站点辐射规划区。通过统筹土地开发与轨道建设，发展公交导向的紧凑型城市，轨道站点周边以商业服务业设施及公园绿地为主。此外，结合滨河绿带、公园、道路绿带和新建跨河步行桥，规划打造了健全的慢行网络，以慢行系统为骨架串联主要公园广场、文物古迹、城市中心等公共空间，形成高可达性的街

天津河流与城市公共中心空间关系图

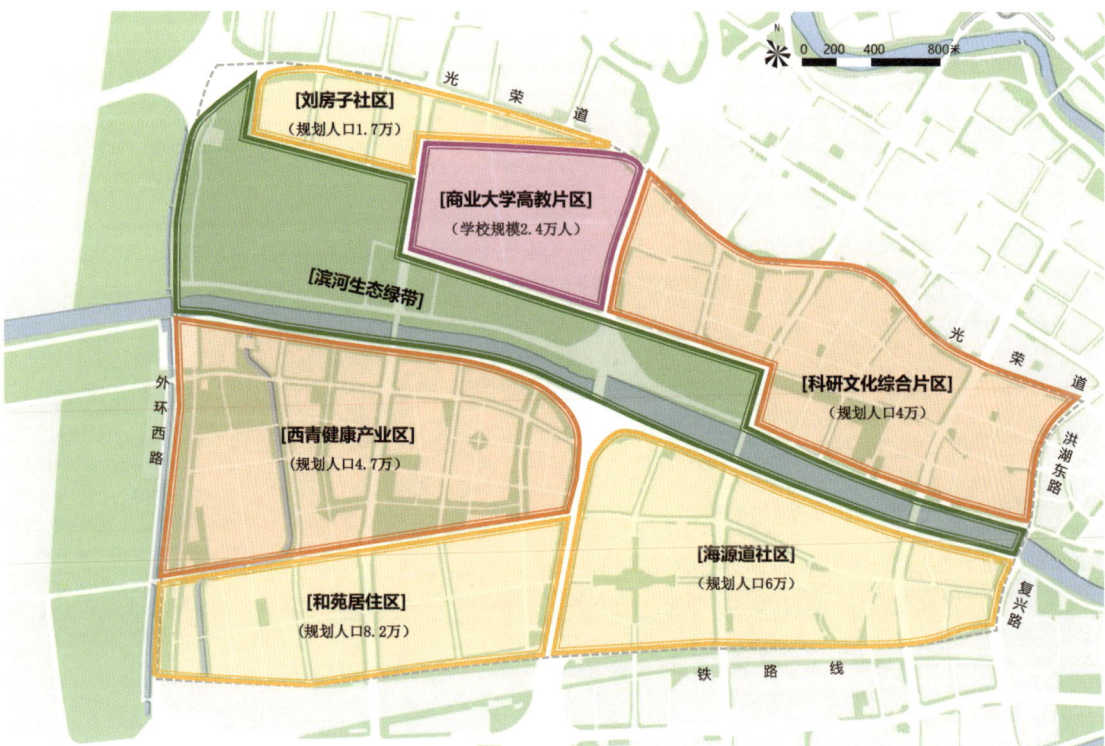

1　城市设计总平面图

2　空间结构布局图

[刘房子社区]
（规划人口1.7万）

[商业大学高教片区]
（学校规模2.4万人）

[滨河生态绿带]

[科研文化综合片区]
（规划人口4万）

[西青健康产业区]
（规划人口4.7万）

[海源道社区]
（规划人口6万）

[和苑居住区]
（规划人口8.2万）

区公共空间网络。通过活化历史资源和升级商业业态，吸引多元客群，实现城市活力复兴。

在生态格局方面，创建优质绿色生活。规划通过对开放空间系统的梳理，以5.3千米长的滨河生态绿带为基础，构建子牙河两岸大气开阔的生态公园系统，形成从自然郊野公园延伸到城市中心区的生态绿廊与滨水客厅，为市民提供多元化的生活体验，享受到城市公园带来的生态效益。同时，连续的开放空间系统还强化了海绵城市的滞洪及蓄洪功能。规划形成了"一带、五园、五节点"的开放空间系统："一带"是子牙河滨河生态绿带；"五园"分别是森林公园、青年公园、文化公园（水西庄）、农科公园、康体公园；"五节点"分别是和苑社区公园、水木天成社区公园、光荣道科技园公园、红桥公园、南水北调纪念公园。规划片区内绿地总规模401公顷，人均绿地面积约14.9平方米；公园总规模270.4公顷，人均公园绿地面积约10平方米。

在规划实施方面，2017年底，启迪协信集团与天津市西青区人民政府正式签署了"启迪天津西青智慧城战略合作协议"，同期作为健康医疗大数据产业发展国家队的中电数据服务有限公司与天津市西青区政府签订战略合作协议，共同推动健康医疗大数据应用示范试点工程落地天津。以此为契机，大明道北片区自2018年起开始进行拆迁整理，目前已基本完成整体拆迁工作。2019年6月，子

1 绿化系统空间布局意向图

2 子牙河片区整体鸟瞰图

牙河滨河公园开工建设，公园重点设计了四个功能分区，包括入口区、活力广场区、怡然活动区和子牙夜泊区，设置了水池、渔船雕塑、景观亭、廊架、休闲椅凳、儿童游乐设施、健身器械、塑胶跑步道、阳光草坪、亲水平台等，并栽植了水生植物、草灌植物和观赏树木。子牙河滨河公园成为天津市民游客畅享滨河风景的好去处。2021年，恒美雅苑项目启动，该项目位于红桥区向东南路与纪念馆路交叉口东北侧，是原团结村社区棚改拆迁后整理而成的。项目总用地面积5.32万平方米，建筑面积9.7万平方米，包含幼儿园、小学和居住用地，并引入上海道小学办学集团，补充片区教育配套，提高片区办学水平。

目前来看，子牙河公园周边地区在规划实施过程中仍面临诸多问题。规划实施进度迟缓，快速路以西路网体系尚未形成，配套基础设施也未开始建设。由于片区涉及红桥、北辰、西青三个行政区，各自面临着不同的问题。子牙河南岸的西青区行政区划内有大量存量土地，受大形势影响，土地出让情况不容乐观；子牙河北岸的北辰区，因资金问题，建设迟迟不能提上日程；快速路以东子牙河两岸的红桥区内有大量的老旧住宅小区，也亟须进行城市更新，改善居民生活环境。面对当前发展形势，下一步三个区需要寻找一条互惠互利、合作共赢的发展路径，更好地解决子牙河公园周边地区的发展问题。

1 | 2

1　子牙河公园建设前航拍图

2　子牙河公园建设后航拍图

5.3.4 李七庄公园及周边地区

李七庄公园及周边地区位于津城西南部，隶属于西青区，是中心城区重要的对外门户区域。片区北临奥体中心，东靠梅江风景区，周边城市用地以商业金融业和居住用地为主，开发建设条件良好，规划总用地面积达 545 公顷。

在交通方面，片区拥有完善的对外联系道路，包括快速路外环南路、外环西路、卫津南路以及主干道津涞公路、雅乐道、瑶环路等。次干道宝通道、集美路等也在逐步完善中，主要道路已基本修建完工。片区轨道交通条件良好，拥有地铁 5 号线、10 号线两条轨道线。其中，地铁 5 号线沿公园东侧南北向穿过，设中医一附院站和昌凌路站；地铁 10 号线沿公园北侧东西向穿过，设有瑶环路站、昌凌路站和丽江道站，这些站点均已建成并投入使用。虽然片区地处外环线边缘，但对外交通和轨道交通条件整体较好，出行便捷。片区内生态条件一般，现有绿化主要集中在丰产河、津港运河滨河绿化带和外环内侧绿带。

李七庄公园的定位是打造一个以休闲运动为主题、以疗养健身为特色的城市现代文化艺术康体森林公园。李七庄地区的整体规划定位是以体育、医疗、综合商业为特色功能的生态社区。在规划方案上，整个片区的结构为"两核、两区"。"两核"包括以城市公园形成的生态核心和以城市综合体形成的商业核心；"两区"分别是北部环境提升区和东部核心建设区。

1｜2｜3

1　李七庄公园及周边地区区位图

2　李七庄公园整体鸟瞰图

3　规划结构分析图

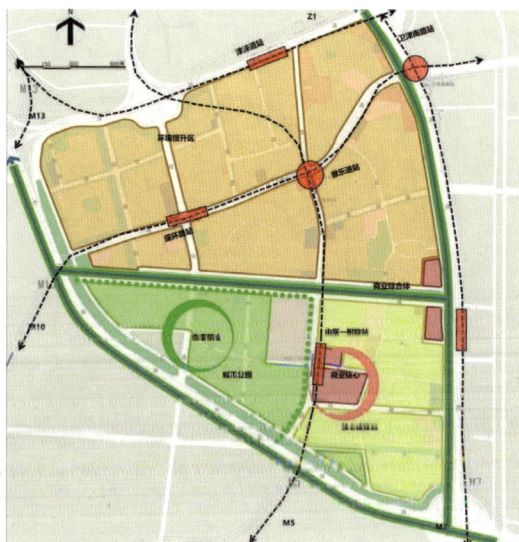

在空间形态上，以公园为核心，建筑高度向周边区域逐渐升高。第一层次的商业裙房高度控制在16米以下，形成连续的建筑界面；第二层次的高层建筑强调天际线的变化，结合地铁站点和用地条件建设高层地标。建筑风貌以现代风格为主，辅以简欧风格，整体色彩清新明快。居住建筑外立面以米黄、暖黄为主色调，公建色彩更为素雅。在交通规划方面，片区范围内包含M5、M7、M10、Z1四条地铁线路，轨道站点覆盖率达到93%。此外，规划范围内还设置了2处公交首末站，占地面积共9 100平方米，分别位于集美道与昌凌路交叉口以及规划范围南侧凤来道与宝带路交叉口。规划还考虑沿河流、公园等开放空间设置慢行系统，并与轨道交通站点结合，进一步完善区域交通网络。在公共服务配套方面，规划设置丰富的教育设施，包括中小学、幼儿园、养老医疗设施、社区管理与服务设施等。

李七庄公园及周边地区的规划注重创新与特色。围绕李七庄公园和外环绿化带，规划形成了城市公园、城区绿道、社区绿道、街头绿地、小区绿道等多样化的绿化空间系统，显著提升了周边地区的环境品质。在李七庄公园内，打造环形健身步道，向外串接外环生态公园带内的绿道体系，向内串联起三个不同的活动区。环形步道由慢行健身步道和林荫步道组成，为市民提供了丰富的休闲选择。

在公园建设方面，规划探索创新建设和运营模式。一是结合片区整体开发，由属地政府推动，明确主体后开展前期策划工作，待条件成熟后适时启动公园建设。同时，针对李七庄公园被城市道路切分的特点，结合现状条件及实施难度，采取分期建设的方法逐步推动公园建设。二是探索公园的运营模式，考虑在建设期引入社会资本，并将后期运营交给专业的社会运营团队，以提高公园的管理效率和服务质量。

1 | 2 | 3

1　轨道交通分析图

2　道路交通分析图

3　公共服务配套分析图

关注公园内部的场景营造，提升公园的活力。在公园内设置多元化的娱乐设施，包括儿童游乐场、运动场和健身器材等，满足不同人群的需求。儿童游乐场提供安全可靠的游乐设备，吸引家长带着孩子前往；运动场则提供足球、篮球等运动设施，吸引年轻人进行体育锻炼。公园可定期举办丰富多样的文化活动，如音乐会、舞蹈表演、艺术展览等，为居民提供欣赏艺术的机会，丰富公园的文化内涵，提高居民的文化素养。公园采用智能化的管理系统。配置智能灯光、智能喷泉、智能垃圾桶等设施，这些设施能够实时感知环境变化，并进行自动调整，大大提升了公园的管理效率和服务质量。公园将积极与周边社区合作举办社区活动，增强社区凝聚力。例如，组织社区居民一起参与公园绿化和环境整治，共同建设美丽的公园等。

李七庄公园的建设将为片区整体生态环境带来显著改善，向南串接外环绿带，形成更大范围的绿色开敞空间，为周边居民提供游憩空间，更重要的是对改善中心城区南部的城市环境、维持生态平衡发挥重要作用。

1 | 2

1 李七庄公园及周边地区规划总平面图

2 李七庄公园及周边地区整体鸟瞰图

5.3.5. 银河公园及周边地区

银河公园及周边地区位于津城北部，外环东北部延长线内侧，隶属于北辰区新环内地区。这里是天津市一环十一园之一，目前尚未实施建设。规划范围东至外环北路，南至规划淮河大道，西至规划津围大道，总用地面积约15.76平方千米。

这片土地的历史可以追溯到古老的传说。相传辽国萧太后年轻时曾率军来到此地，发现这里景色宜人，是天赐的牧马场，于是派人在此修建了一处行宫，其梳妆楼称为"银銮殿"。然而，几年后的一次地震导致银銮殿倒塌沉入淀中。多年后，一位老汉驾小船进入淀里，忽然看到平静的水面雾气腾腾，西北方向的天空中出现了一座高大的宫殿，漂浮在雾气中，时隐时现，非常壮观。于是，他将这一奇景告诉了乡邻，大家认为大淀因地陷而成，便将其命名为塌河淀。据清末《天津事迹纪实闻见录》记载："塌河淀，在城东北四十里，俗传前代塌陷为淀，遇阴晦时，建城池之形。"但这种传说只是祖辈人的一种想象，天津平原的形成，是由海退过程叠加河流冲击造陆作用所形成的，由于这个过程中地质作用存在着明显的差异性和不均一性，控制了地貌的形成和演变。塌河淀位于永定河冲积扇和滦河冲积扇之间。1970年，为解决永定河入海尾闾问题，确保京津两地和京山铁路的安全，人们从屈家店村开挖了永定新河和永金引河，用于蓄水、排涝和灌溉。1984年，永金水库建成，总库容达804万立方米。这里成为迁徙候鸟的停留地，也成为钓鱼爱好者的休闲胜地。水库由土堤与周边用地分隔，芦苇丛生，景色优美。

1
2 | 3

1　银河公园及周边地区区位图

2　塌河淀历史地图

3　银河公园片区实景照片

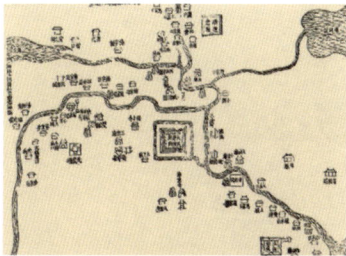

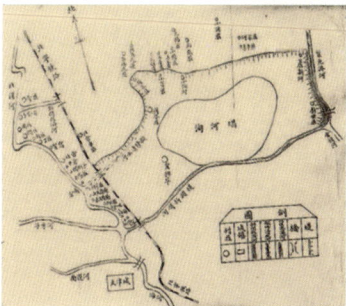

艺术主题酒店
艺术公园
体育世界
雪世界
水世界
高端会议酒店
生态度假酒店

智慧信息港
TOD综合体
智慧科技园
商务办公
滨水商街
融创茂
滨湖公园

1
2 | 3

1　银河片区主题公园策划方案

2　2013 年北部新区城市设计规划用地图

3　2013 年北部新区城市设计鸟瞰图

银河公园及周边地区（以下简称银河片区）的规划历程始于 2013 年，当时天津北部新区编制了城市设计，并以此为依据转化为分区规划。2016 年，北京新都市城市规划设计研究院主持编制了天津市中心城区北部地区（北辰部分）的概念规划。随后，银河片区多次策划主题公园项目，但随着国家明令禁止主题公园项目配套房地产开发，原方案不够成熟，一直未能稳定下来。直到 2019 年底，天津市委、市政府提出利用中心城区最大的整片待开发区域打造北部活力区，银河公园及周边地区被纳入活力区范围，定位为天津市中心城区北部活力区和以交通枢纽、生态公园为特色的生态宜居片区。规划提出将银河片区打造成"承载青年梦想的活力新城、人与自然共生的生态新城、畅享舒适生活的宜居新城"。

银河片区的城市设计方案构建了"两轴、双心、两社区"的空间结构，规划通过文旅活力轴带动近期项目，商住活力轴保障远期发展。一是借力京滨城际铁路，打造青年梦想小镇，塑造具有文化特征的小镇空间意向，形成集创新创业、文旅创意、商住休闲于一体的创客家园。二是兴建银河公园，唤醒田野的生命气蕴，保留丰富的现状生态资源，打造 EOD 综合生态公园。三是构建 TOD 系统，鼓励土地混合利用。借鉴著名公交都市巴西库里蒂巴的先进经验，实现"轨道交通站点 800 米 + 干线公交站点 600 米"的全覆盖服务，形成高密度、高强度、功能混

合的带状城市活力中心。最后是精细社区类型，供给丰富住宅产品，形成开发强度由商住轴线向自然景观逐渐递减的空间形态，打造津城北部优质大型居住社区的样板。银河片区规划城市建设用地总面积 1 280 公顷，总建筑面积 734.6 万平方米，规划总人口 12.1 万人，人均公园绿地面积高达 35 平方米，凸显了生态宜居的特征。

在规划特色方面，银河片区的规划形成了三大特色。特色一，注重与城市运营的融合，破解边缘地区活力难题。从"运营"入手，搭建起适合城市近郊运行的"轨道 +BRT"交通网络，将城市边缘转化为 TOD 枢纽。沿 BRT 廊道布局小尺度街廓，打造机动车微循环系统，在廊道内进行商业、办公、居住、公共设施等高强度混合开发，汇集多样的建筑和业态，形成丰富的公共生活，打造活力区的标志性街道。特色二，坚持与资源效益相融合，算好生态经济"两本账"。尊重自然、生态优先，将"生态账"和"经济账"作为重要指标，大胆舍弃沿高强度区域敷设轨道线的传统思路，将轨道引入公园内部设置站点。这一创新举措为破解超大公园内部可达性差、生态资源利用效率低、轨道建设周期长、成本高等问题提供了新思路，也为轨道延长线尽快接入北辰站提供了可能。特色三，为保障特色空间落地，探索"图则底线管控、文本设置规则"的编制方法。严格控制特色节点

$\dfrac{1}{2\,|\,3}$

1 银河片区结构分析图

2 银河片区整体鸟瞰图

3 银河片区总平面图

银河公园概念方案

的用地尺度和规划指标，对小镇、公园、社区仅确定骨架道路位置和用地主导属性。通过腾挪规则的设定，为方案深化保留更多可能性。运用用地混合的规划手法，为提升区域活力预留了优质的建设条件。

银河片区是京津冀协同发展空间格局中的重要节点，也是天津中心城区唯一同时拥有大型公园和铁路枢纽的待开发区域。片区拥有良好的生态资源和土地资源储备，为深化供给侧结构性改革、探索存量时代高铁新区的建设提供了沃土，是天津响应新时代高质量发展的重要试验田。

公园　社区中心　国际学校

商业商务区

Z3

智能快速公交隧道

商住混合社区

M3

社区中心

商业商务区

公园

三级医院

小淀站

$\dfrac{1}{2}$

1　"轨道+BRT"的公共交通网络

2　银河片区滨水景观示意图

本章作为第二部分的最后一个章节，承上启下。通过对一环十一园及周边地区规划建设实践与实施效果的总结，研究其作为津城重要发展战略的收获与问题所在。首先，从一环十一园及周边地区控制性详细规划的实施评估入手，从整体上分析用地布局的变化和规划实施的进展情况。其次，通过梳理新梅江地区的城市设计评估，总结城市设计的指导与落实情况以及在规划实施层面面临的主要问题，旨在从规划层面提出优化措施，助力区域的持续高质量发展。最后，从津环整体的宏观视角，以一环十一园地区为例，分析其规划与建设模式的演变以及在新形势下面临的问题、机遇和挑战。

从控规评估可以看到，伴随前二十余年的城市发展，一环十一园及周边地区作为津城发展的腰部区域，虽然局部地区发展得不错，但整体的规划实施比例不高。在西南半环呈现出较高的城镇化发展，但城市公共设施和公共绿化空间的实施度相比居住用地还是不高。在东部、北部半环，片区拥有大片生态本底良好的林地、水域和农业资源，但存在较多品质低端且产业能级低效的工业及仓储用地，整个地区的不平衡发展态势显著。

从新梅江地区的城市设计评估可以看到，规划引领的地区发展在生态环境改善、绿地建设、交通出行环境和文教体卫设施配套方面皆取得了显著成绩。但按传统的片区开发模式，依然存在产业升级发展不全面、业态比例与市场需求脱节等问题，缺少可持续的经济活力引擎，同时也存在房地产产品类型单一的问题。因此在规划层面，需要结合市场需求，不断优化用地布局，丰富住宅类型，降低传统商业用地比例，植入创新功能等，以适应时代需求的变化。

从津环整体的维度，系统梳理一环十一园及周边地区规划建设的动力机制，根据不同时期公园与城市开发的先后顺序和模式的不同，将已建、在建的地区划分为四个阶段，即从梅江片区的先城后园模式，到新梅江片区的城园共生模式，再到水西片区的先园后城模式以及柳林公园的以园更城模式。四个阶段的演进，反映了城市发展与生态、文化、产业不断加深融合的过程，也说明了传统以政府主导和投入、以房地产开发为主要力量的片区大规模开发模式已经难以为继、需要转型的迫切要求。

通过控规评估、城市设计评估以及动力机制的分析，我们可以看到一环十一园地区梅江、新梅江、水西以及柳林片区的卓越成绩，同时看到了作为城市发展重要的腰部区域依然存在公园活力不足、住宅产品单一、内生型经济匮乏以及社会治理多头管理、协同不佳等问题。这些问题的存在，限制了一环十一园地区的可持续发展，也成为后续创新模式探索的关键问题所在。

天津新梅江公园 | 何俊祥拍摄

第6章

成功经验总结和存在问题分析
Summary of Successes and Analysis of Problems

→ 6.1 一环十一园地区控规实施评估

6.1.1 现行控规实施总体情况

一环十一园地区控规总体实施情况有待提升。在规划用地实施方面，现状工业用地和物流仓储用地腾退面临较大压力，目前津环内现状城市建设用地与现行规划城市建设用地相差约 895 公顷，各类用地与现行规划目标还有一定差距。其中，居住用地实施率约为 44%，商业用地实施率为 28%，绿地实施率仅约为 20%。在人口规模方面，经初步梳理，一环十一园地区现状人口规模约 92 万人（城镇人口约 91 万人，农村人口约 0.9 万人），现行规划容纳人口规模约 130 万人，与现行规划还存在一定差距。（注：现行控规统计中不包含银河公园和南淀公园的数据）

6.1.2 现状用地结构有待优化

通过城市建设用地现状与规划的数据对比分析可以看出，一环十一园及周边地区的规划用地主要以居住用地、绿地、商业服务业设施用地为主，其中绿地比重较高，占比约 40%。现状用地以居住用地、工业用地、交通设施用地以及商业服务业设施用地为主，工业用地占比 21%。总的来看，现状与现行规划的居住用地规模相差不大，但现状约 16% 的居住用地属于农村集体土地。现状与现行规划的工业用地、绿地的规模差距较大，产业结构还是以第二产业为主，与现行规划的以服务业为主相差较远。下一步将结合经济与社会需求，继续优化调整用地结构，减少工业用地和物流仓储用地，增加公园绿地，平衡居住与产业规模。鼓励土地使用的多功能混合，在居住区附近融入适量的商业、办公或文化设施，增强区域活力，减少通勤时间，提高居民生活质量。

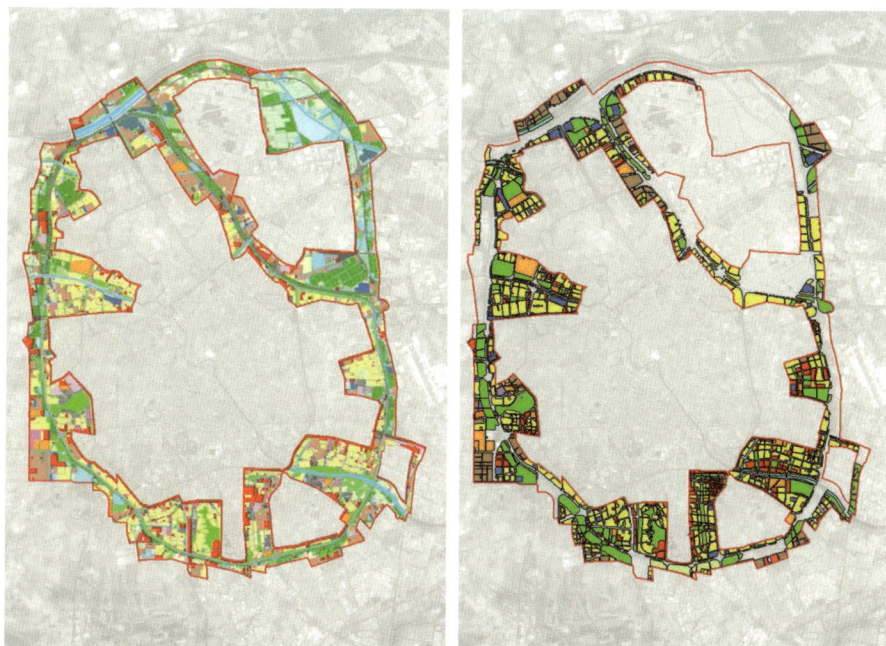

$$\frac{1 \mid 2}{3 \mid 4}$$

1　津环现状用地

2　津环现行规划用地

3　津环城市建设用地规模分析表

4　一环十一园地区用地梳理

城市建设用地类别	现状用地		现行控规	
	用地规模 / 公顷	用地占比 /%	用地规模 / 公顷	用地占比 /%
居住用地	3 244.12	28.5	3 260.86	26.5
公共管理与公共服务设施用地	724.81	6.4	511.60	4.2
商业服务业设施用地	1 328.14	11.7	1 237.41	10.1
工业用地	2 387.78	21.0	793.31	6.5
物流仓储用地	346.13	3.0	28.56	0.2
交通设施用地	1 979.50	17.4	1 122.41	9.1
公用设施用地	237.79	2.1	334.82	2.7
绿地	1 147.83	10.1	5 002.66	40.7
合计	11 396.1	100.0	12 291.63	100.0

名称	区域面积 / 公顷	可开发居住、商业用地占比 /%
北辰堆山公园及周边地区	413.8	38.6
刘园苗圃及周边地区	534.7	16.5
子牙河公园及周边地区	1 451.0	18.6
水西公园及周边地区	764.1	21.0
李七庄公园及周边地区	547.4	6.8
梅江公园及周边地区	518.1	已建成
新梅江公园及周边地区	736.0	57.3
柳林公园及周边地区	1 449.9	45.8
程林公园及周边地区	587.9	63.9
南淀公园及周边地区	849.4	尚未编制控规
银河公园及周边地区	1 567.9	35.0
合计	9 420.2	—

名称	现状数量/处		规划数量/处	
	学校（中小学）	医院	学校（中小学）	医院
北辰堆山公园及周边地区	0	0	2	1
刘园苗圃公园及周边地区	4	2	4	2
子牙河公园及周边地区	7	0	18	1
水西公园及周边地区	1	1	7	1
李七庄公园及周边地区	3	1	7	1
梅江公园及周边地区	4	0	4	0
新梅江公园及周边地区	3	1	8	1
柳林公园及周边地区	5	4	11	4
程林公园及周边地区	1	0	4	1
南淀公园及周边地区	—	—	—	—
银河公园及周边地区	—	—	—	—
合计	28	9	65	12

1 / 2

1　一环十一园地区公共服务设施（医院、中小学）一览表

2　中心城区现状轨道交通分布图

具体来看十一个公园及周边地区的控规实施情况，实施进度上存在着显著的差异。梅江公园及周边地区已经全部建设完成，程林、新梅江、柳林、堆山片区可开发居住、商业用地占比较高，片区发展潜力较大，李七庄片区可开发的居住、商业用地占比较低，南淀公园及周边地区控规尚未覆盖，银河片区控规数据缺失，可开发用地未做统计。

6.1.3　公共服务设施有待完善

目前一环十一园地区内公共服务设施建设取得了一定成效，以医院和中小学设施为例，医院的实施率较高，约75%，中小学设施的实施率尚可，约43%。具体到每个公园片区来看，梅江公园、刘园苗圃公园片区的中小学、医院设施实施率较高，北辰堆山公园、程林公园、水西公园片区的中小学实施率较低，导致了教育资源量少、分布不均衡等现象。为更好满足片区居民上学、就医、休闲、文化活动等需求，后续伴随着各个片区的开发建设，应同步推动公共服务设施建设，构建多层次的社区公共服务体系，进一步完善公园及周边地区的城市功能，提高一环十一园周边地区土地的开发价值。

6.1.4　公园绿地建设水平有待提高

目前一环十一园片区公园绿地实施率约为22%，十一处公园建设进程参差不齐，公园绿地整体建设水平还有待进一步提高。其中，水西公园、梅江公园、新梅江公园、柳林公园四处公园的实施情况较好，周边开发建设相对较为成熟，公共服务配套设施相对完善，其中梅江公园建设较为成熟，也带动了其周边土地开发及配套设施建设。银河公园、南淀公园、北辰堆山公园、子牙河公园、李七庄公园、刘园苗圃、程林公园七处公园，尚未推动实施，对周边土地开发带动效果不显著。

6.1.5　道路交通系统有待提升

一环十一园地区干路网建设情况相对较好，路网骨架基本形成，但次支路网建设相对滞后。另外，轨道交通覆盖尚有不足，且与片区建设不同步，客流量低，目前有7个公园及周边地区地铁可到达，如刘园苗圃、南淀公园。下一步在片区规划实施时，应同步建设轨道交通和到达性道路，构建便捷畅通的交通体系，支撑片区的发展。

6.2 新梅江片区城市设计实施评估

6.2.1 建设成绩

新梅江片区位于解放南路地区。解放南路地区为将城市设计理念及特色转化为对建设的有效管控，在城市设计的基础上，编制了城市设计导则、控规、交通、工程、生态、地下空间、景观等一系列专项规划。为跟踪解放南路地区规划实施情况，通过分析总结问题，及时提出规划提升措施，从 2019 年开始，该区域开展了城市设计规划实施评估工作。

经过十余年的开发，区域建设取得了令人瞩目的成绩。在用地开发建设上稳步推进，截至目前，已建、在建、已出让未建设土地近 3 平方千米，其中位于最北侧的新八大里地区和南侧的起步区发展相对成熟，在空间形态上进行了有效的控制，形成了富有节奏和韵律的城市天际线。

在生态建设方面，区域环境品质得到了显著的提高，北侧的铁路绿道公园和南侧的卫津河公园、太湖路公园、新梅江公园已建设完成并投入使用，已建成的居住社区也具有较高的配套设施水平和环境品质。在道路交通方面，片区出行环境得到了明显改善，地区轨道和道路建设随着用地的开发建设得到了稳步的推进。街道创新断面达到了规划预期，沿街商业与人行道直接结合，宽敞的人行道和沿街绿化，形成了良好的慢行交通和生活氛围。地区文教体卫等设施配套完备，起步区的河西区第二中心小学、天津市第二新华中学、新华圣功学校、河西区锦绣幼儿园、新八大里地区的复兴小学、师大二附小德贤学校、邻里中心和文体中心等均已建成并投入使用。此外，地区文化记忆也得到了初步传承，天津市电机总厂经改造现已投入使用，公交二公司、渤海无线电厂、陈塘热电厂的两个冷却塔、陈塘铁路支线因规划得以保留，为未来提升区域亮点预留了机会。

6.2.2 不足与问题

当然，片区发展在取得建设成绩的同时，也存在着一些问题。

一是地区产业并未能够按照规划设想实现全面的升级发展。原陈塘庄工业区经整体改造提升为"陈塘自主创新示范区"，由原纺织、化工、机械为主的高污染制造业成功转型为发展设计、智能制造、文化、环保的都市型产业。规划的家居公园和汽车公园未实现更新升级，现状仍为低产能的建材市场和汽修市场。

二是随着社会经济的发展，区域的业态比例与市场需求脱节。从起步区建设情况来看，已出让地块以住宅为主，规划沿解放南路的大型商业配套及起步区内部的三栋地标性办公楼宇，除中海环宇城外，均未能实现开发建设。

控制性详细规划　　　　交通专项规划

市政专项规划　　　　生态专项规划

地下空间专项规划　　　　景观专项规划

解放南路地区各类专项规划（组图）

绿道公园起步段实景

卫津河公园实景

太湖路公园实景

1 | 2
3 | 4

1 新八大里地区航拍图（摄于 2019 年 7 月）与新八大里地区规划效果图

2 解放南路地区起步区航拍图（摄于 2019 年 7 月）与解放南路地区起步区规划效果图

3 2020 年陈塘热电厂地区规划提升鸟瞰效果图

4 新梅江片区公园实景照片

6.2.3　规划提升

针对实施评估中发现的问题，规划陆续提出了优化提升措施。2020 年，针对解放南路区域中部的陈塘热电厂及周边地区，规划从定位、业态比例、用地布局等方面进行了优化调整。在定位上，充分利用陈塘热电厂规划保留的两座冷凝塔和规划地铁 8 号线沂山路站，塑造地区 IP，形成区域活力微中心，顺应从"拆、改、留"到"留、改、用"的时代要求变化，对陈塘热电厂内有价值的工业遗存进行进一步的保留利用。在用地布局上，进一步加大地区路网密度，适度降低商业用地比例，围绕陈塘热电厂两座冷凝塔和地铁站点布局商业用地，植入文化、娱乐、会展等新功能。该次规划的优化调整，已通过控制性详细规划调整的方式进行了落实。从 2023 年底开始，规划针对解放南路南部区域起步区沿解放南路规划商业过多、成熟居住社区内部大体量办公载体与市场需求脱节、规划居住用地容积率过高等问题，正在开展规划优化提升工作。

6.2.4　规划效益

新梅江公园及周边地区的规划建设，为津城南部区域带来了良好的生态效益、社会效益和经济效益。新梅江公园集中体现了解放南路地区生态优先、工业文化传承利用、以人为本构建高品质居住社区等规划理念。该地区向北连通天津环城铁路绿道公园、向南连通外环 500 米绿化带公园，构建了津城内重要的开放空间系统。

规划始终以高品质生态环境、高品位文化氛围、高品质便捷配套、持久产业动力、职住在地平衡等理念为核心关注点，开展持续不断的实施评估和优化提升工作，助力地区的持续高质量发展。

❯ 6.3　一环十一园地区动力机制演变

6.3.1　公园社区开发的迭代

经过 20 多年的规划与建设，从一环十一园地区已建、在建的公园与社区建设的时序与开发模式来看，公园社区开发大致形成了四代演变。

第一代为梅江片区，建设时序为先城后园，开发模式为政府主导的大型安居工程。由于梅江片区属于城市边缘的近郊区，在生态环境方面具有市中心区无法企及的优势，为充分发挥其优势，规划师将此地大面积的洼地进行整理，并保留作为居住区的水面，在区域内形成了一个完整的水系，也因此形成了环园而生、环水而居的公园社区居住环境。

梅江片区的开发始于 1999 年。而 1999 年，天津房地产市场也悄然迎来了变革。这一年，随着《国家康居示范工程实施大纲》的颁布与实施，提升住宅质量与品位成为房地产行业发展的新导向。同时，天津市的旧城改造工程也接近尾声，数十万市民告别了昔日的大杂院和筒子楼，搬进了宽敞明亮的新居。此外，这一年里，天津房地产行业也经历了一次前所未有的大洗牌，众多新兴的房地产企业在此过程中脱颖而出，展现出了蓬勃的发展态势。而天津市也通过房地产开发实现了华丽的转身，谦德庄、南市、小西关、广开等几十处昔日的旧街区从天津的版图上永远地消失，取而代之的是"生态宜居""水景住宅"等热点词汇。

继华苑、丽苑之后的第三片由市政府统一组织建设的大型安居居住区——梅江区域开始建设，并被定位为"生态居住区"，标志着天津的住宅市场从安居向康居转变。该区域自2000年开始逐步开发建设，梅江一期兴建了翠水园、玉水园等安居型项目。随着蓝水假期、芳水园、香水园等高端项目的定位，梅江地区向高档生态住宅区转型发展。2006年梅江片区的开发进入成熟时代，前期开发的项目陆续开始入住。2010年梅江公园（一期）开放，2021年梅江公园（二期）开放。凭借良好的水域生态环境及高端住宅项目，梅江成为天津首屈一指的高端社区，并从一定程度上改变了天津房地产格局。

第二代为新梅江片区，建设时序为城园共生，开发模式为政府主导的成片开发。新梅江片区20世纪90年代初为陈塘热电厂，为满足天津市能源需求及低碳城市建设，从2008年底开始，陈塘热电厂陆续关停机组。为开拓河西区发展空间，2009年大梅江概念应运而生。随着城市发展的外扩，天津市"十二五"规划提出，将新梅江片区规划列为重点工程，新梅江片区成为市区唯一一个成片开发的区域。2010年新梅江片区的重磅规划获得批复，2011年7月，新梅江地区开发建设拉开序幕。规划提出在城市新发展格局下，盘活工业遗存资源，在打造宜业宜居的绿色产业结构和空间格局的同时，最大限度保留城市发展的时代烙印，提升区域土地价值。实现工业遗存资源"二产变三产，黑色变彩色"，将工业遗存保护利用融入城市转型升级、高质量发展，加快建设生态宜居的现代化天津，将新梅江地区打造成为集海绵生态、文化地标、优质产业、服务配套于一体的天津市南部地区活力微中心。2018年，新梅江片区结合市场需求进行了重新规划，进入快速建设期。新梅江迅速崛起，土地市场迎来新

梅江公园片区航拍照片
（图片来源：天津市城市规划学会城市影像专业委员会 | 枉言拍摄）

发展周期，整体表现活跃，该片区成交土地金额占整个河西区成交土地金额的67%。2020年建设放缓，经济转型，新梅江由高速增长阶段转向高质量发展阶段。2023年新梅江公园一期开放，通过城市绿洲，持续带动周边区域发展建设，以生态价值持续为片区发展赋能。

截至目前，新梅江板块已经经历了四个发展阶段的飞跃。第一阶段（2010—2013年）：从规划落地到成立以城投置地为开发建设的主力军，实现了以市政基础设施建设功能为主的开局阶段；第二阶段（2013—2016年）：城市功能逐步导入，卫津河公园、太湖路公园立项审批，城投代建，新梅江文体中心启动建设。在起步区，品质社区逐步面世、热销和入住。雅境花语城、雅境新枫尚、锦秀里等项目陆续建成交付，5 000个新梅江家庭在这里开始了新生活。金侨新梅江壹号更是带来了天津首个科技住宅、智能社区。新八大里片区更是快速成为天津楼市最火的板块，让新梅江逐渐成为城区发展新的增长极；第三阶段（2016—2019年）：新梅江步入更快速发展时期，片区规划升级调整，区域功能继续强势导入，大批开发商进入起步区，仁恒置地、绿城集团、中海地产等相继拿地；在陈塘商务区，天津房地产集团、绿城、富力集团、中国交通建设集团等接踵而至，一个更开放、更包容、更先进的板块开始崛起；第四阶段（2020—2024年）：作为城区综合片区开发和产业转型创新的开路先锋，起步区的生态宜居、陈塘商务区的产城融合、新八大里片区的消费商务已然成为新梅江板块的三张闪闪发亮的名片。

第三代为水西片区，建设时序为先园后城，开发模式为政府平台公司主导的医养结合的新型社区。该地区在1986版总规中即凭借自身地势特色成为城市周边的四个风景区之一，即侯台风景区。2010年，东南快速路建成通车后，该区域凭借交通及区位优势，逐渐得到各级政府的重视。而水西片区因毗邻南开而且生态资源优势突出吸引了大量高端客群进入，在2010年前后出现的西苑别墅、瑞丰花园、中信珺台都以"高端低密（度）"的社区为主，成为当时改善客群的集中目的地，水西片区已然坐上了城市南进的早班车。该片区2011年启动城市设计国际征集，2015年纳入一环十一园规划，2016年启动城市设计提升研究。2020年，城市设计报市政府审议通过，规划定位为天津西南城区以水西公

新梅江公园片区航拍照片
（图片来源：何俊祥拍摄）

园为核心的创新型活力服务中心、开放型宜居公园社区。规划的特色是以公园为核心，优化低密度居住与商业用地布局，最大程度释放水西公园的共享能力。公共服务方面重点提升了教育、医疗及社区服务等配套设施，同时结合新型居住社区试点与完整社区的规划思路，灵活运用兼容性、混合使用等方式，为居住用地与产业用地预留发展弹性。2018 年 10 月水西公园开园。整个水西板块最核心的部分就是占地面积约 140 万平方米的水西公园，作为天津中心城区内面积最大的城市湿地公园，水西公园的水域面积和生态面积比水上公园整体大一倍之多，生态资源优渥。自 2019 年侯台片区规划发布以来，片区土地开始激活出让。2021 年有序推动周边土地上市，侯台片区宅地楼面地价高于西青区整体水平。伴随着水西的发展，2022 年这里就集聚了绿城·水西雲庐、城投·水西东方天宸以及金地·水西印三个房地产项目。水西这类兼有城市配套与资源优势的价值洼地型板块成为房企布局的新焦点。2023 年天津市第一中心医院（水西院区）投入使用。凭借水西公园、天津市第一中心医院及新型社区特色优势，水西片区现在已成为天津新一代品质住区的典范。

$\frac{1}{2}$

1　水西公园航拍照片
　　（图片来源：天津悦美房地产开发有限公司）

2　柳林公园航拍照片
　　（图片来源：天津市规划和自然资源局城市设计处）

第四代为柳林公园及周边地区，开发模式为以园更城，城市更新与公园建设并行。2020年1月《海河柳林地区城市设计草案》亮相于天津规划和自然资源局官网，首次提出了"海河柳林地区"作为天津"设计之都"核心区的板块定位，根据该草案，这一地区未来将形成"一河两岸、一路两心"的功能分区结构。海河柳林地区规划于2021年3月获得批复，海河北岸的设计公园和海河南岸的柳林公园于2021年内启动建设。目前柳林公园（一期）已建设完成。该项目以城市更新的方式开展，包括80余个子项目的PPP综合开发。发挥了集聚创新资源、打造合作平台、释放引领价值的标杆作用。

在津城总体城市设计中，一环十一园区域被划分为未来极具发展潜力的生态宜居圈层。具有"生态提质""经济引领""活力链接"的主导功能，是津城生态文明理念的创新实践区、津城人居环境提升的战略空间、津城创新驱动发展的新动脉。通过对上述历程变化的剖析可以看到，一环十一园格局从2006年提出至今已过去近20年，在不同的时代背景下，经历着一代又一代的更迭，一环十一园片区分别以生态、居住、服务资源及产业等特色为发展动力，持续为城市发展赋予新的能量，不断迈向更高发展水平。

6.3.2　外环绿化带和公园建设模式的演变

外环绿化带的建设一直是市政府推动、相关区政府组织实施。外环绿化带建设初期被划定为防护绿地，以植树造林为主。随着规划标准的完善，结合外环绿化带的现状发展特征，环外绿化带被划定为非建设用地，而不是公园绿地或防护绿地，按照农林用地建设和管理，土地大部分为集体用地。目前为满足周边居民日常的休闲游憩需求，政府对绿化带进行了局部游园化的提升。

目前已建、在建的四个公园也由政府主导推动。在不同的历史时期，改革创新，采用了不同的模式。梅江公园采取了通过成片开发带动公园建设的模式。由天津泰达建设集团代建，成本纳入周边开发土地。水西公园和新梅江公园采取由天津市土地整理中心和天津城投集团所属天津市环境建设投资有限公司（以下简称"市环投公司"）作为政府平台的土地成片开发整理模式。水西公园由城投出资，由天津市城市管理委员会实施建设。新梅江公园土地整理成本纳入成片开发，但公园建设采取了海绵城市建设PPP项目。柳林公园也是采取土地成片开发整理模式，后由于城投不能再进行公园建设，采取了成片开发PPP模式，考虑了公园内的部分经营收入。总体来看，公园建设是按照规范的程序运作的，前期政府征收整理土地，通过各种方式投资建设公园，后期由相关部门运营管理。

6.3.3　一环十一园及周边地区建设机制分析

城市综合开发建设的动力机制主要包括政府、市场和社会三方力量。从一环十一园已经实施的公园及周边地区开发来看，政府发挥了主导和关键作用。梅江地区是城市重点建设区域和重点建设项目。当地政府主导建设的安居房达到较高水平，也提升了区域开发的水平。新梅江和柳林地区曾经都成立过市级建设指挥部，形成合力，强力推动，成效显著。

相比之下，显然房地产开发是各片区的主要力量，但市场的力量不显著。除梅江有更多的企业主导或参与规划建设外，其余项目市场的发言权不足，企业市场主体也不够多。

社会力量是最薄弱的环节。主要是由于一环十一园地区位于城市边缘，属于城乡接合部，社会管理薄弱，存在整理权属不清、管理职责不明晰等多种问题。虽然建设了一些大型医院、教育设施，但总体看，社会力量不足，社会基本公共服务有待完善。

⊙ 6.4　片区未来发展面临的核心问题

6.4.1　公园活力不足，运营依靠单一补贴

从当前一环十一园已建成的公园表现来看，城市公园的社会效益并未得到充分的挖掘，导致公园的整体活力不足。早期的城市公园在规划设计之初主要强调的是公园的生态景观功能，而没有将公园的经营管理纳入规划设计之中，这就导致了当前的城市公园普遍存在"建起来"但没有"用起来"的问题，城市公园活力缺失。公园绿地仅仅提供了基础的休闲和娱乐设施，如座椅、步行道、游乐设施等，但对于市民日益增长的多样化复合需求，如文化、教育、科普、运动、餐饮等方面的需求，却往往在公园空间内得不到满足，导致城市公园逐渐成了居民心中的"绿色沙漠"，缺乏与周围城市功能的有机融合，难以承担复合的城市活动，而城市公园也难以实现良性发展。

由于城市公园普遍利用政府资金建设、管理和维护，不仅前期征地拆迁建设投入巨大，而且后期需要持续的财政补贴才能维持日常运转。然而，公园管理维护的成本高昂，包括绿地养护管理作业过程中的人工费、水费、农药费、肥料费、机械费、运输费、综合管理费等，综合单价达到 6~25 元 / 平方米·年。仅靠政府自身的财政补贴无法满足城市公园持续建设的资金需求，应调动社会资源多元投入，民间组织及公益组织发挥关键作用，探索全新的运营制度及模式方向。国际前沿的先进经验表明，活力旺盛的公园无一不是真正融入城市居民的生活。这些公园在官方政策的支持和社会力量的积极推动下，通过在投资、策划、建设、管理运营阶段利益相关者的多方参与，匹配更实用的休闲设施、提供更周到的公园服务、引入更专业的养护团队、开发更完善的监测系统、策划更有趣的公园活动，吸纳越来越多的人参与到公园的全生命周期。

6.4.2 周边地区住宅产品多样性不足，缺乏竞争力

目前，一环十一园周边地区开发进展相对缓慢，中心城区边缘人居环境品质较低。十一园中的梅江、新梅江、水西三个公园及辐射公园周边的城市空间已经基本建成。其中，梅江、新梅江公园的周边以高层社区为主，当时有众多的开发企业参与，包括民营企业（万科、金侨、融创），住宅产品创新，类型多样，形成了梅江、新梅江成熟的居住区，以老梅江为核心向外环线辐射形成大梅江片区，串联梅江与新梅江公园辐射范围内的城市空间。

长期以来，我们的城市建设和居住区规划深受现代主义建筑和规划思潮的影响，沿用着过时的规划方法和设计理念，缺乏创新与突破。现行的国家标准本质上依然没有脱离定额标准、千人指标的传统做法。这种做法在很大程度上导致了高层住宅小区的千篇一律、居住品质的普遍低下以及城市特色的严重缺失。房地产过度发展造成大开发商过度集中和垄断，高负债和高周转模式以及现行各种设计规范的严格限制，造成产品单一。2021 年底《天津市新型居住社区城市设计导则（试行）》的发布和2022 年《市规划资源局关于住宅多样性空间增值利用规划管理的指导意见（试行）》的实施，将会改变千篇一律的住宅小区，增加住宅产品的多样性，降低开发强度，不再以高层住宅为主，建设面向未来的新型居住区，做到真正的宜居，实现生产、生活、生态的"三生融合"，打造天津第六代住区。

6.4.3 内生型经济及产业活力发展不足

城市公园作为城市居民休闲游憩的生态空间，应当为城市居民的日常生活带来积极健康的影响。它们不仅是城市生态系统的重要组成部分，也是展示城市文化和促进社区交流的活跃平台。然而，随着时间的推移和社会的发展，在当前一环十一园的建设过程中，已经建成的城市公园开始暴露出功能单一、服务滞后、市场反应迟缓等经营不善的问题。这些问题的根源往往在于资金投入的不足和经营机制的僵化，公园内生经济发展动力不足。

首先是公园自身经济活力不足的问题。传统而言，城市公园的建设与管理主要由政府承担，这种模式在一定程度上确保了公园的公益性质和公共服务的普及。然而，这种单一的管理体制逐渐暴露出其固有的局限性。在政府主导的运营模式下，工作人员的积极性和创造力被限制，进而影响了公园服务质量和游客体验的提升。其次，城市公园作为开放性的公共空间，其日常运营需要持续的资金投入，包括绿化养护、设施维修、清洁卫生等多个方面。传统的依靠小规模经营收入（如门票、租赁等）来维持公园运营的方式，在面对日益增长的运维成本时显得力不从心。特别是在一些免费开放的公园中，经营收入更是有限，难以满足日益增长的维护需求。同时，随着城市公园规模的不断扩大，管理和维护成本持续攀升，给地方财政带来巨大压力，限制了公园的可持续发展。

与此同时，公园周边地区、公园建设与城市发展之间的经济活力也同样遭遇挑战。伴随房地产市场整体供需结构的深度调整，土地快周转模式失效，开发投资活跃度降低，政府负债高，高基建投入与拉动模式难以实现，政府进入土地财政的深度阵痛和转型期。以水西公园为例，开发三年，多以平台公司取地为主力。受经济的影响，开发企业取地意愿迅速下滑，住宅用地成交总量 2022 年同比下降 66%。自此，大基建先行 + 人造公园建设 + 土地快周转的开发模式已难以实现，需要探索新的发展

模式。在存量更新的时代背景下，城市建设必将从"粗放式发展"进入"精细化运营"，城市公园作为承担城市休闲游憩职能的重要载体，是城市公共服务的重要容器和催化剂。当下，由于过度依赖地方财政的投入与有限的政府运维资源，许多公园面临着设计与功能不匹配、品质和使用效益低下、后续维护管理不善等困境，无法为人们提供高质量的服务。在当前政府财政收入下滑明显、负担不断加重的背景下，如果不能提供高质量的、与时俱进的公共服务，嫁接真正市场化的运作形成稳定收益机制，城市公园运营势必加重政府的负担，并将先于城市衰落，更加无法带动周边地区的可持续发展，探索津环圈层全新的发展模式迫在眉睫。

在一环十一园的规划初期，提出要围绕 11 座公园，建设"生活＋生态＋产业"新型社区，一环十一园周边地区要进行产城融合发展，加强津城"核心—外围"的空间、功能衔接，促进新兴产业、服务业与新兴社区融合。但就目前十一园周边地区的产业发展而言，普遍存在产业载体多样化不足和产业活力水平较低的问题。

6.4.4 片区管理割裂，发展模式滞后

通过对一环十一园及周边地区的行政区划分析可见，十一园大部分地区都分属多个行政单位。比如，新梅江地区包含陈塘庄、东湖、太湖路街道，曾经接受西青区和河西区两方管理。后来统一划归河西区管理，促进了新梅江地的快速发展。同样，南淀片区虽然都属于东丽区，但涉及金钟街、华明街，同时包含多个村集体管理区域，一个地区内部土地权属涉及国有土地整理平台、国有工业企业、村集体等多类型主体，片区开发陷入协同推进难题。事实上，当一个片区由多个行政单位共同管辖时，就会遇到发展挑战。首先，规划冲突，不同行政单位可能有不同的发展规划和目标，会导致规划上的冲突，影响片区的整体发展蓝图。一环十一园作为市级重点战略，在推进过程中必须和区域单位不断协同，对齐目标，统一规划。其次，资源分配不均。各个行政单位可能根据自己的优先级和资源分配情况来决定投资，这可能导致资源在片区内分配不均，影响整体发展。例如，很长一段时间，环内土地出让金归市级所有，环外土地出让金才归属外围区域。市区发展有自己的重点核心，而环城四区会先聚焦发展各区的核心板块，这种财政归属的动力不足也间接造成了城市腰部区域的发展断裂情况。

在过去 20 多年时间里，一环十一园地区的开发模式已完成了四代进化，从第一代到第四代的片区建设都带有鲜明的时代特征。而今天，在新形势下，旧有的以政府主导的平台进行土地整理推动公园建设，以大型房地产开发为主的模式已经不适合一环十一园其余地区的发展需要。进一步发展一环十一园地区，需要先解决"谁管理""谁受益"的先决问题，设计创新的片区发展模式，吸引社会更加多元的力量，共同参与到一环十一园的发展建设中来。一环十一园，正呼唤第五代模式的诞生。

新梅江公园实景照片（组图）
（图片来源：何俊祥拍摄）

柳林公园实景照片（组图）
（图片来源：何俊祥拍摄）

第三部分

津环的诗意栖居

The Poetic Habitat of Tianjin Golden Doughnut

自 2022 年启动天津南淀公园及其周边地区的城市设计项目以来，我们对一环十一园及津环区域展开了深入的研究与分析。通过对历史经验的总结分析，我们认识到，在当前的经济环境下，公园及周边社区从第一代到第四代的发展模式都无法有效应对新的挑战。因此，我们将南淀公园视为第五代公园发展模式的试验场，开始了全新的探索。

实践需要理论的指导。基于这一认知，利用"滨海规划设计丛书交流群"这个平台，我们启动了一项大规模的"众读、众研、众书"计划。精心挑选了一系列相关书籍，组织众书和线上线下研讨活动，旨在探索并构建符合新时代需求的城市边缘地区发展战略，为津环的可持续发展提供坚实的理论基础。

通过一系列的探索与实践，最终凝结成津环圈层诗意栖居的理论框架与行动路线，形成人居环境科学、断面都市主义和甜甜圈经济学三种城市设计思维的共时性可持续交融。分别从人居、生态和空间以及经济社会可持续发展的角度，以问题和目标为导向，学习借鉴国内外最新的成功案例，结合津环的实际，为津环规划建设提供新范式。重点从生态公园建设和运营、好房子与良好社区营造、内生型经济培育、社会治理新模式四个领域进行理论研究，为津环发展注入新的动力和活力，为津环营城和诗意栖居"2035/2050 行动倡议"提供支持。吴良镛人居环境科学是整体论和多学科融贯视角，让我们回归第一性原理，明确方向。城乡断面对津环圈层的空间形态和建筑类型给予界定。甜甜圈经济学提出的生态上限和社会下限双约束理论框架，实际上提供了更大的发展空间和余地。结合城市外围圈层规划定位，通过生态本底的依托，盘活存量资源，建设自然生态公园、十一个公园周边新型品质社区建设与内城更新互动，同步达到疏解津城核心区人口、促进功能转型和产业升级的目标。打破工业革命大规模生产及资本和技术对人的异化，鼓励多样性和个性的绽放，满足人民对美好生活的向往，追求诗意栖居的理想。

天津柳林公园 | 何俊祥拍摄

第 7 章

津环的规划理论范式
Planning Theory Paradigm of Tianjin Golden Doughnut

➲ 7.1 三种城市设计思维的共时性可持续交融

通过对 140 余本经典书籍以及城市设计领域内的最新书籍与理论的系统分析，将滨海规划设计丛书交流群读过的书籍，采用与时代和思潮相结合的方法，划分为四个时段，搭建了一个相对完整的"研究对象 + 时段"的分析框架。从框架中可以看出城市规划理论的演变过程，也反映了社会、经济与环境条件的变化。百余年间，西方现代规划理论经历三次重大变化，甚至是范式革命。从规划理论的核心关注点的演变来看，四个发展阶段展现了从侧重物质空间规划，逐步过渡到社会导向规划，最终迈向物质与社会兼容并蓄的规划理念的过程。这反映了人们对规划与社会相互作用认知的不断深化与成熟。同样，在城市的每个进化阶段，都会涌现出与当时环境和社会条件紧密相关的独特议题与难题。上一个时代的理论框架可能难以有效应对新时代所涌现的复杂问题。中国城市规划的发展应当在借鉴国际经验的同时，结合本土实际，探索创新路径，注重规划过程中的民主化与透明化，以及规划结果的可持续性与社会公平，发展适合中国国情的新范式，推动规划政策与标准的革新，以适应 21 世纪中国城市发展的新需求。

津环圈层作为一项旨在提升津城城市生态环境、促进绿色空间网络构建的战略区域，与"人居环境科学""断面都市主义"以及"甜甜圈经济学"三个概念紧密相关，这些理论分别从人居、生态、空间规划和经济可持续性的角度为津环圈层构架提供了共时的可持续发展新范式。

在以上三种经典理论的指导下，以问题和目标为导向，我们对相关的经典和最新理论以及国内外优秀实践案例进行整理分析，结合津环的实践，重点从"好房子与良好社区营造""生态公园建设与运营""内生型经济培育""社会治理新模式"四个领域进行梳理，以期为实施津环圈层"2035/2050行动"提供理论指引和实践案例借鉴。

7.1.1 人居环境科学

在中国城市化进程日渐加快的背景下，吴良镛先生提出的人居环境科学，旨在应对复杂多变的城市问题，强调人类聚居环境的综合性研究，以适应不断变化的环境与社会需求。这一科学体系围绕城乡发展问题，不仅吸收了相关学科的思想精髓，还立足于中国国情，积极探索适合本土的人居环境发展模式。吴良镛先生在研究中关注自然环境与人工环境的和谐共生，以及社会、经济、文化等多方面因素的综合考量。他提倡在规划中融入生态学原则，确保城市发展的可持续性。同时强调城市设计对大尺度人居环境规划、空间规划的重要性，突出城市设计的作用。城市设计作为一项综合学科，能够协调控制区域—城市—社区—建筑空间的发展，使人居环境在生态、生活、文化、美学等方面具有良好的体形秩序。

吴良镛先生指出：经济社会发展的根本目的是创造优美的人居环境，满足人们对美好生活的向往，让人们诗意地栖居于大地之上。津环圈层作为城市与自然互动交融的区域，其独特的地理位置、优良的自然环境、充足的储备土地资源和后发优势以及承担的历史责任，为打造诗意栖居地提供了无限可能。

从人居环境科学的角度出发，津环圈层应秉持天人合一，人与自然和谐共生的理念，注重优美人居环境的营造和生态环境的保护与提升。通过建设生态绿道、湿地公园等自然空间，净化空气、调节气候，为市民提供亲近自然、休闲放松的场所。这些绿色空间将成为城市中的"绿肺"，为诗意栖居提供清新的空气和宜人的环境。

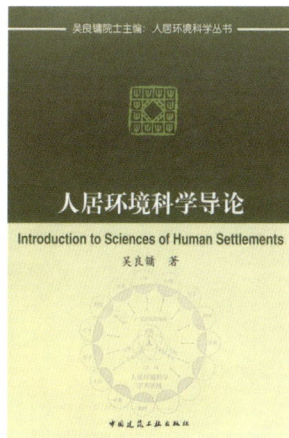

1 | 2
———
3

1 吴良镛院士

2 吴良镛著作《人居环境科学导论》

3 城市规划思想图谱

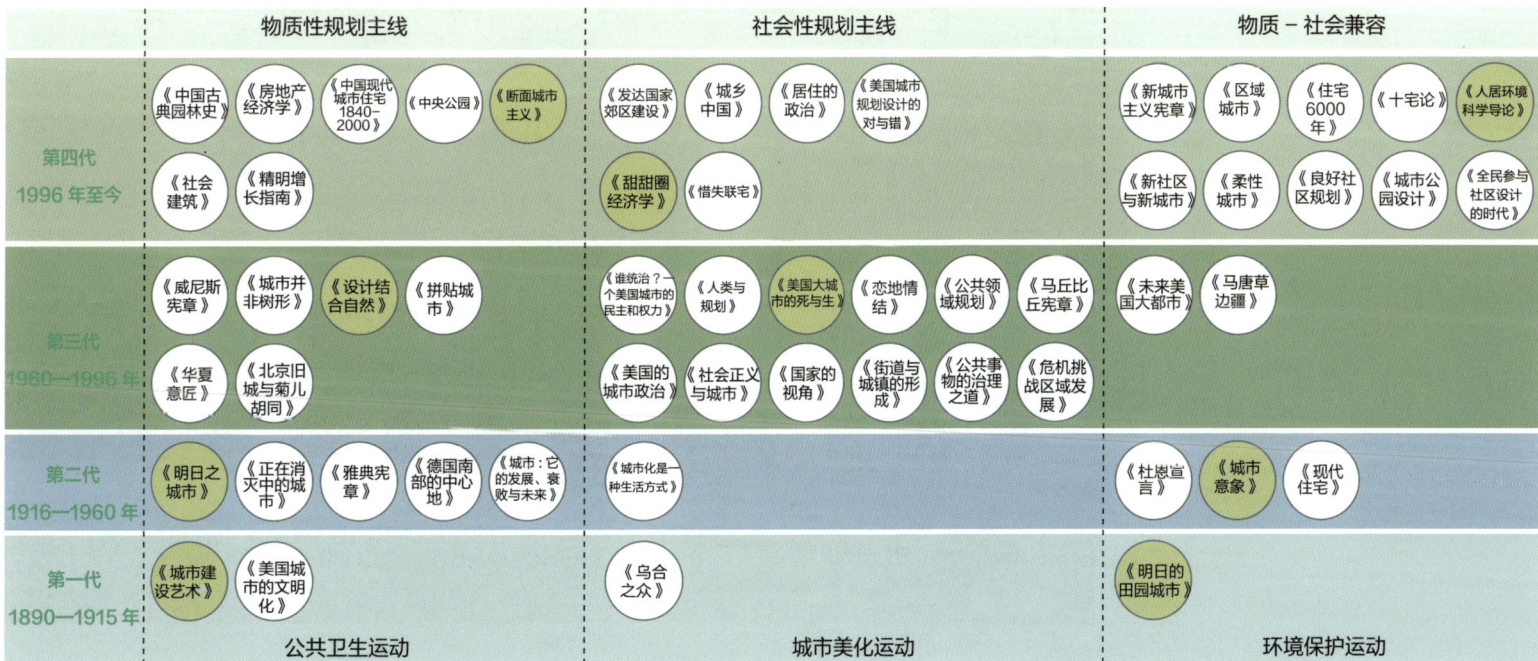

强化文化特色的挖掘与传承也同样重要。天津拥有丰富的历史文化遗产和民俗风情，这些宝贵的文化资源是打造诗意栖居地不可或缺的元素。通过修复历史建筑、营造具有人文传统的新建筑和公共空间，举办文化节庆活动等方式，让市民在享受现代生活便利的同时，也能感受到浓厚的文化氛围和历史底蕴。

津环圈层的建设还应关注居民的归属感。注重公共服务设施的完善和生活便利性的提升。建设便捷的交通网络、完善的医疗教育体系、丰富的休闲娱乐设施等，让居民在这里能够享受到高品质的生活服务。同时，通过营造和谐的社区氛围、加强邻里之间的互动与交流，进一步提升居民的归属感和幸福感。

津环圈层需要强化区域整体的空间形象设计，以建筑学、城乡规划、地景学理论方法为核心，汇聚相关学科知识，用城市设计的手段，塑造优美的人居环境，营造诗意栖居之地。

$\dfrac{1}{2}$

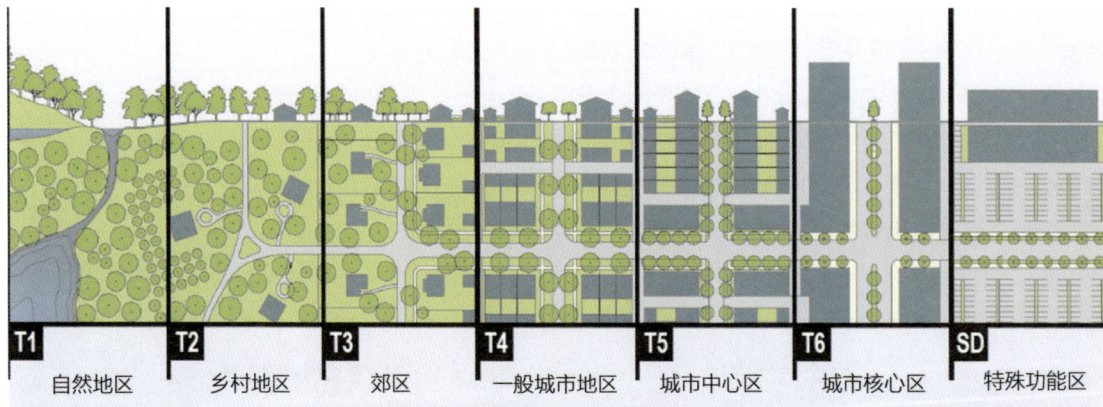

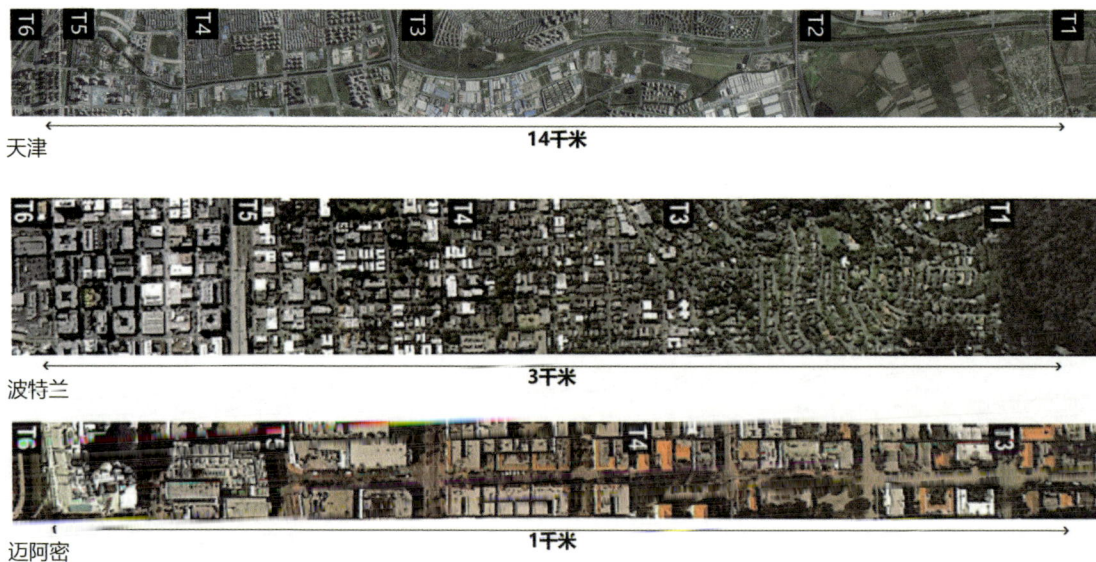

1 城乡断面形态分区示意图

2 天津、波特兰、迈阿密三个城市的城乡断面尺度

7.1.2　断面都市主义

对诗意栖居而言，理想的住房和社区物质环境是基础，城市不同区位有不同的建筑和社区类型。断面都市主义理论是一种旨在指导现代城市规划与设计的理念，其核心在于通过"城乡断面"这一概念，明确城市不同区位应配置相应的建筑和社区类型，将自然与城市环境有机融合，实现城市空间的多样化与可持续性。该理论由安德烈斯·杜安尼和共同作者布莱恩·福克（Brian Falk）等人通过一系列实践与学术研究不断发展和完善，并在 2020 年的新著《断面都市主义》中进行了系统阐述。

人文主义规划大师帕特里克·盖迪斯在山谷断面思想中指出：人们在不同的区位从事不同的工作、过着不同的生活。断面理论将"城乡断面"作为一种有序的资源配置系统，通过六个不同的断面区域（T1 至 T6）和特殊功能分区来描述和分析这一变化过程。每个断面区域都有其独特的空间特征，共同构成了多样化的城市景观。

通过基于断面理论的空间特征梯度实施不同区域的"精明准则"（Smart Code），为不同城区的形态要素进行系统性管控。借助地理环境的梯度变化，对从乡村至城市、从自然环境至人工环境要素进行配置和优化。不同组成要素都可以在连续变化的空间序列中进行定位，空间的多样性及可识别性得以凸显和加强，塑造统一、连续、富有变化的城市空间美学。

通过对天津城乡断面的分析，可以看到津环圈层是连接城市中心与郊区的关键节点，隶属城乡断面的 T4 区。相比于欧美城市，天津城市中的每个 T 区通常具有更大的尺度，容易形成过度的单一形态，并加剧城市社区的千篇一律，缺乏多样性和凝聚力。

因此，津环圈层的设计与建设，应当采用城乡断面与精明准则这一套容易操作的工具包，在这一区域内探索划分不同的 T4 亚型，并通过精细的设计来丰富区域的多样性和本地特色，相应的创新点如下。

①混合土地功能。融合居住、商业、办公、文化娱乐、研发等土地功能，形成功能互补、相互促进的区域。这种功能混合不仅提升了区域的活力，还满足了居民多样化的需求。

②创造多元包容的住房机会与选择。不是所有人都想要同样的东西，社区应当提供一系列选择，既有面向低收入群体的保障性住宅、面向"空巢"家庭的乐龄公寓，也有满足改善型需求促进居民互动的中等密度住宅。

③保护开放空间、农田、自然美景和关键性的环境地区。为人们提供能够与自然接触的地方和促进生物多样性的生态系统。

④提供多样化交通选择。包括快速便捷的公共交通和车行系统，注重步行和自行车等慢行交通的发展。

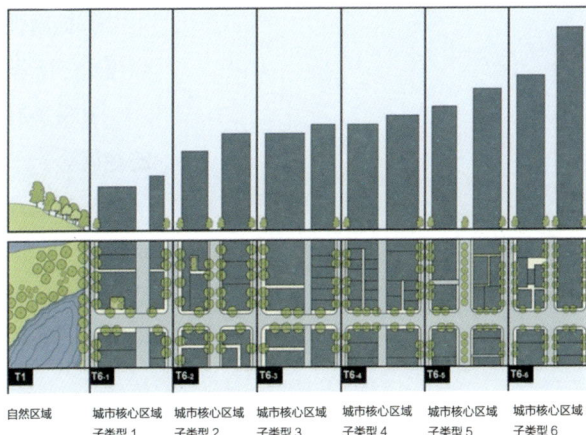

自然区域　城市核心区域子类型 1　城市核心区域子类型 2　城市核心区域子类型 3　城市核心区域子类型 4　城市核心区域子类型 5　城市核心区域子类型 6

1

―

2

1　中国香港城乡断面形态分区示意图

2　新都市主义大会创始人合影

⑤培育强联系、有引力的社区。依托步行可以到达的日常生活目的地，不管是街头小店、公交站点还是一所学校，以提升人们的社区感；

⑥保护并彰显每一个社区中独特的场所。包括整治和利用历史建筑，形成特色鲜明的、有吸引力的社区。

多样的建筑类型和景观类型将有助于开发建设更符合科学规律的社区，并促进津环圈层自身的生长机制。津环圈层通过断面都市主义的理念指导，将成为一个具有特色的 T4 区域。它不仅在功能混合、交通网络、绿化生态、文化特色等方面表现出色，还注重创新发展和未来潜力的挖掘，为天津的城市发展注入新的活力和动力。

7.1.3　甜甜圈经济学

社区、城市是经济社会政治文化等的内外反应，在规划时需要全面综合考虑，统筹平衡，既要避免考虑不周，又要避免过多条条框框的限制，造成规划僵化、单一，这是一个假设问题。甜甜圈经济学是由英国经济学家凯特·拉沃斯在 2017 年提出的经济学理论，它提供了一种新的经济框架，旨在平衡社会福祉与地球生态界限之间的关系。甜甜圈经济学的核心是"甜甜圈"模型，由两个同心环组成，内环代表社会基础（如健康、教育、平等），外环代表生态天花板（如气候变化、生物多样性）。这一理论强调经济活动应该既满足人类的基本需求，又不超过地球的生态承载能力。实际上，它也为城市发展给出了充足的多样化空间。

目前丹麦哥本哈根、荷兰阿姆斯特丹、比利时布鲁塞尔、加拿大纳奈莫等城市相继采用甜甜圈经

凯特·拉沃斯甜甜圈模型

"甜甜圈"由两个同心圆组成：一个代表社会基础，确保每个人都不缺乏生活必需品（从食品、住房、医疗保健到政治发言权）；另一个代表生态天花板，确保人类的集体行动不会对地球的生命支持系统造成过大的压力。如稳定的气候、肥沃的土壤、健康的生态系统和稳定的臭氧层。

——凯特·拉沃斯

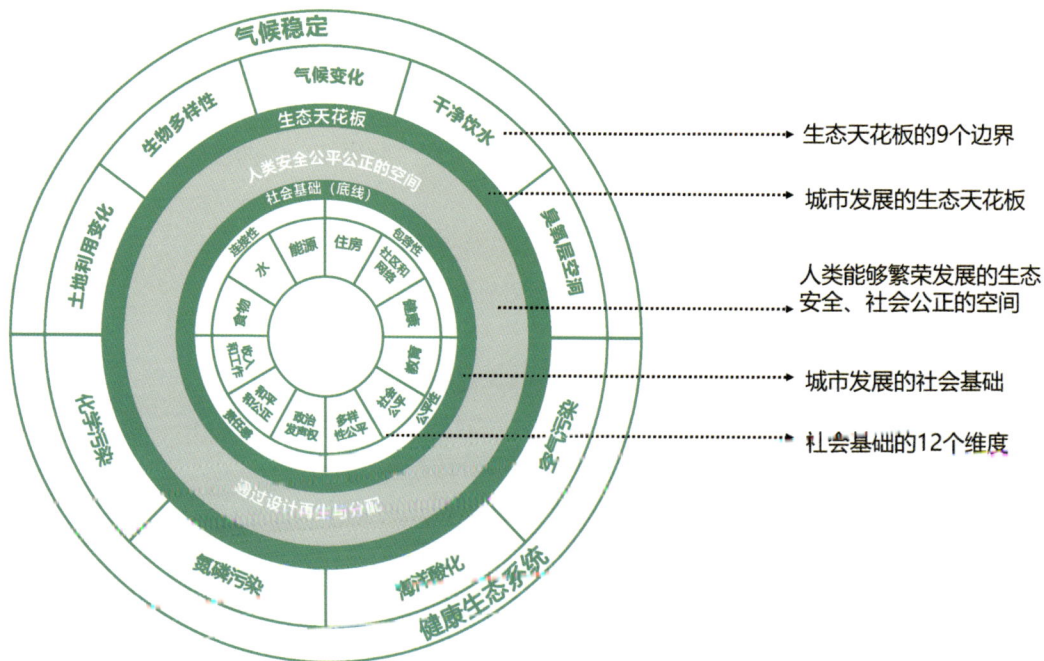

济来制定城市发展战略，并在 2023 年发布了《甜甜圈城市开发手册》，这是一个多学科、跨国团队合作的成果。他们在手册中共同探讨了如何在城市发展中实现可持续性，并提出了将"甜甜圈经济学"应用于城市发展的行动方案。该手册从全球和地方视角以及气候变化科学、影响评估、生态学和建筑设计等多个领域汲取灵感，提供了一个基于甜甜圈经济学的综合评估模型，并以丹麦为例呈现分配公义和保护生态完整性的实施路径。此外，手册还介绍了大量衡量社会影响、生态表现和实现生态再生目标的建成案例。甜甜圈经济学作为一种创新的可持续发展评价框架，为人类实现环境保护与社会经济发展的双重目标提供了新的思路和方向。

在丹麦"甜甜圈经济学"实践中，各项发展预算指标，已经能较好地从全球层面深入到国家和部门层面，并一直深入到具体项目层次，实现宏观和微观尺度和视角之间的关联和打通。

从丹麦以往的发展经验来看，丹麦在改善社会基础的同时，在生态天花板方面也有所改善。通过丹麦 1992 年、2004 年和 2015 年"甜甜圈"各类项目的变化情况可以看出：2015 年丹麦在社会基础的社会支持（SS，Social Support）方面取得了长足进步，在生态天花板的化肥使用方面实现了更高效的控制。

借鉴丹麦应用"甜甜圈经济学"的经验，津环圈层应以科学规划引领区域发展，力求在经济增长与环境保护之间找到最佳平衡点。我们通过对天津 2015 年统计数据的梳理，得到天津的 9 个生态天花板和 11 个社会基础的指标，绘制得到天津的"甜甜圈"图。

根据甜甜圈经济学综合评估模型，对津环圈层的发展建议如下。

①鉴于天津碳减排压力，需要在津环圈层利用低碳交通体系、生态基础设施来减排增汇。津环外环绿带区可以通过公园建设来增加碳汇，同时采用新规划模式，在交通和城市格局方面更加高效。

②在津环圈层积极创造就业岗位，缓解失业问题，作为创新圈层的津环圈层，引入新的产业，同时倡导 PPP 模式，积极吸引优质投资。

③提供多元包容的新型社区，进一步提高居民的满意度，借鉴城市断面和"惜失联宅"的理念，打造面向人才的好房子；吸引人才、产业，建设优质的绿色低碳保障性住房，并打造新社区。

④营造生态基底，通过植树造林、改善棕地（指受污染的废弃工业用地）举措不断改善环境，降低化学物质的环境外溢，创造有吸引力的"绿环"。

因此，天津津环地区在发展过程中，将积极贯彻"甜甜圈经济学"的理念，以科学规划引领区域发展，努力打造绿色、低碳、高效、包容的现代化城市区域。相信在不久的将来，津环地区将成为天津市乃至全国可持续发展的典范。

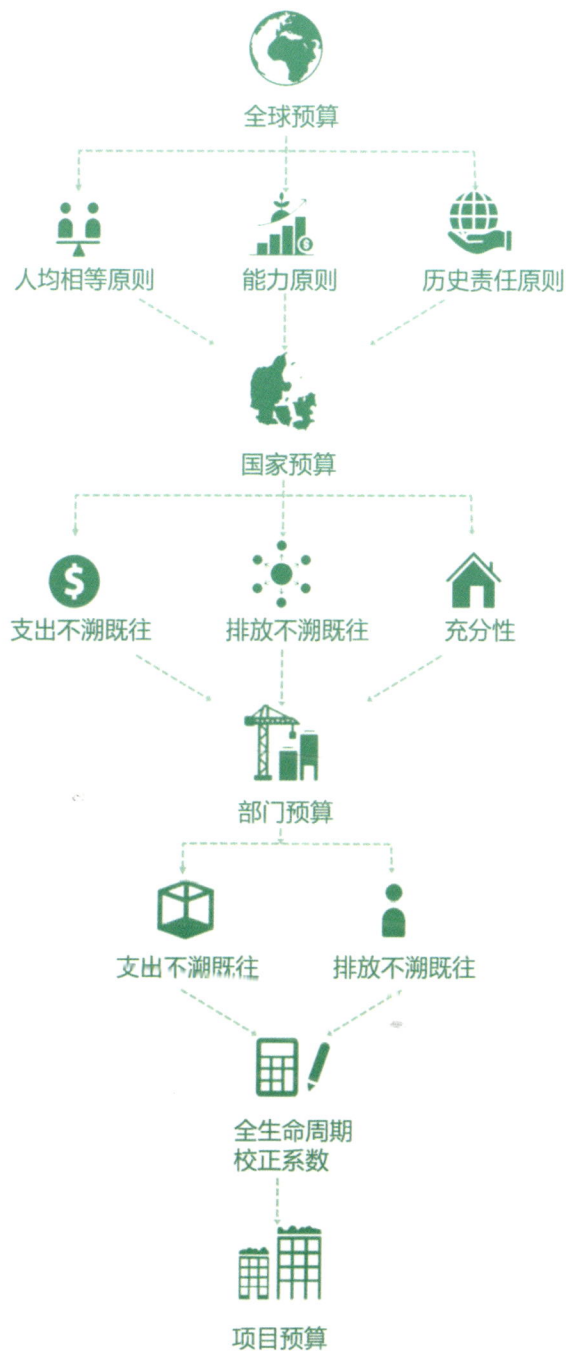

全球预算

人均相等原则　　能力原则　　历史责任原则

国家预算

支出不溯既往　　排放不溯既往　　充分性

部门预算

支出不溯既往　　排放不溯既往

全生命周期
校正系数

项目预算

丹麦实践：发展预算指标传导

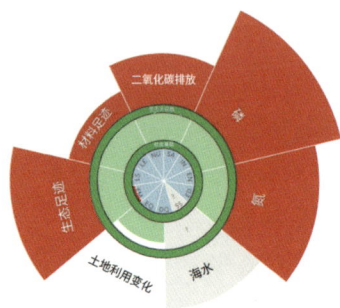
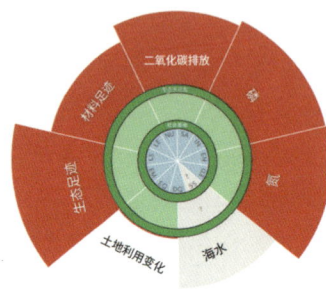
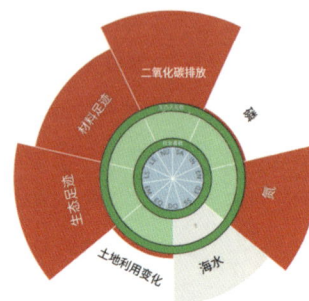

丹麦 1992 年　　　　丹麦 2004 年　　　　丹麦 2015 年

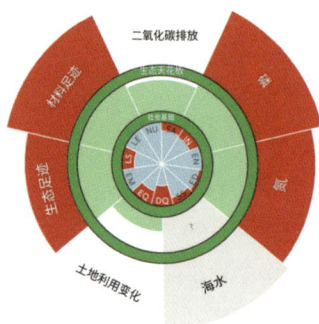
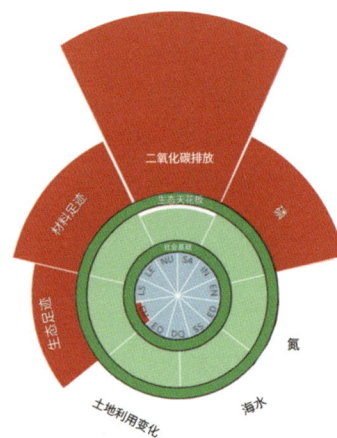

LS-生活满意度　　　LE-预期寿命　　　NU-营养　　　SA-卫生
LN-收入贫困　　　　EN-能源获取　　　ED-教育　　　SS-社会支持
DQ-民主质量　　　　EQ-平等　　　　EM-就业

LS-生活满意度　　　LE-预期寿命　　　NU-营养　　　SA-卫生
LN-收入贫困　　　　EN-能源获取　　　ED-教育　　　SS-社会支持
DQ-民主质量　　　　EQ-平等　　　　EM-就业

中国 2015 年　　　　　　　　天津 2015 年

1 | 1992、2004 和 2015 年丹麦甜甜圈
　 | 模型变化情况

2 | 2015 年中国和天津甜甜圈模型

3 | 津环未来应对的主要问题

1
—
2
—
3

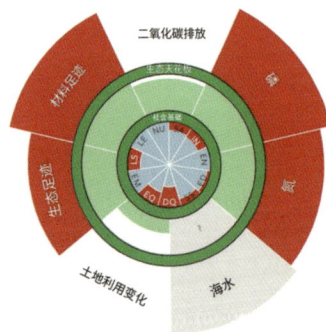
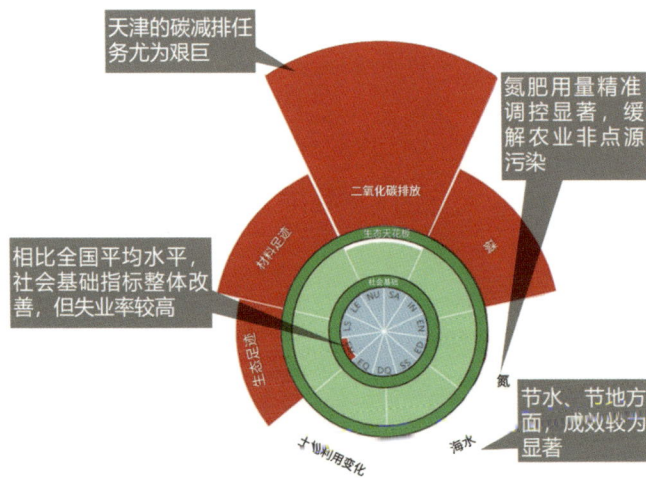

天津的碳减排任务尤为艰巨

氮肥用量精准调控显著，缓解农业非点源污染

相比全国平均水平，社会基础指标整体改善，但失业率较高

节水、节地方面，成效较为显著

中国 2015 年　　　　　　　　天津 2015 年

→ 7.2　生态公园建设与运营

城市公园作为城市生态系统的重要组成部分，是人与自然和谐共生的重要载体，更是促进社交、提升市民生活质量、营造宜居社区的关键。从社会对城市公园需求趋势显示，人们愈发重视生态健康，追求集休闲、教育、文化于一体的多功能空间。

津环圈层位于城市边缘区，大部分待建的公园绿地保存了较为完整的自然生态系统，包括林地、草地、河流、农田等，并形成了丰富的生物多样性。基于津环圈层的自然环境和社会资源特征，如何高质量推动公园建设、高品质管理和运营公园，满足人们对公园需求的升级，同时促进生态平衡和可持续发展，是当下急需解决的问题。本节通过品读经典书籍，借鉴国内外成功案例，共同探索城市公园建设与运营的路径。

7.2.1　经典理论择索

（1）公园规划的因地制宜与前瞻性

《美国城市的文明化》中，作者奥姆斯特德强调城市公园体系应成为城市有机结构的一部分，为市民创造健康、优美的环境。这要求城市公园建设不仅考虑当前需求，还要预见未来的城市发展，提前规划和布局。《设计结合自然》（*Design with Nature*）指出，公园设计应尊重自然，遵循自然规律，强调大尺度的生态性规划，确保公园与周边环境的和谐共生。现代理论菁作《城市公园设计》则提出城市公园应具有多样化的功能，如休闲娱乐、教育文化、生态保护等，以满足市民的多元化需求。

（2）公园可持续、多元化运营

《美国城市的文明化》提到通过立法保障公园用地，多渠道筹措建设资金。美国各州公园法明确规定了公园用地的购买、公园建设的组织方式与原则，因此美国的城市公园系统虽然比欧洲起步晚，但是发展要比欧洲快。美国城市通过发行公园债券、收税、收费等多种方式募集公园建设以及运营资金。"公园债券"使大部分投资者成为公园建设的受益者，并证明了公园这种市政基础设施的建设可以推动经济发展，达到环境效益与经济效益相统一。

《城市公园设计》提出公园设计成功的先决条件是坚持不懈，而设计的完整呈现的关键是连续性。这一连续性不仅体现在策划与立项、规划与设计，也包括运营与管理。在书中，作者艾伦·泰特（Alan Tate）以史为鉴，援引著名风景

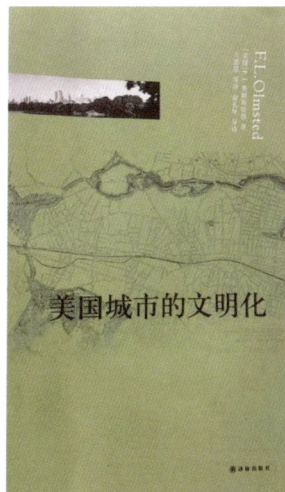

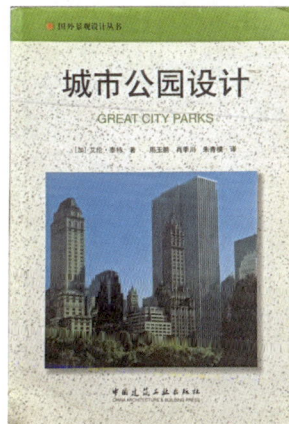

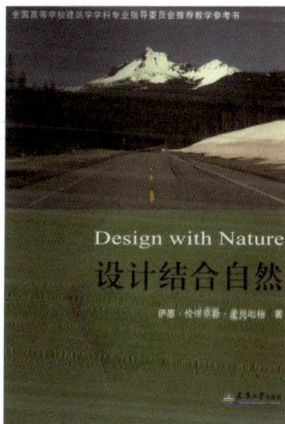

1 | 2
3 | 4

1　弗雷德里克·劳·奥姆斯特德

2　奥姆斯特德《美国城市的文明化》

3　艾伦·泰勒《城市公园设计》

4　伊恩·伦诺克斯·麦克哈格《设计结合自然》

纽约中央公园
The Central Park New York
富有远见格局的公园运营样本

园林师迈克尔·范·瓦尔肯伯格（Michael Van Valkenburgh）在2002年美国景观师年会上的发言："建公园实则不贵，长久运维才昂贵"，并强调"可持续运维是业主单位的终极挑战"。

由此可见，公园建设应强调前瞻性规划、因地制宜设计、功能多样配置。公园管理与运营应科学规范、鼓励公众参与，多元化发展、注重可持续性，并承载城市的文化和历史。

7.2.2 成功案例借鉴

针对津环圈层公园建设面临的问题和公园建设的创新模式，我们选取了几个具有代表性的案例进行分析。

（1）纽约中央公园——富有远见格局的公园运营样本

景观设计是一门"时间的艺术"，不同于建筑物在完工的那一刻起就开始迈入老化，景观设计师每种下一棵树，埋下一粒种子，都是百年大计。地景会随着春去秋来、时序递嬗，展现出变化万千的四季风貌。这种跨越了时间尺度、永远处于变动、未完成的特质，正是大自然带给人的魅力。这些都非一朝一夕能达到理想效果，这种远见与格局，相信值得许多局限于短期利益的决策者思考。

纽约中央公园是一个跨越时代尺度的伟大项目，其设计和建设考虑了长远的未来，公园的设计不仅适应了当时的需求，而且预见到了未来数代人的需求，设计强调灵活性和多功能性，能够随着城市的发展和市民需求的变化而适应。公园建设构建了人与自然生命共同体。公园设计注重对原有地形的利用、原有绿地及当地树种的保护，建设真正属于本土的公园。空间营造上不只是为人创造公共空间，

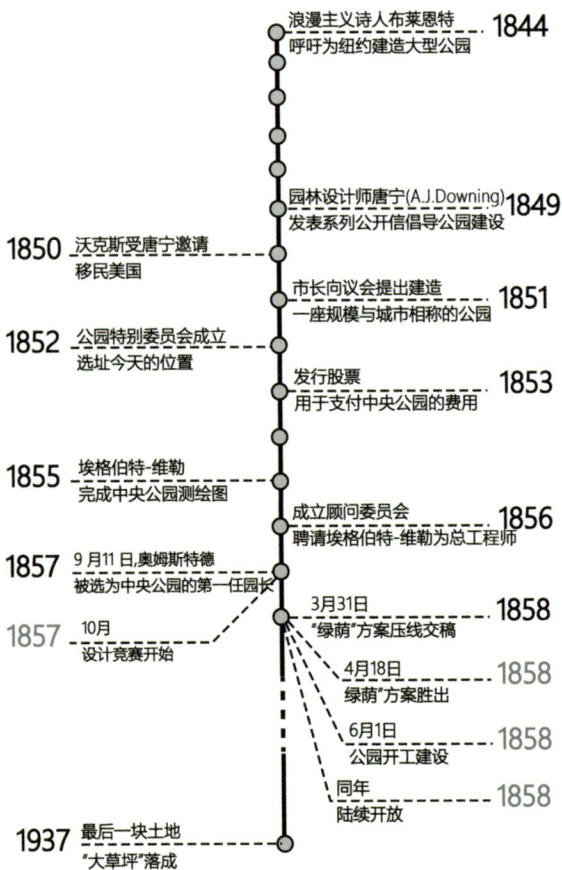

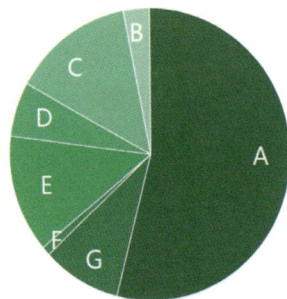

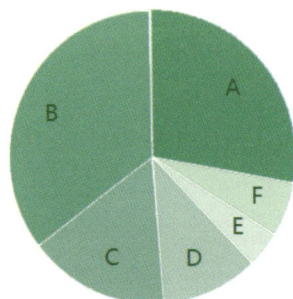

纽约中央公园时间轴

- 1844 浪漫主义诗人布莱恩特呼吁为纽约建造大型公园
- 1849 园林设计师唐宁（A.J.Downing）发表系列公开信倡导公园建设
- 1850 沃克斯受唐宁邀请移民美国
- 1851 市长向议会提出建造一座规模与城市相称的公园
- 1852 公园特别委员会成立选址今天的位置
- 1853 发行股票用于支付中央公园的费用
- 1855 埃格伯特-维勒完成中央公园测绘图
- 1856 成立顾问委员会聘请埃格伯特-维勒为总工程师
- 1857 9月11日，奥姆斯特德被选为中央公园的第一任园长
- 1857 10月 设计竞赛开始
- 1858 3月31日 "绿荫"方案压线交稿
- 1858 4月18日 绿荫"方案胜出
- 1858 6月1日 公园开工建设
- 1858 同年 陆续开放
- 1937 最后一块土地"大草坪"落成

1 | 2

营业收入：6840万美元
- A: 捐款及受限结余返还 54%
- B: 其他收入 3%
- C: 捐赠基金提款 14%
- D: 纽约市 资本收益 6%
- E: 纽约市 运营收益 13%
- F: 特殊活动 1%
- G: 会员 9%

营业支出：7020万美元
- A: 规划、设计、施工 28%
- B: 园艺、维修和运营 35%
- C: 管理及一般性支出 16%
- D: 筹款 11%
- E: 帮助其他公园 4%
- F: 游客体验 6%

1 纽约中央公园时间轴

2 中央公园2020年度营收与支出情况
  [图片来源：华高莱斯国际地产顾问（北京）有限公司]

还进一步考虑到为动植物物种的生存提供保障。

中央公园提供了大型公园运营的样本：中央公园归纽约市政府所有，由私人非营利性质的中央公园管理委员会与纽约市政府签约负责管理公园，该委员会由公益和慈善机构创立于 1980 年。在保障公园高效运营方面，中央公园管理委员会制定《中央公园管理计划：2020—2027 年》，用于明确公园的战略发展方向，解决公园面临的关键挑战，并为运营主体（保护协会）的财务稳定性制定计划。在公园运营费用来源方面，通过分析中央公园 2021—2023 年度的年报可以看到，中央公园保护协会的多元化收入来源包括个人捐赠、会员费、特殊活动、纽约市的资助、企业赞助、捐赠基金、商品销售，其中纽约市的资助占比在 20% 左右。这种公私合营的运营机制，有效地减少了政府对于公园的运营投入。

（2）日本《都市公园法》——Park-PFI 制度

日本在 2017 年出台了《都市公园法》修正案，正式推出了 Park-PFI（Private Finance Initiative，私人主动融资）制度。该制度的核心是引入私营主体参与公园运营，通过放开一定的商业设施建设限制，让企业能够从中盈利。作为交换，企业要通过对公园和周边设施进行修缮、开发、运营等方式按比例返还收益，用于提升公园品质和吸引力。对于企业，这一法案的吸引力在于长线经营和放宽建筑覆盖率。Park-PFI 并非日本首个将私营主体引入公园运营的制度，但相比过去的 PPP 等模式，Park-PFI 将企业对公园的管理周期从 10 年延长到了 20 年，这种长线经营意味着企业回收成本并盈利的可能性更大，能够激励企业进行更大力度的前期投入。更关键的是，法案对公园的建筑覆盖率做出了让步，从以前严格保证开敞空间的 2% 放宽到了最高 12%，这些新增的建筑可以用于建设商业、运动、休憩、游乐等营利性设施。

日本《都市公园法》
Park-PFI
Japan
引入私营主体参与公园运营

日本 Park-PFI 制度模式
［图片来源：华高莱斯国际地产顾问（北京）有限公司］

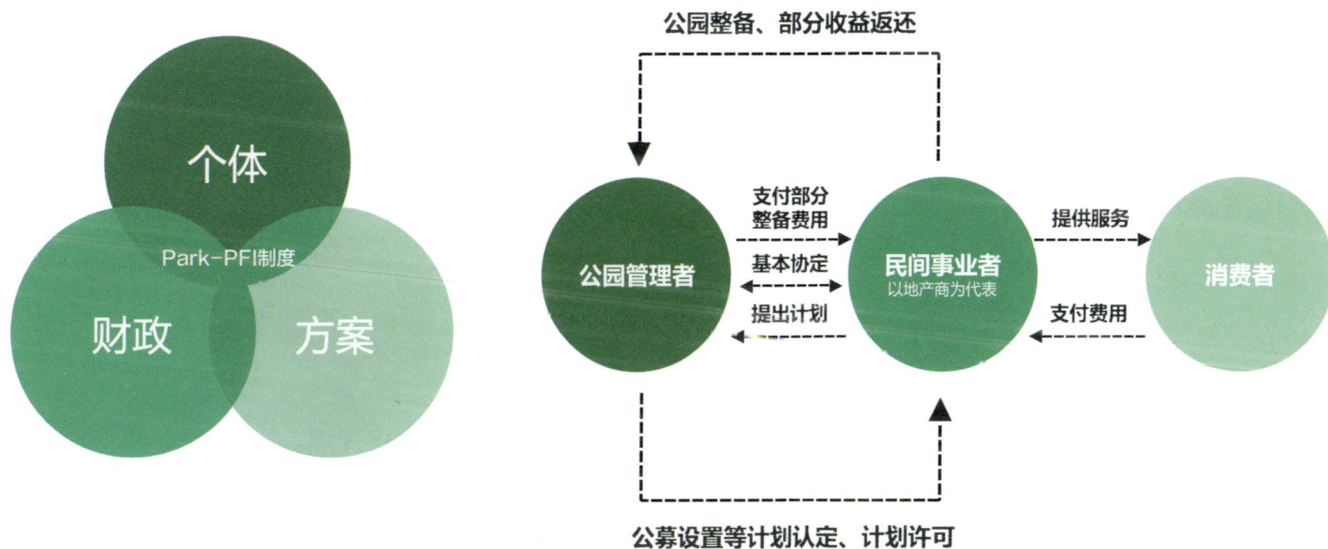

北京畈畈畈生态农场
FUNFARMFAM Beijing
高附加值的农用地运营

（3）北京畈畈畈生态农场——高附加值的农用地运营

畈畈畈生态农场位于北京顺义区首都机场南侧，距离市中心约 20 千米，农场占地面积约 11.3 公顷，是一座具有北欧丹麦文化风格的以自然教育为主题的都市农场，重点服务于半小时交通圈内的核心家庭。畈畈畈农场的建设与运营集中体现了对城市边缘区农用地高效利用的探索。

2008 年之前这里还是一片标准化农田。2008 年后，农场正式出租运营，运营团队开始在这里种植适合本地生长的、涵盖各个季节的果树和香料树。2020 年，运营团队开始思索农场的更新规划与运营，旨在使农场从一个郊区果园变成大都市的一部分。农场引入丹麦休闲农业模式及农场管理经验，将农业、食物、娱乐、自然、教育结合到一起，从果树种植到采摘园再到自然教育、亲子活动，实现了一、二、三产业联动发展。

在建设层面，注重如何在农林业用地上高效、循环利用资源，实现项目的低碳可持续发展。比如将樱桃树枝做成天花板，用树根、树枝建造无动力运动设施，同时融入海绵城市设计等。在运营层面，农场团队不仅负责经营农场，还推广自然教育，形成社群共同体，实现了从生产为主的传统农场向多种经营的自然教育载体转变。

$\frac{1}{2}$

1 北京畈畈畈生态农场营业收入比例

2 北京畈畈畈生态农场运营场景

7.2.3 总结

天津平原地区退海成陆的地理环境造成植物贫乏，树木生长困难，导致城市绿地不足。加快一环十一园建设是建设国际大都市的关键一环。结合天津市政府债务压力较大的现状，必须创新公园概念和建设运营思路，利用现有林地、湿地资源，打破传统公园标准规范和建设运营模式，促进生态、公园与人和谐共生。

津环圈层的公园，应充分尊重原生态自然环境特征，侧重于生态功能的强化，承载区域历史与文化，制定具有生长性、前瞻性的战略规划。

津环圈层的公园，应倡导人与自然的和谐共生，满足人们的多功能使用需求，同时强调生物多样性和应对极端气候的重要性，营造多层次、多样性、高韧性的生态空间。

津环圈层的公园，应建立创新可持续的运营机制，鼓励当地居民和社区团体参与到公园的规划、建设和管理中，探索 PPP 项目、社区基金、慈善捐赠等创新融资方式，以及与非营利组织、企业、高校的合作，共同推动公园建设与运营。

北京畈畈畈生态农场原材料改造与利用场景（组图）

➡ 7.3   好房子与良好社区营造

住房与社区是城市中量最大、面最广的建筑类型和城市肌理，与居民的生活最为密切。改革开放40余年来，随着住房和土地市场化改革，我国解决了14亿人的住房短缺问题，推动了城市社会和经济的发展，这是一个巨大的工程。但与此同时，传统居住区规划和现代主义大规模标准化建造，也是造成城市风貌雷同，城市肌理不协调、文化遗失的重要原因之一。房地产、地方政府债务等问题与住宅规划设计有关。住房和社区涉及众多利益相关者，牵一发而动全身。但住房和社区规划必须改革创新，这是各项改革创新的前提，可以使政策措施有的放矢。

随着我国城镇化的转型发展，城市建设已从粗放式的规模扩张进入精细化的提质增效阶段，人民对美好生活的向往加速显现，住房需求从"住有所居"向"住有宜居"转变。同时，社会家庭结构的变化也在悄然发生，人口政策调整带来的多胎家庭比例上升，独居人口比例的上升，老龄化进程的逐步加深以及"Z世代"崛起，成为未来居住需求的主力人群，住宅与社区空间需要满足不同群体当下的新需求：由基本的居住功能向寻求更具情绪价值和个性化、场景化的居住空间转变。

津城中心城区，老旧小区多，人口密度大。津环圈层土地资源丰富，是新建公园和居住社区的重点区域，是改善市中心老旧小区人口居住环境的首选承载地。此外，津环圈层内外聚集多个高新产业园区，这里也将成为创新人才和新天津人的栖居地。津环圈层应该建设什么样的好房子和社区？本节将通过品读书籍经典，借鉴国内外成功案例，共同探索好房子和社区的营造方向。

7.3.1   经典理论探索

回顾众多经典书籍，每本书籍都从独特的视角出发，共同构建了关于住宅和社区规划的多元化知识体系，为理解和设计住宅和社区提供了宝贵的理论依据。

住宅与社区经典理论书籍探索
（组图）

（1）社会变迁及居住需求的变化使住宅类型多样化

在 1932 年出版的《现代住宅》中，我们领略到了现代住宅建筑设计的精髓。作者凯瑟琳·鲍尔（Catherine Bauer）指出：造成住宅问题的关键是低标准建造。与其修复过去，不如保护未来。新建住宅和社区必须是高水准的。《中国现代城市住宅 1840—2000》则带领我们穿越历史的长河，见证了中国住宅形式随着时代的变迁而不断发展，揭示了社会变迁与住宅形式之间的紧密联系。书中分析总结了不同历史时期的住房形式和规划方法的不同特征，包括从中国传统合院住宅向现代住房的过渡，计划经济时期的多变历程，改革开放后的住房制度、市场经济下改革探索的成绩与不足。《住宅6000 年》则进一步拓宽了我们的视野，它讲述了从古代到现代，住宅如何成为人类文明的重要载体，如何反映了不同地域、不同文化背景下的生活方式和价值观。《十宅论》则从具体的住宅设计出发探讨了住宅与人的关系，它告诉我们，每个人的生活方式和需求都是独特的，因此住宅设计应该注重个性化和多样化。

（2）以人为本、多元、包容、共生的社区营造

当我们转向社区营造时，《良好社区规划》和《新社区与新城市》讲述了社区规划在塑造城市面貌、提升居民生活质量、促进社会和谐中的关键作用。两书均提倡以人为本的社区规划理念，注重居民的需求和意愿，追求多元文化的融合和共生。

（3）社区与住宅的弹性和创新

《柔性城市》和《惜失联宅》为我们提供了面对未来城市挑战的新思路，突出了城市在面对人口增长、环境压力加剧等挑战时的灵活性和适应性，都提倡在城市规划中融入更多的弹性和灵活性，以应对未来可能出现的不确定性和变化。更重要的是，《惜失联宅》针对全球普遍存在的中产阶级困境，即生活成本上升而生活质量下降的问题，为我们提供了一种新的住房模式，即中等密度住宅，它可以在保持城市活力的同时，增加多种套型联宅住房的供应，满足更多人的居住需求，增加邻里社会交往，与解决缺少的中间阶级或"消费中产阶层"这一社会现象相呼应。

好房子和社区营造是一个复杂而多维的过程，需要综合考虑人的需求、文化历史背景、环境可持续性等多方面因素。在未来的城市发展中，我们应该以人为本、注重住宅的多样性和灵活性，努力构建宜居、和谐、可持续的居住环境。

《惜失联宅》中描述的主要住房类型

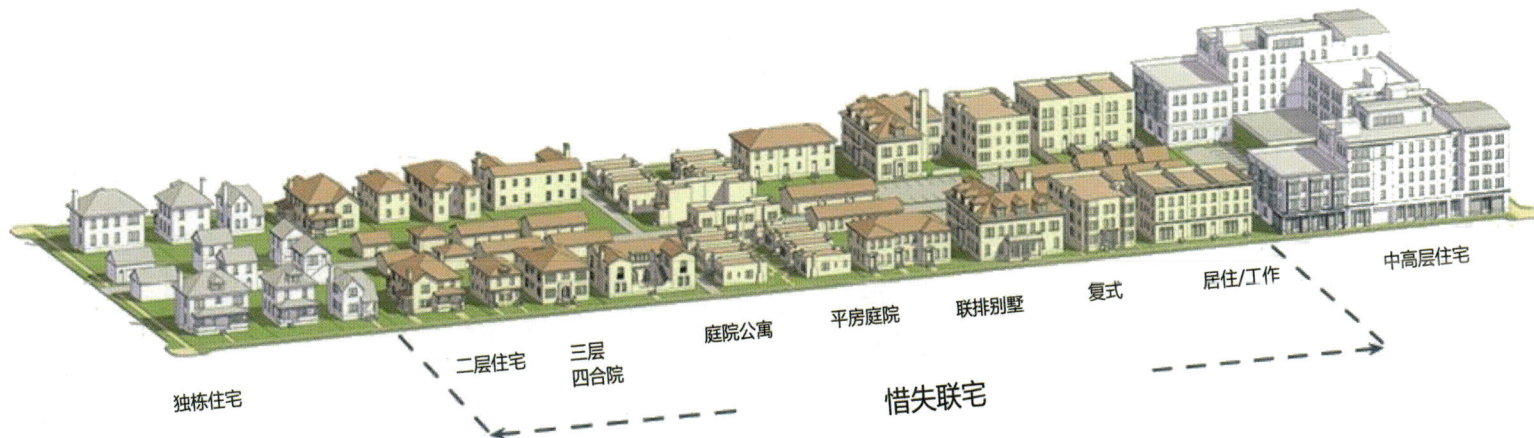

独栋住宅　二层住宅　三层四合院　庭院公寓　平房庭院　联排别墅　复式　居住/工作　中高层住宅

惜失联宅

成都麓湖
Luhu
Chengdu
从需求端出发，构建多样的住宅类型与多元生活方式

7.3.2 成功案例借鉴

（1）成都麓湖——从需求端出发，构建多样的住宅类型与多元的生活方式

麓湖生态城用十年造就建成一片交织错落的城市景观，提出了一生之城的愿景：希望这座城市的高端改善群体，在人们生命的每个阶段、每种生活状态下都可以在麓湖找到相匹配的生活居所，并不是一套房子住一辈子，而是建造麓客（麓湖业主）需要的、全周期精致居所。麓湖的项目初始设计目标，就是向客户提供高建筑性、高艺术性、更纯粹的好"房子"。更多元的产品形态，更丰富的生活场景，更具创新的产品设计，更洞察细微的功能满足是麓湖居住空间持续前进和努力的方向。

①多元的住宅类型。

麓湖采取 PUD（规划单元开发模式，Planned Unit Development）开发模式，这样的策略带来了更灵活的节奏，从而满足了诞生更多元产品的可能。城市的活力必须依赖人口的多样性来实现，因此麓湖从一开始就采用了"多元化产品线"的产品策略，让居住者有更多可能性的选择。从早期的"湖岸社交度假别墅——黑珍珠""水岸科幻太空舱——隐溪岸""公园里的香格里拉——沉香谷""湖心的水晶魔方——麒麟荟""湖岸的水晶体——水晶溪岸"，到轻奢系的"天玑幻影""汀院沚院"，再到近期的"雅集""玄鸟湾""鸿鹄岸""悦溪"等项目都是在完全不同的地块条件、客群定位下打造的不同产品。

②社区文化培育与多元的生活方式。

麓湖始终坚持"以人为本"的理念，充分考虑了居民的需求和感受，重视社区文化的培育，规划整合了众多的生活方式，也孕育出极为缤纷的生活美学。麓湖艺展中心、A4 美术馆、寻麓书馆、水上剧场、麓客岛、天府美食岛、麓坊中心、岛集……让麓湖正在成为一种真实、生动、可亲近的生活社区。

成都麓湖生态城航拍照片
（图片来源：万华集团　麓湖营销中心 |
摄影：存在建筑摄影 / 大脑壳文化 / 高东）

（2）丹麦共享社区——共建共享共治社区

共享社区的前身，要追溯到 20 世纪 60 年代丹麦兴起的联合居住（Co-housing）模式。当时丹麦的一群家庭认为现阶段房屋及社区制度无法满足照顾孩子的需求，于是首个现代共同住宅计划"Saettedammen"社区在 1967 年诞生。该计划组建了约 50 个家庭的理念社区，同时出现了协助职场妈妈或者单亲父母分担育儿工作的共住模式，随着高龄社会来临，共同看护也逐渐演变成为一种生活方式。

丹麦克劳斯·戴维森（Claus Davidsen）博士主持了这个共享社区项目，29 户家庭为一个共同的目标汇聚到一起，跳过开发商，共同选址，直接面对设计师与施工单位，建成一个共享家园。因为跳过了开发商环节，以及在很多方面住户自己动手，所以共享社区内每栋房子的价格要比周边商品房低 20%~30%，在经济上为正拼搏奋斗的年轻人减轻了不少负担；此外设计师直接面向住户，不管在私人空间还是公共区域，都能更好地满足不同家庭的需求。社区配置了公共厨房和活动中心，节假日大家可以一起做饭、聊天、举行活动，邻里和睦，其乐融融。

这一项目实现了全面自给自足的超级循环社区，绿色交通方式、海绵技术的应用、本地热源清洁化等方面，均达到了丹麦建筑最严格的能耗指标"2020 建筑能耗规定"，比丹麦传统住宅建筑供热成本降低 85%。

丹麦共享社区
Co-living Communities Danmark
戴维森博士主持的共享社区——共建共享共治社区

共享社区航拍照片

7.3.3　天津市新型居住社区城市设计导则

为了给天津这座城市的居住者提供"好房子"和"好社区"，2021 年 10 月，天津市出台《天津市新型居住社区城市设计导则（试行）》（以下简称《导则》）。《导则》提出了面向 2035 年的居住愿景，并在不同区位上的空间形态分布、住房类型多样化、集中建设社区中心、绿色基础设施建设四个方面进行了创新，用以指导新型社区规划与建设。津城一环十一园中的水西公园周边地区、解放南路周边地区、柳林公园周边地区、程林公园周边地区作为《导则》中的率先试行区域。

《导则》提出了 8 种主要的居委会社区类型和 8 种住宅类型，津环圈层社区类型以公园周边社区、多层为主的 TOD 社区为主，住宅类型以联排住宅、叠拼住宅和多层住宅为主。

7.3.4　总结

津环圈层的好房子关乎城市发展和城市文明，应提供多样住宅类型，有效疏解市中心老旧小区人口，满足广大中等收入家庭可负担的改善住房需求。结合国家相关政策及天津住房体系改革建议，建设配售型保障性住房——宜居房及商品房。发扬我国的传统住宅文化，结合自然和新生活方式，探索理想住宅套型，鼓励多主体建房和多样住宅类型，促进房地产转型和持续健康发展。

津环圈层的好社区，应建设全龄友好的公共服务设施，混合共享，步行可达，满足多元化人群的生活需求。有最好的、创新的义务教育，多样的养老设施。

津环圈层的好社区，应注重公共空间、文化培育，促进邻里交流，营造具有文化认同感的魅力空间。

津环圈层的好社区，应倡导绿色可持续发展，开展绿色基础设施建设，打造亲近自然的社区空间。

8 种居委会社区类型
[图片来源：《天津市新型居住社区城市设计导则（试行）》]

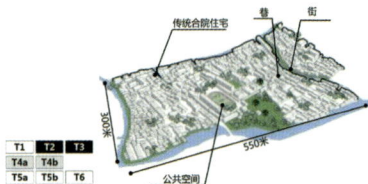

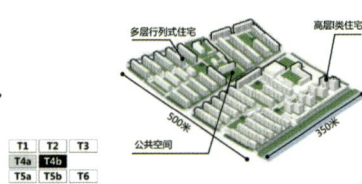

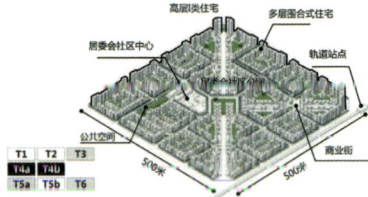

7.4 内生型经济培育

简·雅各布斯（Jane Jacobs）在《城市经济》中指出，人类的经济发展从来不是靠量的积累，而是靠创新。中小企业是创新和经济发展的主体。天津经济在改革开放后进入高速发展，但外来"植入"企业多，内生民营企业和中小企业少，造成经济缺乏活力。津环圈层应成为民营经济和中小企业发展的策源地、聚集区。

津环地区位于天津的腰部（中心城区与远郊区的过渡）地区，一方面处于城市核心区与外围远郊地区的接壤地带，有着天然便捷的交通条件和良好的土地储备；另一方面，却也因为行政管辖的割裂，在多年城市化进程中有多个片区成为"城市断裂带"——空有大量土地，没有产业导入，开发停滞。当房地产市场进入深度改革，城市外围的片区开发不能再依靠原有的政府投入基础设施建设，单纯的土地"招拍挂"模式出让，这些有着巨大潜力的城市腰部地带，要如何驱动发展？

内生型经济，通常是指一个国家或地区主要依靠自身的资源、技术和市场来推动经济增长和发展的经济模式。那么，对于有着重要战略意义的津环圈层，是否可以从内生型经济去寻找驱动力，定义新时期下的片区"资源""技术""市场"，来探索津环圈层的可持续发展呢？

7.4.1 经典理论探索

在读书群七年来的书单中，很多关于经济、规划的经典著作都从不同方面提出了片区内在活力的塑造理论或路径。主要集中在三个方面。

（1）制度多元协同

一个片区的活力首要取决于制度设计、土地的权属关系和流转方式，即一个片区谁来规划，谁来管理，谁来建设。尤其在城市核心的边缘区域，往往会遇到权属复杂的情况。在读书群的书单中，不少经典著作也在关注制度设计对于区域经济的影响。

《城乡中国》是一本深刻揭示了中国城乡关系的重量级著作。书中对我国城乡二元结构下土地制度的独特性与复杂性进行了深入探讨。书中指出，我国的国土被划分为城市与乡村两大板块，土地所有权实行国家所有与集体所有并存的制度。这一制度框架下，国有土地因其可流转性，成为推动城市化进程的重要力量。而非国有土地（主要是农村土地）长期以来未能获得平等的市场准入机会，导致资源配置效率低下，城乡差距拉大。

随着城市的扩张，"城""乡"在城市核心的边缘地带相向发展。往往一个片区，既有国有土地，又有农村土地，如何激发内在活力？书中提出，一方面通过"宅基地换房""留地安置"等政策工具，部分集体土地被引入合法交易框架，实现了从"地下"到"地上"的转变；另一方面，基层农村组织和地方法规的积极探索，使得集体土地顽强地争取"同地同权"，促进了城乡土地市场的统一。这一过程，不仅是对传统土地制度的挑战与突破，更是为内生型经济提供了有利条件。通过优化土地资源配置，激发农村内部活力，促进城乡经济互动与融合，为内生型经济的培育奠定了坚实基础。

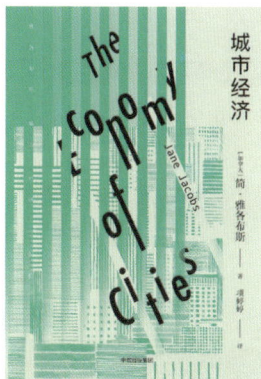

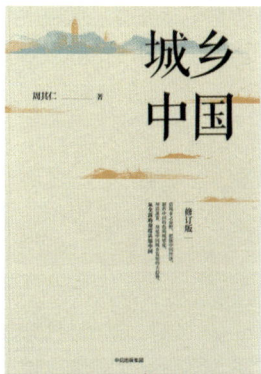

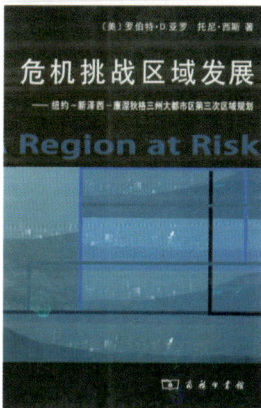

1
2
3

1　简·雅各布斯《城市经济》

2　周其仁《城乡中国》

3　罗伯特·D.亚罗 托尼·西斯《危机挑战区域发展》

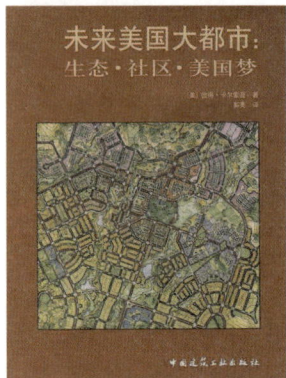

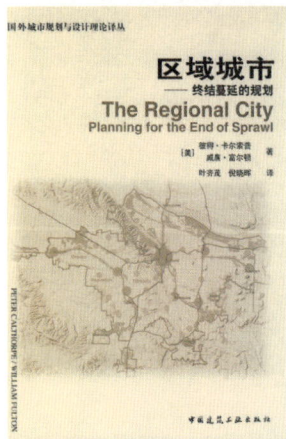

（2）郊区孕育创新产业

一个片区的活力，主要的显性指标是经济，是否具备自己的特色产业。而这个产业，在经济的快速增长期，有可能是被"安置式"导入，但是，更多的地方需要寻找到自己的产业。

《危机挑战区域发展》一书中介绍的第三次大纽约都市区的规划出台，正是美国走出 1989—1992 年经济危机、面临新机遇却陷入发展彷徨期，书中提出的"3E"（经济—Economy、环境—Environment、公正—Equity）理念和方法得到了规划界的广泛关注。关于经济，作者一方面提出片区要立足自身的资源，塑造关键产业，比如大纽约都市区的高端制造、媒体和通信、商贸服务业，这强调了通过政策去保护和发展这些关键产业对于区域经济的重要性。另一方面，也强调经济成分的多样性。为了提供足够多的就业机会和较高的收入水平，需要培育包括健康产业、高端服务业在内的多样化经济成分。

《发达国家郊区建设》一书通过案例研究的方式，深入介绍了多个发达国家的郊区建设情况和相关政策。以美国郊区为例，该书指出郊区不仅是居住的地方，也是工作、购物和休闲的地方。办公、零售、娱乐、仓储、生产的空间，都可以孕育自己的产业。以奥兰治县为例，该县从单一制造业转变为以商务和专业服务、旅游、医疗服务和建筑为主的服务性经济，实现了从"定位经济"向"城市化经济"的转变。

（3）空间创造多样连接

在制度、片区的产业培育之外，空间规划同样需要具有"经济思维"，利用好区域中的关键空间节点，有效塑造多元业态协同关系，以此持续激发区域活力。

《美国未来大都市》阐述了如何通过 TOD 模式促进经济的可持续发展和社区的繁荣。通过优化土地使用和交通规划来提升经济活力，通过混合用途开发、改善公共交通连接，来促进片区内在的商业活动和就业机会。

《区域城市》作为一本城市规划领域的专业书籍，探讨了区域城市的概念，以及如何通过规划和设计来终结城市蔓延，促进城市的可持续发展。其中，记述了美国多个大都市通过形体设计和社会经济政策向区域城市转变的过程。书中强调 TOD 模式的重要性，通过公共交通系统与土地利用的整合，以公共交通站点为中心进行高密度、混合用途的开发，减少对私家车的依赖，通过关键节点的空间设计，提高区域的内生经济活力。

7.4.2 成功案例借鉴

新加坡的榜鹅新镇位于新加坡东北部，拥有丰富的自然资源和滨水特色，打造了约 9 万套住宅以及相应的商业和社会设施，它的绿色低碳的规划、生态资源的利用以及靠自身内在资源驱动的发展模式，都为现代片区的自主驱动发展提供了示范效应。

榜鹅新镇的发展总体可分为两个阶段。2007 年在新加坡政府宣布"榜鹅 21+"开发计划之初，以"打造绿色生态环境、优质宜居市镇，吸引年轻家庭与喜欢亲近绿水蓝天的居民到这里生活与休闲"为主要目标，期望发展成为"21 世纪的海滨小镇"。随着地区配套设施的逐步完善，交通便利程度的极大

$\dfrac{1}{\dfrac{2}{3}}$

1 叶齐茂《发达国家郊区建设》

2 彼得·卡尔索普《未来美国大都市》

3 彼得·卡尔索普　威廉·富尔顿《区域城市》

提升，以及榜鹅在城市治理创新、城市智慧化方面的深入研究，尤其是智慧城市平台的开发，榜鹅的定位正式与"智慧"挂钩。新加坡政府于 2018 年正式宣布在榜鹅北部建设榜鹅数字园区。

在数码园的建设模式上，并非自上而下的顶层设计，而是试行"企业区"（Enterprise District）开发模式，开发商裕廊集团可根据需求灵活调整土地用途。这种空间"交换"的方式最大限度地激发了企业自主驱动的力量。而通过政府、企业和高校共同策划，实现产、学、研的有效互动，为片区提供了持续发展的活力。

在空间利用上，面向规划实施中未来发展和市场需求的不确定性，榜鹅新镇的规划通过预留弹性留白用地和高效混合用地，实现了转型发展，充分展现出新城的规划理念是如何随时代的发展而变化和创新的。

榜鹅新镇的另一大特色是榜鹅水道，这条人造水道不仅改善了当地的生态环境，还通过生态修复和科技应用，将原本水质较差的水渠转变为具有生态服务和休闲功能的滨水绿道。绿色社区、绿色建筑、绿色生态、绿色技术，不仅在榜鹅实现了绿色新镇，也助力了绿色产业本身在片区的生长活力。

新加坡榜鹅新镇
Punggol Singapore
绿色可持续的新城规划

新加坡榜鹅新镇不同发展阶段用地布局图
（图片来源：新加坡城市重建局）

新增生态水道及大学城规划，用地不断优化调整，是一座"技术驱动、可持续发展"的新城

以高密度居住用地功能为主，两级结构明显。
2003 规划

增加榜鹅水道建设，联通水系，建设"花园中的城市"；增加预留用地满足城市发展需求。
2008 规划

新加坡理工学院学术楼、宿舍楼等教育配套设施纳入规划。
2014 规划

规划新增产业园及科学研究区域，结合大学城校企联动发展。
2019 规划

7.4.3 总结

当片区发展的外部动力逐渐减弱的时候，寻找塑造自身的动力就显得越发重要。从很多经典理论中可见，规划一个片区，不仅仅是规划一个空间，还是制度、产业、空间三者融合的。城市的经济发展不能仅依赖外部招商引资，更需自己创业发展，培育出众多的企业和企业家，这是经济发展的根本。

首先是多元协同。将一个片区的利益相关者，通过权属的梳理，纳入片区协同网络。土地制度的改革，权属的流转，空间效率的释放，谁来规划，谁来管控，都需要在规划阶段预先设定。好的协同设定，可以激发片区的所有参与者，共同参与到片区的经济发展中。而这对位于城市腰部、权属复杂的津环圈层尤其如此。厘清城市边缘的国有用地和集体用地之间的关系，最大限度地将片区的多元参与主体纳入片区内生经济的网络，驱动片区发展。

其次，城市的腰部区域往往是孕育汇聚创新产业的重要片区。在片区发展之初，即设计鼓励利用片区自身资源的特色产业扶持政策，发展生长在片区的产业根基。针对津环圈层而言，拥有良好的生态本底、绿色经济就是最佳的产业方向。土地环境治理、生态资源保护、公园建设、公园运营，乃至生态产品的应用、健康生活方式的服务，都可以在城市最佳的生态空间中孕育。

第三，是空间对业态的规划，近期创造空间节点汇聚产业活力，远期适度留白匹配产业发展。通过交通、公共服务配套等关键节点的空间设计，鼓励混合业态多元发展，构建多业态混合的连接机会，是内生活力的重要构成。同时，适度地留白，给土地面向未来的弹性空间，让土地潜力最大化地适配经济的发展，也是内生型经济活力的重要支撑要素。

→ 7.5 社会治理新模式

城市边缘区通常是行政区划比较复杂、混乱的"三不管"地区，也正是这样的地区存在创新发展的可能。

正如书中对津环圈层行政管理机构的梳理，一个公园及周边地区往往涉及多个行政管理机构。一个公园究竟"谁规划""谁建设""谁运营""谁管理"？同样公园的周边地区，该如何与公园协同发展，这里的居民、产业人员、服务者、管理者，该以怎样的方式组织？这既是津环圈层面对的复杂挑战，也是津环圈层创造新时期下社会治理新模式的机遇所在。

7.5.1　经典理论探索

在五年读书群书单中，专门设立"社会治理"书目，力求从国内外国家及区域治理的理论和案例中，找到适合中国特色的治理模式。

（1）规划居住形态即预设社区生态

《居住的政治》一书揭示了居住形态对社会结构的深远影响。书中指出，居住形态不仅是物理空间的安排，更是社会关系的映射。房地产市场的繁荣催生了物业公司与业主委员会，它们与政府机构共同构成了社区管理的基本框架。在这个框架下，空间与产权成为权益划分的核心，直接影响着社区的生态和居民的权利意识。因此，规划居住形态，即预设了未来社区的管理生态模式。

（2）用规划的灵活性培育社会的多样性

《国家的视角》一书，通过对现代主义城市规划和过度集中管理的批判，提出了规划与文化的灵活性与地方多样性的重要性。书中提倡"小步走、鼓励可逆性、计划意外情况和人类创造力"，强调城市规划应当尊重地方差异和多样性，避免过度同质化，以适应不断变化的社会需求。这种理念为城市规划提供了新的思考角度，促使规划者更加注重规划的适应性和可持续性。

（3）社区营造是社会多元化参与的重要基点

《全民参与社区设计的时代》一书展现了社区营造在日本的兴起及其深远影响。社区营造运动最初源于对城市快速现代化进程中环境问题的关注，以及对历史文化遗产的保护。随着时间的推移，社区营造的内容扩展到了生活的各个方面，包括景观与环境品质的改善、历史建筑的保存、交通建设、健康福利的促进、生态保育、灾后复兴等。这一运动不仅促进了政府、市民、社会组织和学校的协作，还建立了市民主导的资金循环机制，利用网络平台吸引年轻人参与，体现了社区治理的创新方向和多元化参与的特点。

1 | 2 | 3

  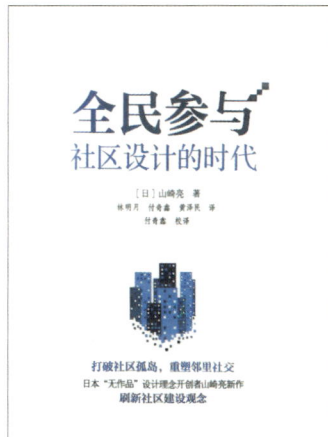

1　詹姆斯·C·斯科特《国家的视角》

2　郭于华　沈原　陈鹏《居住的政治》

3　山崎亮《全民参与社区设计的时代》

中新天津生态城
China-Singapore Tianjin Eco-City
政企协同的创新开发体制

（1）中新天津生态城——政企分开的创新开发体制

作为中国与新加坡两国政府间的重大合作项目，中新天津生态城从基础设施建设运营的体制机制创新入手，探索政企分开、市场化运作的区域基础设施投资、建设、运营和维护的新模式，为生态城打造中国首个绿色发展综合示范区奠定了基础。

在区域开发体制上，专设中新天津生态城管理委员会负责片区规划制定、方案审批。授权天津生态城投资开发有限公司作为生态城土地整理储备的主体以及基础设施和公共设施投资、建设、运营、维护的主体，享有相应的投资权、经营权和收益权，并将这些权利和义务写入政府规章，为生态城基础设施建设管理市场化运作提供了法律保障。在项目引入层面，结合不同阶段片区发展要求，选择完全土地出让或合作开发的形式，兼顾了片区的建设标准和开发节奏。

中新天津生态城管理与开发架构

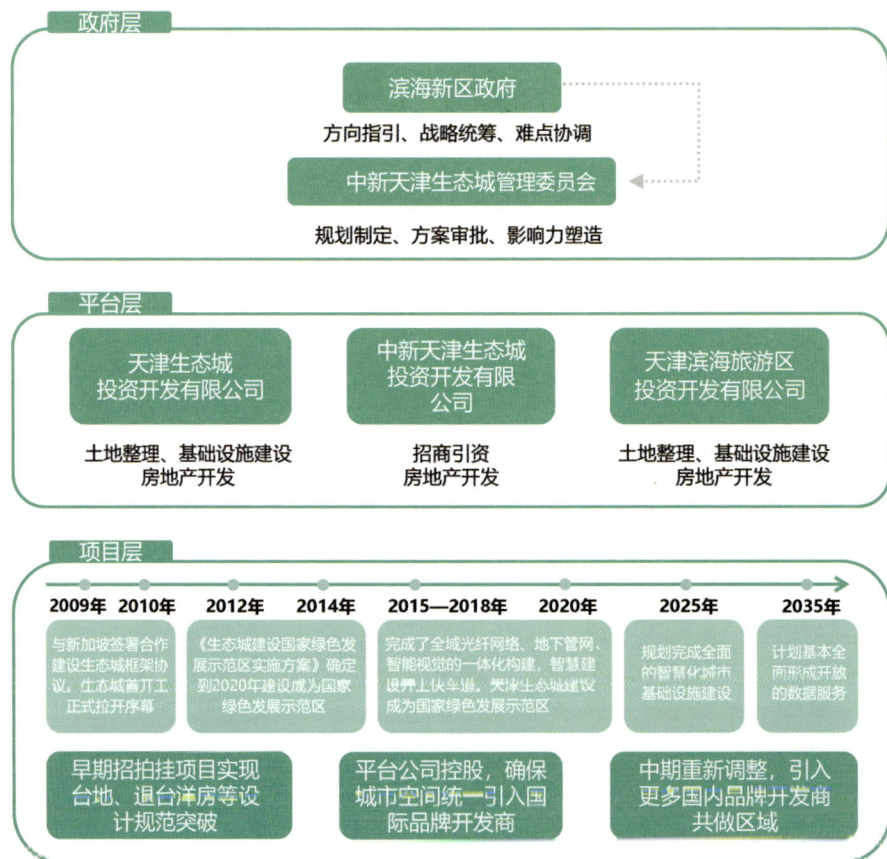

政府层

滨海新区政府

方向指引、战略统筹、难点协调

中新天津生态城管理委员会

规划制定、方案审批、影响力塑造

平台层

天津生态城投资开发有限公司	中新天津生态城投资开发有限公司	天津滨海旅游区投资开发有限公司
土地整理、基础设施建设房地产开发	招商引资房地产开发	土地整理、基础设施建设房地产开发

项目层

2009年 2010年	2012年	2014年	2015—2018年	2020年	2025年	2035年
与新加坡签署合作建设生态城框架协议，生态城首开工正式拉开序幕	《生态城建设国家绿色发展示范区实施方案》确定到2020年建设成为国家绿色发展示范区		完成了全域光纤网络、地下管网、智能视觉的一体化构建，智慧建设驶上快车道。实现生态城建设成为国家绿色发展示范区		规划完成全面的智慧化城市基础设施建设	计划基本全面形成开放的数据服务
早期招拍挂项目实现台地、退台洋房等设计规范突破		平台公司控股，确保城市空间统一引入国际品牌开发商		中期重新调整，引入更多国内品牌开发商共做区域		

（2）京津中关村科技城——政企合作、市场化运作

京津中关村科技城在总结中关村四十年产业园区发展经验的基础上，创新性地实践统筹开发模式，即发挥中关村品牌优势，采用政企合作、市场化运作的手段，通过建设空间载体、培养产业环境、组织产业落地、完善城市服务等方式，形成产业、聚集人口，建设"产城人景文"协同发展的科技城。

宝坻区与中关村管委会、中关村发展集团，共同建立了高层联席会、京津中关村科技城管理委员会、天津京津中关村科技城发展有限公司的"三层管理、三方议事"机制。高层联席会负责项目发展方向、战略统筹、重大事宜的协调。京津中关村科技城管理委员会主要进行日常的管理服务、总体规划和政策体系的制定、协调市区两级要素、资源、政策，以及为相关政府部门提供高效的政务服务，打造良好的营商环境。天津京津中关村科技城发展有限公司作为科技城统筹开发主体，按照市场化方式，统筹整个京津中关村科技城区域的项目规划、开发建设、产业组织与运营的相关工作，帮助企业代理政府相关的服务。

京津中关村科技城
Beijing-Tianjin
ZGC Tech Town
政企合作、市场化运作

京津中关村科技城管理与开发架构

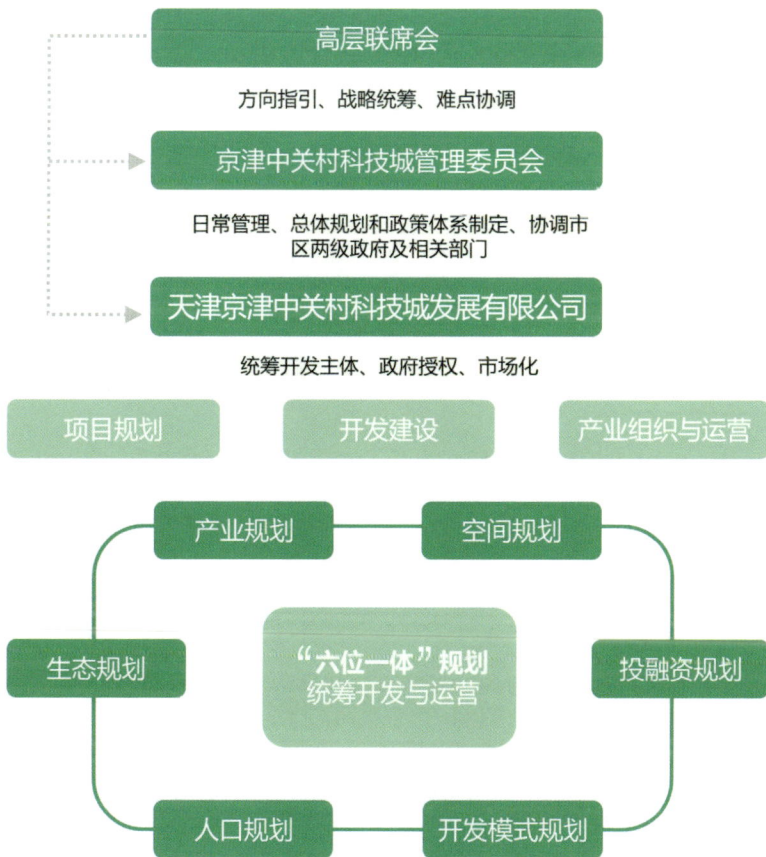

英国企业区
Enterprise Zones
UK
划定特定地理范围，授予特许经营权，鼓励民间资本参与开发

（3）英国企业区——划定特定地理范围，授予特许经营权，鼓励民间资本参与开发

20 世纪 70 年代中期以后，世界性的经济衰退使英国经济遭到极为沉重的打击，有些地区的经济急剧衰落。在这种情况下，1979 年撒切尔夫人为首的保守党政府上台，大力推行私有化和新自由主义成为主流经济政策，取代了二战后一贯采取的市场批判主义，成为城市更新的系列政策之一。保守党政府决定把这些地区开辟为企业区，以探索一条抑制衰退、振兴经济的有效途径。

企业区的核心思想是在城市衰败地区划定特定地理范围，在此区域内实行财政优惠政策并放松政府管制，以吸引企业投资，鼓励民间资本参与开发。企业区内的项目享受税收减免、简化规划审批等特殊政策。

区域管理方面，每个企业区都设有专门的管理机构，一般地方理事会或者开发公司。以道克兰地区为例，1981 年，伦敦道克兰城市开发区（Urban Development Area，UDA）成立。1981—1998 年，伦敦道克兰开发公司（London Docklands Development Corporation，LDDC）主导道克兰地区的城市复兴。政府授权 LDDC 以下主要权限：有权征用及强制性购买土地；接管城市开发区内的规划权；提供新的基础设施等。而除规划以外的其他公共服务功能包括住房、教育、卫生等仍由当地政府以及有关公共机构控制。1997 年 10 月，LDDC 将道克兰的管理权归还地方政府；1998 年 6 月，LDDC 机构解散，完成了其使命，使道克兰呈现出比昔日更加繁荣的景象。

英国企业区管理与开发架构

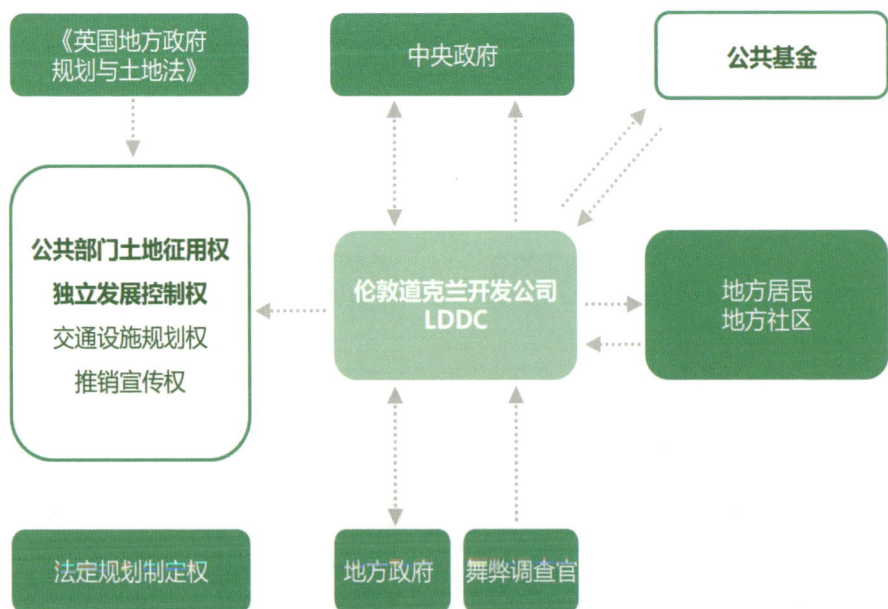

《英国地方政府规划与土地法》

中央政府

公共基金

公共部门土地征用权
独立发展控制权
交通设施规划权
推销宣传权

伦敦道克兰开发公司 LDDC

地方居民
地方社区

法定规划制定权

地方政府

舞弊调查官

（4）成都麓湖——政府引领下的多元参与

成都麓湖社区，作为新型开放式社区的代表，其社区治理模式展现了独特的创新与实践精神。以社区党建为引领，积极推行"三重四自五邻"（三重：理念重塑、社区重构、组织重建；四自：自组织、自管理、自服务、自监督；五邻：邻里空间、力量、活动、关系、文化）工作法，有效促进了社区发展治理的现代化和高效化，打破了传统社区服务管理边界，形成了具有共同社区精神和价值追求的"无边界"社区。

社区成立了全国第二家由企业捐资发起的麓湖社区发展基金会，筹集资金参与公共区域运营管理，推动了社区自我完善、合作链接、协同发展。建立麓湖基金会治理结构——孵化搭建麓湖公区的公益性管理体系，改变原有的社群建设理念，主动放弃自上而下的召集、组织、管理的角色，采取自下而上的助推、赋能，完成社会动员、奠定良好的群众基础。

（5）阿那亚社区——文旅融合，社区自治

阿那亚社区位于河北省秦皇岛市北戴河新区，从一个烂尾盘到被反复学习效仿的"神盘"，以其独特的文旅融合战略，打造了集文化、休闲、居住于一体的旅游社区，体现了"始于度假，终于社区"的理念。其最独特的创新之处在于将"社群文化"贯穿项目开发始终。

首先在规划理念上，不同组团设计邻里中心、社区食堂，在规划层面即预设未来居民的互动场景，即使是度假型项目，也通过设计创造多元的社交空间。

其次，促进业主自治与社群运营的紧密结合。以兴趣为中心组织各种社群，开展社群文化活动，如"家史计划"，用兴趣、情感去联接居民，逐渐形成了社区自治系统。通过公约制定、业主委员会设立、资源整合平台建设等措施，增强了社区成员的归属感，促进了社区的可持续发展。

社群营造，让社区更有活力

社群 1.0：以"一起玩"为主，强调公益和有趣，用活动创造社交机会。社群 2.0：从吃喝玩乐转向共同进步，开放业主社会资源，推动"长期链接"，提升社交价值感。社群 3.0：破界协作，共同参与，让社群与社群、业主与业主进行多方位接触。

熟人社会、社区共治计划

麓湖推出社区共治计划，调动居民参与，重建社区规则和秩序，重构社区公共精神，解决社区问题，最终实现社区"良序管理"及可持续发展的命题。实现"家园共建"。

麓湖社区发展基金会

成都市麓湖社区发展基金会于 2019 年 10 月 17 日正式成立。基金会以"推动社区自我管理与服务，促进社区公共管理和活力，塑造社区公民精神，创造社区共同体"为使命，推动实现社区永续发展的美好愿景。

以文化艺术，驱动美感人生

阿那亚认为文化艺术是面向未来的生活解决方案，正在向文化艺术品牌不断进化。目前已经拥有成熟的自有 IP 体系，持续影响着阿那亚的生活方式和品牌能量，构建起强大的文化艺术和商业品牌资源库。

服务是阿那亚的未来

服务是阿那亚的起点，也是阿那亚的未来。全维运营体系，包含商业运营、酒店运营、民宿运营、物业运营四大模块，是以客户为中心展开的服务体系，是品牌、用户、商业合作伙伴共同结成的情感与利益的共同体。

重建人与人之间的亲密关系

社群是阿那亚品牌的重要关键词，作为一个生活方式品牌，阿那亚不仅关注人的物质需求，更关注精神需求，熟人社会在这里被重新建立，邻居们相互认同、互动和分享，共同融入阿那亚的情感共同体。

成都麓湖
Luhu
Chengdu
政府引领下的多元参与

阿那亚社区
Aranya
Community
文旅融合，社区自治

1
—
2

1　成都麓湖生态城社区共治经验

2　秦皇岛阿那亚度假村社群运营经验

7.5.3 小结

无论是在经典择取中还是在不同国家案例中的治理方式，抑或在中新生态城、阿那亚这些生动的实践案例中，我们都深刻感受到一个片区的发展与其创新的治理模式紧密关联。其中，"政府力、企业力、社会力"缺一不可。这三种力量，既需要良好的顶层设计去形成合力，同时需要具体的空间规划去引领落位。目前，我国城市规划中，完全由政府主导国有企业市场化运作成片开发，市场化房地产企业通过"招拍挂"方式进行土地开发，相对被动，市场力不足。而社会力基本上是缺失的状态。在新形势下，要进一步发挥真正的市场力，特别是要大力发展社会力，发挥社会资本作用。

（1）政府力——顶层设计，规划引领

既然津环圈层中一个公园地区要面对不同管理单位，造成割裂的问题，那么就需要从顶层设计统一管理思路。探索"一园一策"的顶层机制，明确管理半径、权属关系，要加强街道的力量，发挥街道的作用。通过改革试点，尝试成立"街道管委会"，采用规划权、土地权及社会经济管理权部分下放的模式发挥基层政府的作用和积极性。

（2）企业力——平台支撑，激发多元活力

正如多个实践案例走出的路径，通过特许经营的模式，进行一个片区的基础设施建设，需要实力平台企业来担纲。而区域活力则需要多元经济要素支撑。因此，津环圈层的基础搭台需要平台企业作为保障，同时也需要平台企业作为政府和民间经济的链接的纽带，激发多元经济的活力。

（3）社会力——社会治理的基点

社区治理是社会治理的基本单元。因此，最大限度地激发社区自治的力量是创新社会治理的发展方向。津环圈层是城市核心与远郊区域的纽带，客群多元复杂，更需要通过管理机制和开发模式改革创新及社群运营来构建自下而上的社区自治体系，通过激发居民的主动性和创造性，来提高社区内部的活力，实现公共空间的有效利用和社会资源的优化配置。

⊙ 7.6 津环的范式革命

借鉴核心城市规划理论，梳理经典著作、国内外成功经验以及相关政策支撑，本章按照复杂巨变有限求解的方法，突出重点，以目标和问题为导向，通过理论探索和实践案例的经验总结，围绕公园建设与运营、好房子与社区营造、内生经济培育、社会治理四个方面，共同搭建津环的范式革命和创新理论骨架，在下一步的实践中应用和进一步完善，以期形成具有天津新时期特点的城市边缘区和"腰部圈层"的规划思想，形成共识。

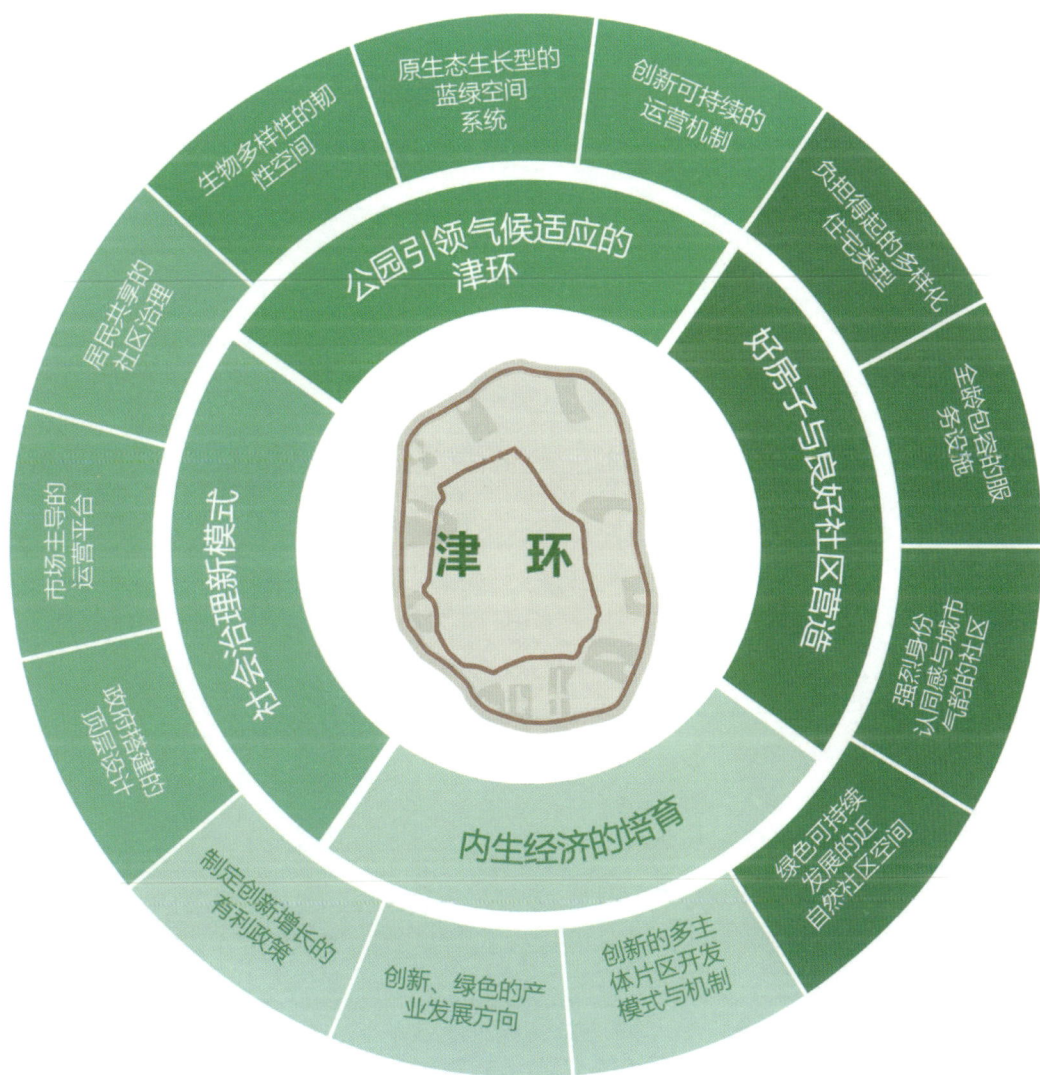

津环发展策略框架

南淀公园片区隶属于东丽区，位于新老外环线的交汇处，紧邻天津滨海国际机场和空港经济区，周边以高等级道路为主，片区内农用地占比较高，城市边缘区的自然环境特征显著，整体处于待开发状态。历史上的南淀是一片天然洼地，伴随天津城镇化发展，本片区逐步承担了能源供应、村集体产业发展的使命。2005 年南淀公园片区被确定为天津市五大风景区之一，"十二五"期间被确定为天津八大城市公园之一。2012 年该片区开展了天津市南淀城市公园周边地区城市设计及公园方案设计征集，后纳入天津一环十一园地区的总体规划。从 2012 年至今，历经十余年，受经济和社会环境等多种因素的影响，南淀公园片区仍未实现当初制定的美好愿景，整个片区基本上没有变化，成为一环十一园地区唯一一处尚未编制控制性详细规划的区域。

南淀公园片区生态基地良好、土地权属多样且具有自驱力，是难得的完整空白区域，有条件成为新时代背景下践行前沿规划理念，探索一环十一园地区新型社区发展模式、公园建设模式的创新范式实验地，同时也对城市设计提出了新的挑战。本章基于第七章对津环提出的生态公园、好房子与好社区、内生经济培育、社会治理四方面的创新发展理论框架，结合南淀公园片区发展特征，设计整体蓝图，形成一环十一园地区城市设计的创新范式。

南淀公园片区城市设计方案对接上位规划，践行低碳发展理念，充分结合原生态、多主体、能源与环保基因等特征，制定了空间上和时间上的精明增长模型。通过践行新型居住社区理念、盘活工业存量资产、尝试划小地块多主体供给模式、鼓励集体土地入市、探索农用地高效利用等方式，共同展望片区三生融合、零碳共生的美好愿景。

天津市南淀公园及周边地区城市空间意向图

第 8 章

自然林地公园零碳小镇众建新范式
——以南淀公园及周边地区规划为例
A Crowdsourced Paradigm for Zero-Carbon Township Development in Woodland Parks —A Case Study of Nandian Park and Surrounding Areas

➡ 8.1 区位、历史沿革和现状特征

8.1.1 项目区位

南淀公园及周边地区位于津城东北部新老外环交汇处，隶属东丽区，临近天津滨海国际机场、空港经济区。规划四至范围：东至外环线东北部调整线，南至京津塘高速，西至规划津围快速路，北至北环铁路，规划总用地面积约 8.5 平方千米。南淀公园片区是一环十一园地区唯一一处控规未覆盖的区域，道路、市政等基础设施建设较薄弱，区域认知度较低，整体处于待开发状态。

8.1.2 历史沿革

历史上的南淀是一片天然的洼地，东西长 3.2 千米，南北宽 1.6 千米，面积约 6.9 平方千米，地面标高 2.0 米，因位于金钟河南，故名南淀。1953 年，开始人工蓄水，片区内自然生长芦苇。1976 年的唐山大地震波及天津，20 世纪 80 年代天津震后重建，第二煤气厂选址南淀公园片区，成为天津市"三年煤气化"的重要节点，推动城市能源结构迭代。2000 年以后，片区内村镇工业逐渐发展起来，成为村集体主要经济来源之一。2006 年，因筹备北京奥运会，开展环境建设和整治工程，同时天津市能源结构战略调整，第二煤气厂关停。2017 年，随着环保督察、"散乱污"整治，村镇工业园企业腾退，闲置至今。2021 年，作为国内规模领先的半地下污水处理厂之一的天津东郊污水处理厂及再生水厂投入使用，对治理水污染、保护当地流域水质和生态平衡具有重要的作用。

时至今日，南淀公园片区仍以大面积的农林用地及水域为主，林水相依，保持着原生态的蓝绿格局。同时，它也见证了天津市能源迭代与环保实践的发展历程。

8.1.3 现状特征

片区现状土地利用以农林用地和水域为主，占比约 67%。建设用地主要集中在片区的西部和北部，包含工业用地、交通场站用地、铁路建设用地、公用设施用地等。片区土地权属复杂，约 80% 为金钟街和华明街的集体建设用地，约 20% 为国有建设用地。集体建设用地主要被赵沽里村工业厂区和四通驾校使用，国有建设用地包括第二煤气厂、市环保投资公司整理地块、北京铁路局货场和东郊污水处理厂及再生水厂。

片区内部交通路网不成体系，道路路面较窄，交通组织薄弱，与外围道路衔接性较差。目前片区主要依托跃进路等现状路连接外环东路实现对外交通。片区生态环境优越，林水交融。月牙河、西减河斜向贯穿基地，水质良好，片区西北部有成片的鱼塘，东南部为大片林地，内有多条灌溉水渠，生态肌理良好。

受目前市场环境、区域发展等多重因素影响，南淀公园片区土地整理难度大，成本高。但值得一提的是片区内第二煤气厂、市环投公司、金钟街赵沽里村作为主要的建设用地主体，结合自身资源优势，发展意愿较强，内在驱动力明显，也成为探索创新发展模式的重要一环。

8.1.4 规划历程

在 2005 版天津市总体规划中，规划确定了在外环线周围布局侯台、梅江、柳林、南淀和银河等 5 处城市公园，兼具生态保护与景观营造双重功能。

"十二五"期间（2011—2015 年）天津市为大力推进基础设施及开发建设，构建城市绿化网络体系，弥补中部圈层绿地不足的需要，确定了刘园、北仓、南淀、程林、柳林、梅江、侯台、植物园等八大城市公园，南淀作为天津中心城区北部地区的发展引擎，开始了多轮方案征集与规划。

2012 年，南淀公园片区进行了天津市南淀城市公园周边地区城市设计及公园方案设计征集，筑土国际都市设计顾问公司（现天津市筑土建筑设计有限公司）与德国戴水道设计公司联合体获得第一名。征集方案规划定位为南淀新城·休闲绿湾，期望打造城市与公园系统相融共生的典范，构建中心城区北部集人居、生态、休闲于一体的城市公园共同体。规划方案强化了水环境的改造，对现状河道进行了调整，沿公园北侧形成人工湿地与水系，营造南淀湾区，提升公园品质。征集方案规划南淀公园面积约 423 公顷，公园周边建设用约 426 公顷，城园用地比

1
—
2

1 南淀公园及周边地区区位图

2 场地航拍照片（第二煤气厂）

$\dfrac{1}{2}$

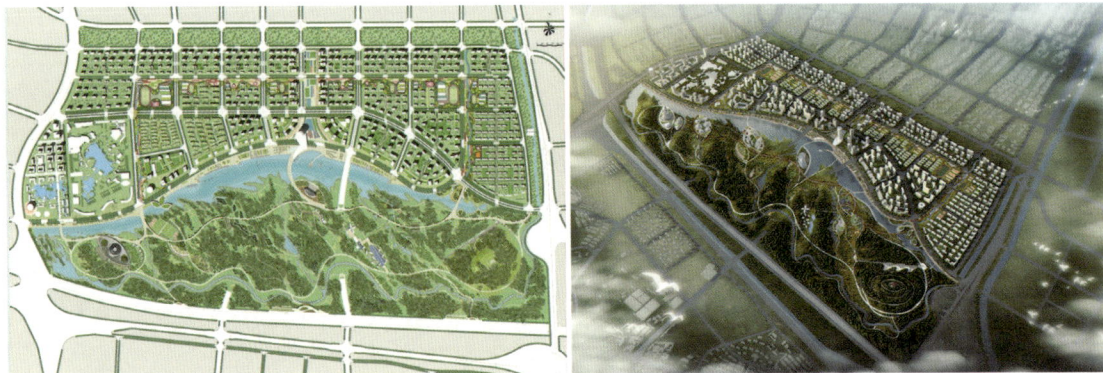

1　2012 年天津市南淀城市公园周边地区城市设计及公园方案设计征集方案总平面图及鸟瞰图

2　2014—2015 年南淀公园周边地区城市设计方案总平面图及鸟瞰图

约 1∶1。规划整体开发强度以中高强度为主，规划总建筑面积约 410 万平方米，公建与居住的建筑面积比约 1∶2。

2012—2015 年期间，筑土国际都市设计顾问公司开展南淀公园周边地区城市设计方案深化的工作。在征集阶段规划定位的基础上，深化方案进一步融入理想社区、宜老社区、公园社区等规划理念与模块研究，旨在为建设生态宜居城市，提升城市载体功能，带动周边地区发展等提供关键支撑。在整体空间布局与建设规模上，方案充分结合当时的土地整理成本与市场调控需求，缩减了南淀公园的面积，增加了公园周边地区的建设用地。规划南淀公园面积约 313 公顷，公园周边建设用地约 504 公顷，城园用地比约 6∶4。同时整体开发强度进一步提高，居住建筑面积增加，规划总建筑面积约 500 万平方米，公建与居住的建筑面积比约 1∶3。待深化方案获批后，南淀公园被纳入天津市永久性保护生态区域，红线用地面积约 246 公顷。

在 2020 年的《天津市外环城市公园及周边地区城市设计草案》中，南淀片区规划定位为绿色生态、产城融合、环境优美的康养主题公园社区。2021 年天津市规划委员会审议通过"植物园链"专项规划，以外环绿道为纽带串联打造"一环十一园"。

审视南淀公园片区的规划历程，虽然规划理念和定位历经多次更新与提升，但现实中该片区的建设与发展进度却尤为迟缓。除东郊污水处理厂建设并投入运营外，该区域鲜有显著的变革与发展。分析南淀公园片区城市设计方案的演变过程，我们不难发现，在传统的土地开发模式下，经济测算的权衡导致了一个鲜明的趋势：规划的公园用地逐渐缩减，可开发用地相应增加，同时容积率也在持续走高。然而，这种发展模式所带来的住宅产品、空间环境等方面的变化，与当前的城市发展方向及人民对美好生活的需求产生了明显的不匹配。因此，我们需要重新审视和规划南淀公园片区的未来发展，以确保其能够更好地满足市民的居住需求，同时保持生态平衡和可持续发展。

8.1.5 规划再起航

2022 年，为贯彻落实天津市十项行动中关于制造业高质量发展、中心城区更新提升、绿色低碳发展、高品质生活创造行动等相关工作要求，积极推动一环十一园"植物园链"建设，促进津城生态宜居片区高质量发展，再一次启动了南淀公园及周边地区城市设计的编制工作。

南淀公园片区具有生态本底优越、土地权属多样、多元主体驱动、基础设施尚未建设、控规未覆盖等基地特征，使得它有条件且有机会成为新时代背景下践行前沿规划理念，探索津环新型社区发展模式、公园建设模式的创新范式实验地。

➲ 8.2 城市设计的主要内容

8.2.1 规划愿景

规划以人与自然和谐共生、包容宜居社区营造、创新产业发展、精明增长渐进开发为指导思想，借鉴国内外先进城市发展经验，提出了创建具有"国际水准、国内领先"的三生融合、零碳共生小镇的总体定位。

8.2.2 规划结构与整体空间形态

规划在充分尊重现状河道与林地肌理的基础上，划定南淀公园范围，搭建城市道路与开放空间骨架，通过合理的功能布局和特色场景营造，塑造中等开发强度、疏密有致、舒缓多样的空间形态，构建"一园、三区、六里"的规划结构。一园

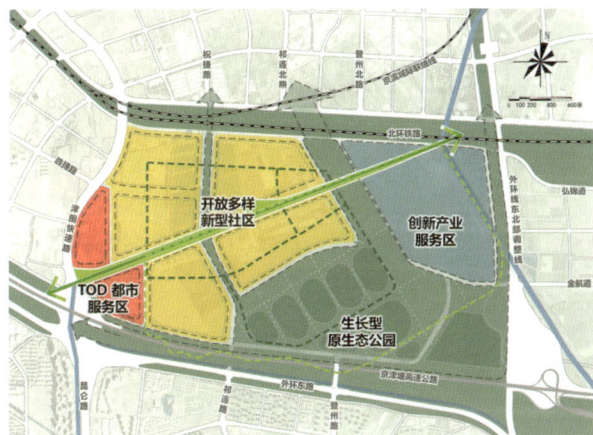

1
2
3

1　2024 年城市设计鸟瞰图

2　城市设计总平面图

3　城市设计规划结构图

为南淀生长型原生态公园，三区为 TOD 都市服务区、包容宜居新型社区、创新产业服务区，六里为六个和谐共生的居委会社区。

8.2.3　规划发展策略

依托总体定位，城市设计方案聚焦生态、交通、社区、配套、产业、低碳六个方面，探索南淀公园片区空间发展新范式。

策略一：原生态的蓝绿格局

规划尊重现状河、林、田等生态基底，凸显区域景观文化特色，打造以生态修复、林地养护、农业体验功能为主的原生态生长型林地公园。协同区域生态绿色格局，打通南北向城市生态主脉，营造月西河与西减河滨水活力空间，强化生态与活力的渗透，构建完整的蓝绿生态网络。

南淀原生态林地公园：对接上位规划，结合土地权属及现状土地利用特征，考虑附近滨海国际机场飞机噪声影响等因素，科学划定南淀公园范围。规划强调城市森林对都市生态环境的作用，最大化保留现状林地及水系的肌理，打破传统的依附政府主导建设、大量农用地征转的人工公园的建设模式，探索一种在农林用地不征转或少征转的情况下，可生长、可演变、灵活运营的公园建设新模式，旨在为居民提供一个与自然和谐共生的可持续发展的绿色休闲空间。

兼具生态与活力的河道岸线：依托现月西河、西减河、外环河良好的水网格局与水体资源，营造生态多元的活力水轴，同时通过指状绿色廊道建立与南淀公园的生态连通。通过减缓河道坡度，扩

1 | 2

1　月西河生态岸线效果图

2　慢行通园绿廊效果图

大河道截面，种植水生植物，丰富河岸绿植景观，营造生态多样的滨水栖息环境。同时通过对滨水建筑与岸线空间的一体化设计，适当布置亲水平台、木栈道以及步行道、自行车骑行道等慢行空间，为居民提供活力多样的滨水空间。

策略二：快达慢享的绿色交通

规划提出建立绿色低碳的交通体系，倡导公交主导、慢行优先，引导居民采用绿色交通出行方式，公共交通使用清洁能源，采取智能化管理。建设慢行专用路，增强慢行系统连续性，提高舒适性，营造高品质绿色出行体验等规划策略。

道路交通：道路布局充分考虑原生本地与现状权属界线，保证近远期的合理开发。结合上位规划，规划构建"一横、三纵"的交通性主干路网骨架。结合用地布局，规划次支路网，形成"窄路密网"路网体系。规划对部分支路进行弹性控制，可转化为允许公共通行社区道路或慢行专用道。提倡道路红线与建筑退线一体化设计。

公共交通：规划构建轨道+公交快线+社区公交的公共交通体系，提倡步行和自行车为主的慢行交通，引导居民采用"长距离公共交通+非机动车""短距离慢行交通"结合的绿色交通出行方式，鼓励通过无人驾驶、个人出行器等新型交通方式的路权保证，解决公共交通的"最后一公里"问题，降低私家车使用频率。地铁10号线、Z2线延长线穿过南淀片区，共设置3处站点，规划2条公交主线，2条公交支线，连接轨道站点、公共服务中心、居委会社区中心，公共交通站点300米覆盖率100%，片区绿色出行比例不低于80%。

慢行交通：规划倡导慢行优先，以行人与自行车为优先出行对象的慢行系统，建设慢行专用路，增强慢行系统连续性和舒适性，打造高品质绿色出行体验。规划以轨道站点为慢行交通组织节点，通过滨河开放空间、慢行绿道、公园及生态绿廊，打造片区特色慢行环线，满足通勤、休闲、健身、购物等多元需求。一是沿月西河将步行空间与沿街商业及多主体住宅相结合，打造滨水特色景观步行道。二是沿生态绿廊、南淀公园，打造具有田园浪漫风光的特色骑行环线。慢行环线沿线设置自行车租赁点与驿站，为居民提供休憩服务。

智慧交通：鼓励片区使用清洁能源车辆出行，推动公共领域新能源汽车的应用及新能源车辆配套设施布局，推进智慧道路、智慧公交、智慧停车等基础设施建设。公共交通领域全面推广新能源车辆。

策略三：包容宜居的新型社区

规划以新型社区为蓝本，满足市民居住需求的转变。践行窄路密网，开放街区理念，构建六大和谐居住邻里。面向多元的开发主体，进行不同尺度的地块划分。住宅产品鼓励进行多样性空间的复合利用，创造高品质宜居生活。

居住社区模块研究：建立公园新型社区模块。以200米×200米的居住单元为最小开发地块，通过要素聚集，平衡利益，形成600米×600米的居委会社区

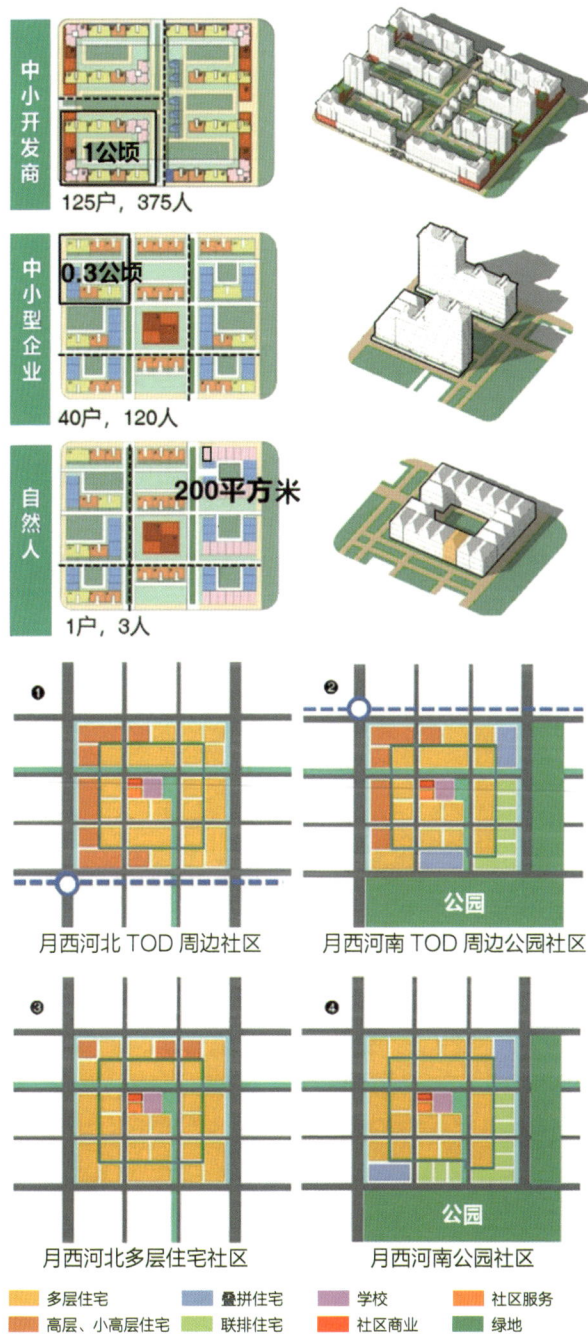

中小开发商 1公顷 125户，375人

中小型企业 0.3公顷 40户，120人

自然人 200平方米 1户，3人

❶ 月西河北TOD周边社区　　❷ 月西河南TOD周边公园社区

❸ 月西河北多层住宅社区　　❹ 月西河南公园社区

多层住宅　叠拼住宅　学校　社区服务　高层、小高层住宅　联排住宅　社区商业　绿地

$\frac{1}{2}$

1　多样社区面向不同主体的开发尺度研究（组图）

2　多样社区不同类型住宅组合研究（组图）

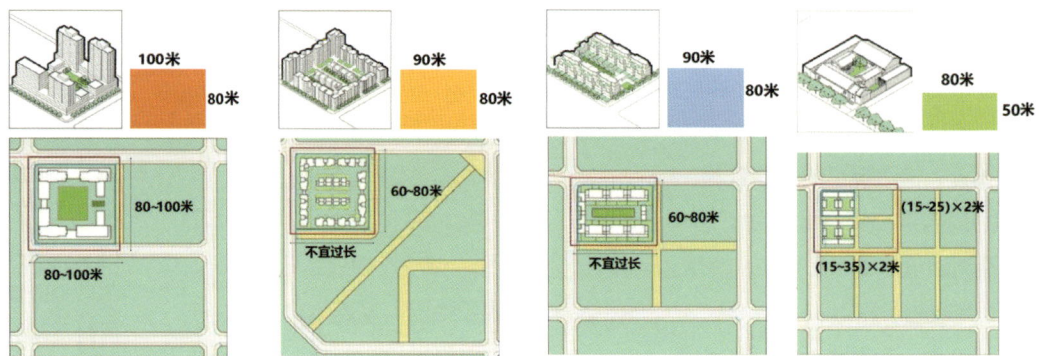

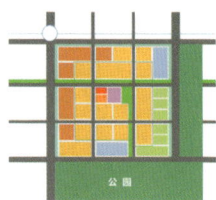

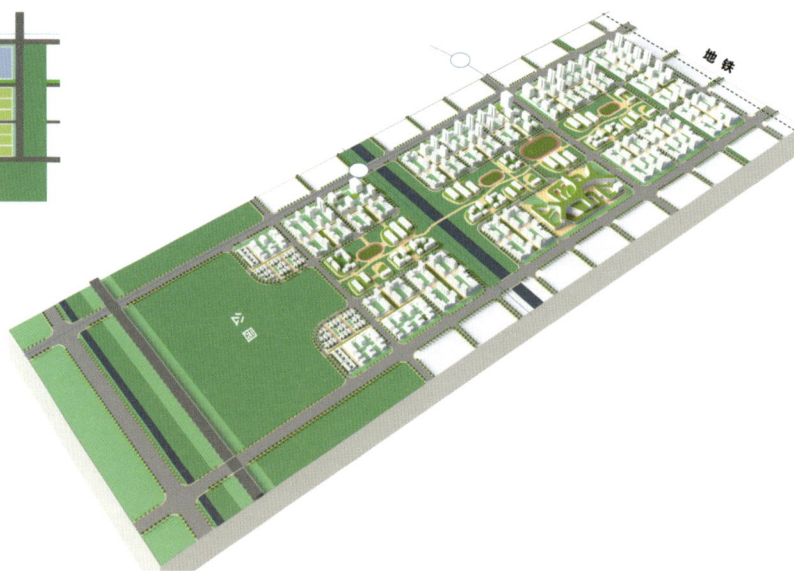

100米
80米

90米
80米

90米
80米

80米
50米

80~100米
80~100米

60~80米
不宜过长

60~80米
不宜过长

(15~25)×2米
(15~35)×2米

地铁
公园
公园

1
2
3

1 多样社区模块

2 切片空间模型

3 多样社区布局原则

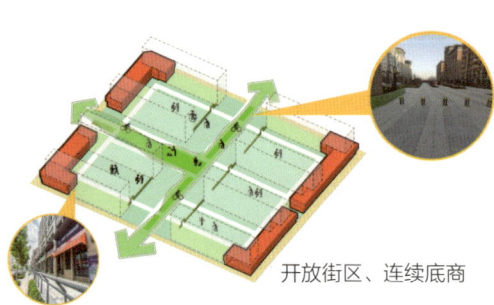

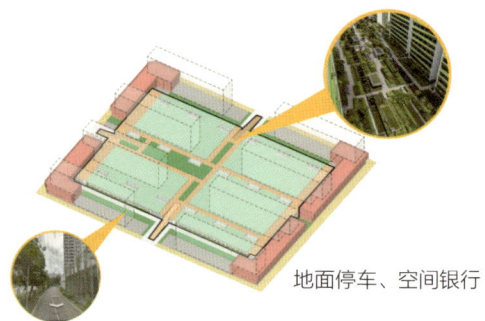

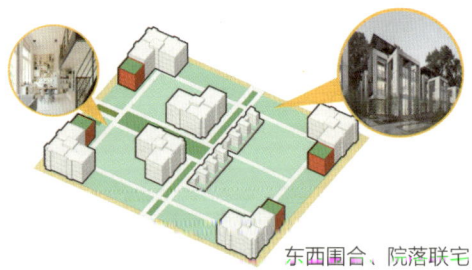

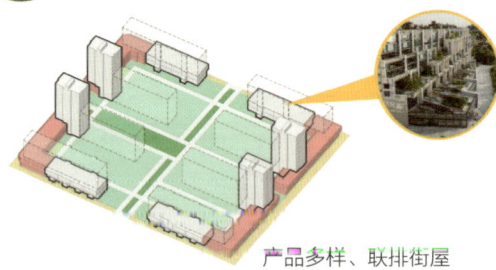

开放街区、连续底商

地面停车、空间银行

东西围合、院落联宅

产品多样、联排街屋

模块。每个居委会社区模块，服务人口约为 1 万人，以倡导慢行优先，通过交通管理与引导，构建内部通园绿廊和慢行步道，串联居委会社区公园，并结合公交站点及社区公园，打造集幼儿园、社区服务、商业服务等设施为一体的居委会社区中心。规划对于模块中弹性支路的控制与引导，非交通疏散型支路可转化为允许机动车通行的社区道路或慢行专用道，实现地块的灵活组合。

住宅类型多样化：南淀片区规划倡导混合功能及多样住宅类型的居住空间，通过在一个街区内满足各类人群差异化住房需求，促进社会融合与社区人群的多元个性化发展。规划结合《天津市新型居住社区城市设计导则（试行）》中住宅类型的引导，细分居委会社区模块，按照一定原则，将不同住宅产品进行组合，营造产品多样的空间形态。

住宅地块布局研究：住宅地块布局应符合开放街区、连续底商布局的原则。底层建筑鼓励采用骑楼或挑檐的形式，营造风雨无阻的全天候连续步行体验。建筑布局强化东西围合，增加地块内多样性，局部可设置低密度联排住宅产品，并控制面积比例避免高低配的形态出现。停车方面鼓励采用地面停车，一层顶部为平台屋顶花园，设置采光井，街墙可敞开设置绿植墙面。结合未来交通发展趋势，预留空间发展的可能。

开发与建设模式：鼓励多主体建房和定制化建房模式。面对不同的开发企业，划定不同尺度的开发地块。鼓励社区众建模式，鼓励定制化建房，联排住宅面向中小企业出让。

策略四：全龄友好的社区中心

集中配置社区中心，共享高效服务，构建社区居民交往的公共空间营造全龄友好、体现场所精神的社群互动空间。规划从人的使用角度出发，结合最佳服务半径，布局居委会社区中心。在基础公益

1 | 2

1　多样化联宅庭院场景效果图

2　全龄友好的社区中心场景效果图

性配套的基础上，增加品质型服务设施预留，提升区域社区服务品质。根据社群需求的变化，增加空间可变性，实现不同阶段不同功能的转换，提倡小班制、社区制的优质教育。对接社区治理建立"街道—居委会—业委会"三级管理体系，构建7大服务场景，满足居民多元需求。规划形成"1个街道中心，6个居委会中心"的公共服务设施布局。

规划社区安全路径考虑儿童及老年人的步行特点，在机动车道路过街处设计标示性安全过街通道，形成"一老一小"安全友好型街区氛围。结合社区道路断面，打造舒适的连续步行空间。同时设计宠物关怀空间，打造特色养宠模块，促进邻里交往。

社区机制的探索是实现美好生活的良方，如成都麓湖社区通过推出社区共治计划，调动居民参与，重建社区规则和秩序，重构社区公共精神，解决社区议题。而其社群活动逐步从简单的一起吃喝玩耍到共同整合资源，共同参与社区建设，实现社区良性治理及可持续发展。

好的社区管理来源于熟悉的人际关系，在相知相熟中构建和谐的现代邻里关系。规划在案例研究的基础上，推出采用"全龄便捷社区＋熟人社区"发展机制，以居民共同的兴趣爱好为切入点，以公共空间为载体，以社区活动为推手，形成空间和精神两个层面的触媒，引发居民走出家门融入社区，增进社区居民的情感交流。

好的熟人社区可以实现多元主体成立协商共治议事平台模式的建立，扶持社区居民就业创业，激活社区"造血"功能。同时，结合居民日常的活动轨迹，在公共空间植入利于邻里交往的空间模块，例如共享办公空间的植入、社区活动的举办，都可以进一步形成有效触媒，激活熟人网络，达到社区共治的可能。

多元场景社区配套表

	人文场景（文）	教育场景（教）	运动场景（体）	健康场景（老卫）	生活场景（饮食）	公园场景（园）	创业场景（就业）
基础	文化活动中心 社区文化活动站	托儿所 幼儿园 小学 初中	社区多功能运动场地 儿童活动场地 老年人活动场地	社区养老院 社区医院 托老所社区 卫生服务站	社区菜店 菜市场	社区公园 街头公园	——
升级	社区图书馆 社区学堂 小小美术馆	高中 老年课堂 私立国际学校	广场舞广场 儿童室内运动场	综合三甲医院 养老机构 （含养老公寓） 养老社区	社区食堂	口袋公园 高线公园 音乐广场 艺术家草坪	共享办公
经营	儿童电影院 智慧书店 小剧场	四点半学堂 美学教室 手工作坊 体能拓展	24小时无人健身房 室内羽毛球馆 室内网球馆 室内篮球场 萌宠乐园	互联网医院（智慧医疗） 社区智慧问诊 心理咨询 家庭医生 智慧医美养颜	24小时无人超市 连锁快餐店 艺术茶馆 都市农场	空中花园	创客空间 共享公寓 服务平台 远程会议室 咖啡厅

策略五：协同创新的弹性产业空间

南淀公园片区地处津滨发展主轴，与津城、滨城产业协同发展具有先天优势，且靠近滨海国际机场，交通便利。东丽经济开发区升级为国家级开发区，更是让东丽区成为战略性新兴产业、高科技产业人才等创新资源高度集聚之地。将东丽区以九宫格划分，呈现"西融津城、东接空港、南联产业、北嵌生态"的整体格局。南淀所处的中心城区与滨海新区过渡带区域必然会成为承接临空经济，导入高端培育消费新业态引领区域升级的集聚地，而因为其独特的生态属性，现代农业产业与生态体验也会有较强发展空间。如何挖掘项目驱动力提升认知，融津城接滨城，实现空间衔接与产业协同是南淀发展的核心。

基于南淀现有优势资源，围绕生态基底与产业发展机遇，通过轨道快线引导消费人群集聚，激活片区商业能级，规划形成"西城、东产、南园"的产业格局。

向西对接中心城区，强化城市功能融合，引导发展都市服务产业，规划依托轨道交通优势，结合第二煤气厂城市更新地块、赵沽里工业区地块，重点布局商业、商务及商住混合功能，打造新能源主题的创新产业园区、农业主题创新产业园区以及南淀街道服务中心。

向东依托临空优势，与空港、华明联动，为创新型产业发展预留空间，规划从多类型的创新人群的需求出发组织空间和活动供给网络，重点布局创新研发及职住混合生态单元，打造创新产业服务园区。

向南利用南淀林地公园的生态资源，发展林下休闲及农业消费型产业，鼓励公私合营，引入多元业态，激发商业消费新场景。

1 | 2

1 第二煤气厂城市更新地块——新能源
   创新园区效果图

2 赵沽里工业地块——农业主题创新园
   区效果图

策略六：碳中和导向下的减碳路径

发挥区域内能源相关主体产业优势，鼓励新能源利用，进行分布式创新基础设施建设。规划建立零碳共生的整体服务框架，从能源入手关注规划在碳中和方面的影响，提出"降需、开源、绿建、碳汇、增效"五大策略与路径，并通过多样要素和手段实现绿色低碳的发展目标。

降需：建设小街区密路网、公交慢行优先的交通系统，实现公共交通占机动化出行分担率不小于60%；公共交通站点300米覆盖率为100%，并形成连续多层次的慢行空间体系，结合智慧设施的建设逐步达到绿色低碳交通出行的目的。通过对街道朝向、绿化空间及建筑布局进行气候适应性设计尝试，以冬季、夏季主导风向的最大概率风速作为输入值进行风热环境模拟调整。减缓冬季寒风进入，加速夏季自然冷风引入片区内部。

开源：在资源循环利用上鼓励采用多能互补的能源管理方式，构建电、热、冷、气多能协同供应系统，能源中心供应热、电能等，并对片区能源进行适时调峰和部分能源储存。考虑采用就近供应模式，包含光伏发电、地源热泵等分布式能源，并在不同区域布置分布式能源站，实现片区综合能源利用效率70%。

绿建：建筑方面对绿建的星级标准进行分布控制，所有新建民用建筑达到二星绿建标准，重点公共建筑按三星级标准建设。

碳汇：片区主要分为林业碳汇、生态水环境碳汇、景观类碳汇以及各类建设用地内的附属绿地碳汇。在初期进行生态修复和植树造林阶段引导南淀公园内的乔木比例≥60%，以种植本土植物为主，采用乔灌草的多层复合植被群落配置模式，增加植被的空间体积，提高区域碳汇能力。

增效：通过高效节点及建筑管理系统进行能源使用监控，助力片区节能目标的实现。

智慧高效的清洁能源系统示意图

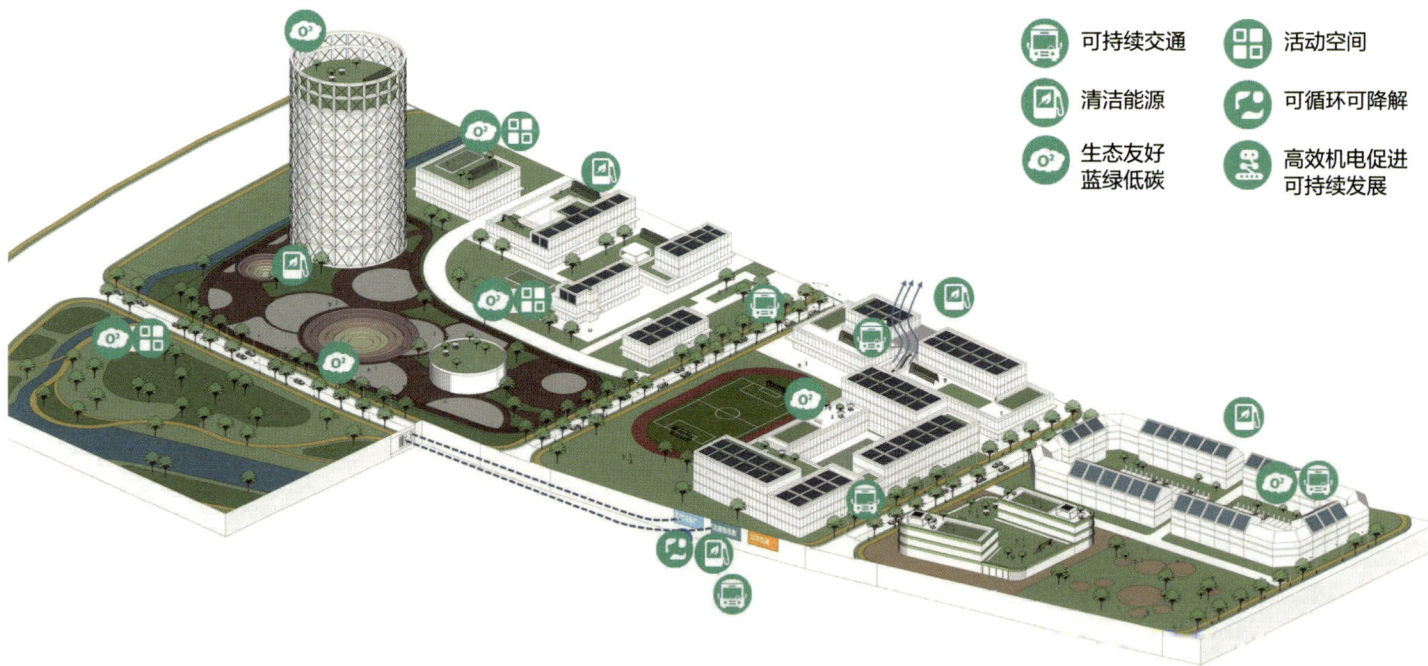

可持续交通　　活动空间

清洁能源　　可循环可降解

生态友好蓝绿低碳　　高效机电促进可持续发展

→ 8.3 规划实施建议

8.3.1 精明增长，有序开发

（1）分期开发建议

规划探索多主体协同、渐进式开发、梯次用地的精明增长模式。通过盘活存量、综合开发等多种方式，结合权属特征、区域发展节奏，计划形成 40~50 年的开发周期，分四期开发。

一期：多主体蓄力，自下而上，扎实起步。用地集中在片区西侧，规划依托第二煤气厂、市环投公司、赵沽里村三大主体，打造新能源主题都市创新园区、千户小镇、农业主题创新园区。同时对现状鱼塘、河道、林地以及闲置载体进行生态修复、养护与盘活利用。

二期：拥抱空港，产业蓄能，智慧创新。用地集中在片区东侧，规划充分发挥临空交通优势及产业联动效应，集聚创新服务产业，激活区域经济活力。规划从多类型的创新人群的需求出发，构建职住混合生态单元，建立产业与生活空间的有机融合。

三期：服务升级，活力共享，社区营造。用地集中在片区中北部，践行窄路密网、开放街区理念，

分期开发时序（组图）

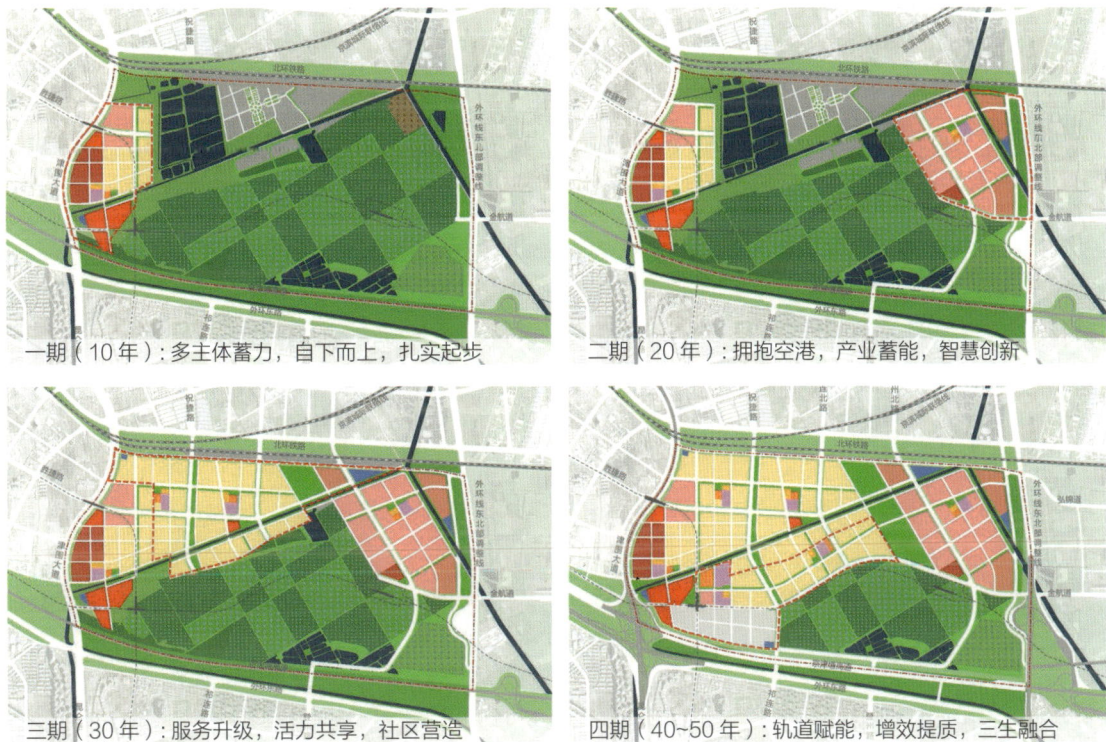

一期（10 年）：多主体蓄力，自下而上，扎实起步

二期（20 年）：拥抱空港，产业蓄能，智慧创新

三期（30 年）：服务升级，活力共享，社区营造

四期（40~50 年）：轨道赋能，增效提质，三生融合

引导多样化住宅类型，打造滨水高品质社区。规划通过活力绿廊，连接社区中心、滨河活力带、公园等公共生活空间，将生态资源引入社区，促进邻里交往与社群营造。

四期：轨道赋能、增效提质、三生融合。用地集中在片区中南部，伴随轨道开发建设，进一步促进片区与津滨双城的一体化发展，最终实现"三生融合、零碳共生"的愿景蓝图。

（2）土地分级开发建议

规划秉持低成本、生长型的开发思路，构建梯次用地开发模式，充分发挥土地的综合效益，逐步生长，多级联动。通过生态修复、盘活存量、综合开发等多种方式，结合权属进行分期开发。

0.5级开发：可开展对第二煤气厂、环投公司整理地块以及赵沽里工贸园及河道等进行环境治理的相关工作，同时对现状林地进行养护与培育。

1级开发：结合南淀片区开发时序，近期可主要对第二煤气厂、环投公司整理地块以及赵沽里工贸园等地块进行基础设施建设，包括津围大道辅路的建设。远期进行滚动式、分片区的一级开发。

1.5级开发：一方面，近期结合南淀片区多主体发展诉求，对第二煤气厂、赵沽里工贸园等进行存量盘活，先租后让；远期进行综合开发。另一方面，南淀片区林用地资源丰富，生态基底良好。结合林地利用的相关政策，在现有农用地不征转的前提下，在允许范围内修建道路和配套设施，提供体育、休闲、农耕等多种活动场地，采取近远期结合的方式进行土地的运营管理。

土地分级开发示意图

0 级开发
整体发展谋划
确立发展方向与定位
模拟开发模式
经济平衡测算

0.5 级开发
生态环境治理
土地污染治理
林地养护培育
河道生态治理

1 级开发
土地储备供应
土地整理
基础设施建设

3级开发
资产运营管理
产业运营（招商招租）
商业运营（招商招租）
设施运营（基础设施、公共服务）

2 级开发
招拍挂综合开发
居住地产开发
商业地产开发

1.5 级开发
过渡性开发利用
存量盘活，先租后让
农林用地的利用与管理

8.3.2 建立"街道管委会 + 平台公司 + 社会团体"的片区管理机制

区级政府派出行政管理机构，建立权属主体参与的规划共治联席会议制度，参与制定规划。通过竞争性程序遴选城市综合服务商，制定规划，完成融资，投资区域基础设施建设，后期通过使用者付费、可行性缺口补助等方式实现投资回收。

街道管委会：过渡期内成立南淀零碳小镇管委会，正式设立后成立南淀街道，组织各项规划建设工作。南淀街道以"特许经营"的模式匹配对应的融资政策，引入城市综合服务商，对片区基础设施进行建设与运营，第二煤气厂、市环投公司整理地块及村集体等权属主体联合成立议事平台，参与制定规划。

城市综合运营商（以下简称运营商）：在"多元主体，平台共享"的开发模式中，运营商将起到统筹规划、发展引导、协调权属、资源整合、服务提供、监督执行、风险管理等多方面职能。统筹规划方面，运营商负责制定和更新片区的整体发展规划，确保所有建设项目与长期目标相一致。需要与地方政府、规划部门合作，确保规划符合政策导向和市场需求。引导发展方面，运营商需引导和激励片区内的各个发展主体，包括政府机构、私营企业、非营利组织等，共同参与到片区建设中。通过提供信息、咨询和技术支持，帮助各主体明确自身在片区发展中的角色和目标。协调需求方面，运营商要协调不同权属主体之间的利益关系，解决可能出现的冲突和矛盾。需要定期组织会议，收集各方意见，

区域运营共享平台框架

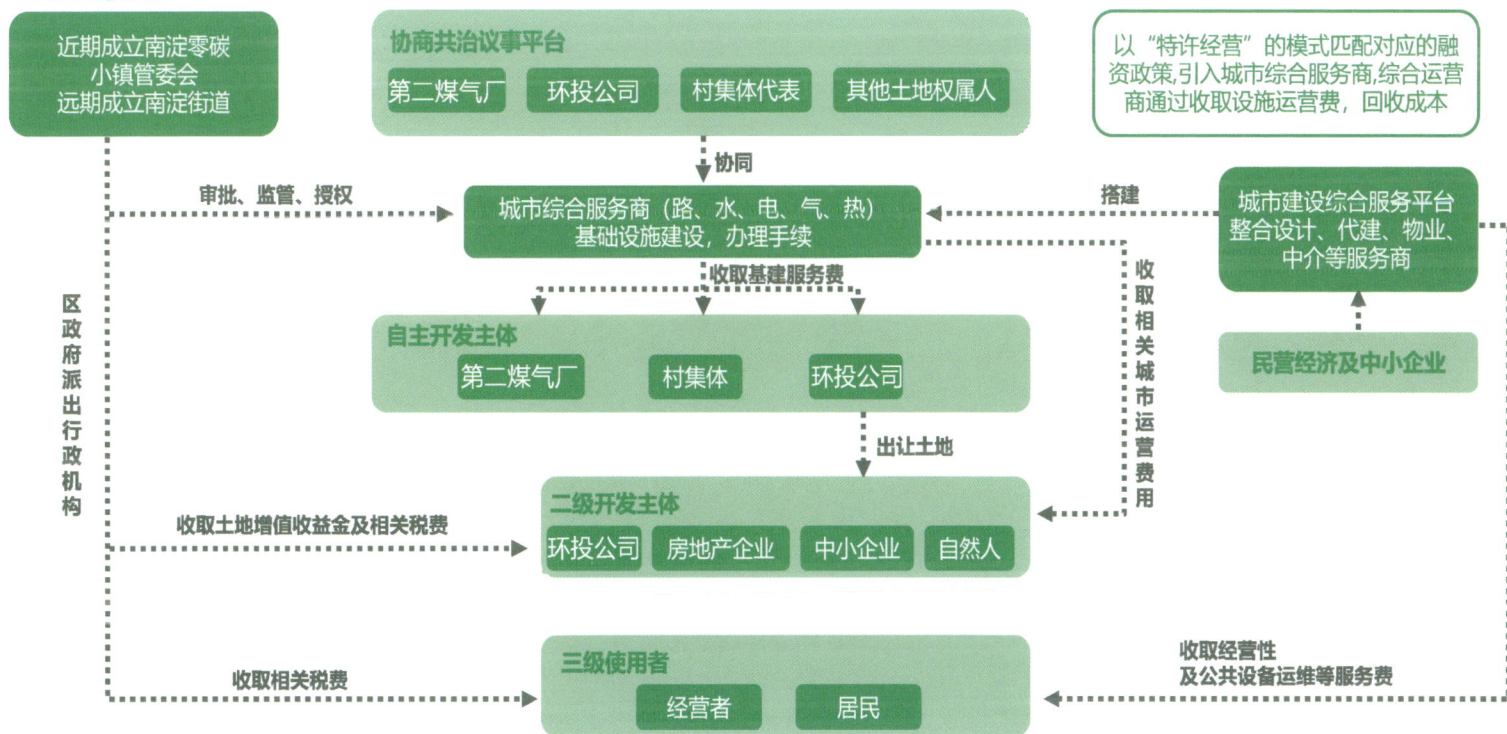

确保各方需求得到充分考虑。资源整合方面，运营商负责整合外部城市建设服务资源，包括资金、技术、人才等，为片区内的发展提供支持。通过建立合作伙伴关系，引入外部专家和顾问，提升片区建设的专业性和效率。服务提供方面，运营商需为片区内不同发展阶段的主体提供定制化的服务，包括但不限于基础设施建设、市场推广、政策咨询等。设立服务平台，提供一站式服务，简化流程，提高服务效率。尤其在服务方面，由于创新了面向中小企业的"小地块、多主体"模式，针对中小企业建造、物业等方面缺少整合能力的痛点，区域运营的平台公司在某种意义上起到了区域"服务商超市"的作用。在平台上，居民可以在规定范围内定制化建房，选择自己中意的并具备资格的设计师为自己设计房子，委托片区的建设商建造，建成后还可以委托片区的物业公司一并管理。当然，这过程中项目的申报、审批和管理的服务，也同样由运营商一并提供。监督执行方面，运营商要监督片区规划的实施情况，确保所有项目按照既定计划和标准进行。对于违反规划或不达标的项目，运营商有权向行政主管部门提交处置建议。风险管理方面，运营商需要识别和管理片区开发过程中的潜在风险，包括财务风险、市场风险、环境风险等。建立风险应对机制，确保在遇到问题时能够迅速有效地处理。能够提高建设效率，还能够降低成本，使得片区内的各个发展主体都能够在不同阶段获得所需的支持和服务。

多主体议事平台：由第二煤气厂、市环投公司、金钟街、赵沽里及村集体等权属主体成立南淀发展议事平台，结合自身发展诉求，参与片区规划设计、建设与运营。

8.3.3 原生态林地公园

生长型林地公园：初期阶段，以林地养护和生态修复为主，策略性地布置大型与快速生长的本地先锋树种，逐步种植生长缓慢的中期和晚期演替树种，利用林下空间配置休闲步道、座椅等基础型游

生长型林地公园建设与运营
策略示意图

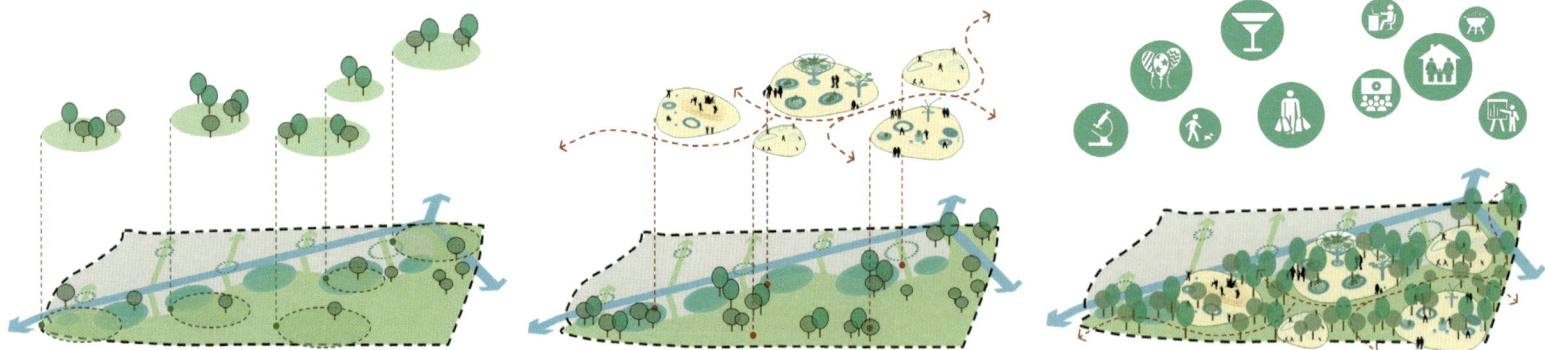

1~3 年后林地进化

策略性地布置大型与快速生长的先锋树种，
逐步种植生长缓慢的中晚期演替树种

3~5 年后林地进化

林地体系开始成熟起来，林地群落逐渐
向草地景观方向演进

10 年后林地进化

这时的景观特色更能代表林地群落。不同树
龄的树木与枯死的早期演替树种构建野生动
物理想的树林栖息地

憩设施。中期阶段，森林体系开始成熟起来，森林群落逐渐向草地景观方向演进，可结合片区人口入住情况及区域需求，采用点状供地的方式，建设集中的服务设施，进行特色化场景营造。成熟阶段，这时的景观特色更能代表森林群落，已然成为野生动物的理想栖息地与城市的绿肺空间。这一阶段，公园规划根据资源类型、景区结构，布局生态观光、森林康养、自然游憩、科普宣教、生态研学等更多元化的业态、功能和产业。

农林用地高效利用：规划提出在现有农林用地不征转或少量征转的前提下，在相关法律法规允许范围内修建道路和配套设施，提供体育、休闲、农耕等多种活动场地。在运营方面，期望能够面向市场招募民营企业，通过租赁土地的方式实现公私合营。近期保留、远期收储的土地采用临时租用的方式，结合周边建设功能和需求，进行生态修复与环境提升，营造田园特色生活场景。划入南淀公园范围内的土地近期进行生态修复、林地养护和基本配套设施的建设，远期进行休闲娱乐、农林体验相关产业孵化。

8.3.4　有选择、住得起的好房子

南淀片区未来可有效疏解河东区、河北区等老旧小区人口压力，承接空港经济区、华明高新区吸引来的天津新市民。因此在住房类型上可考虑重点建设康居房和高品质联宅产品。

康居房通过政府引导力与市场调节力的协同作用，实现老旧小区更新和新型社区规划的联动发展。联宅产品改变单一开发商大规模建设的粗放模式，通过以市场力和社会力为动力机制，以划小土地出让地块、合理设置单宗土地出让面积的精细模式，面向中小企业供地，发挥多样建设主体的作用，促进房地产市场的繁荣。

合作社开发模式框架

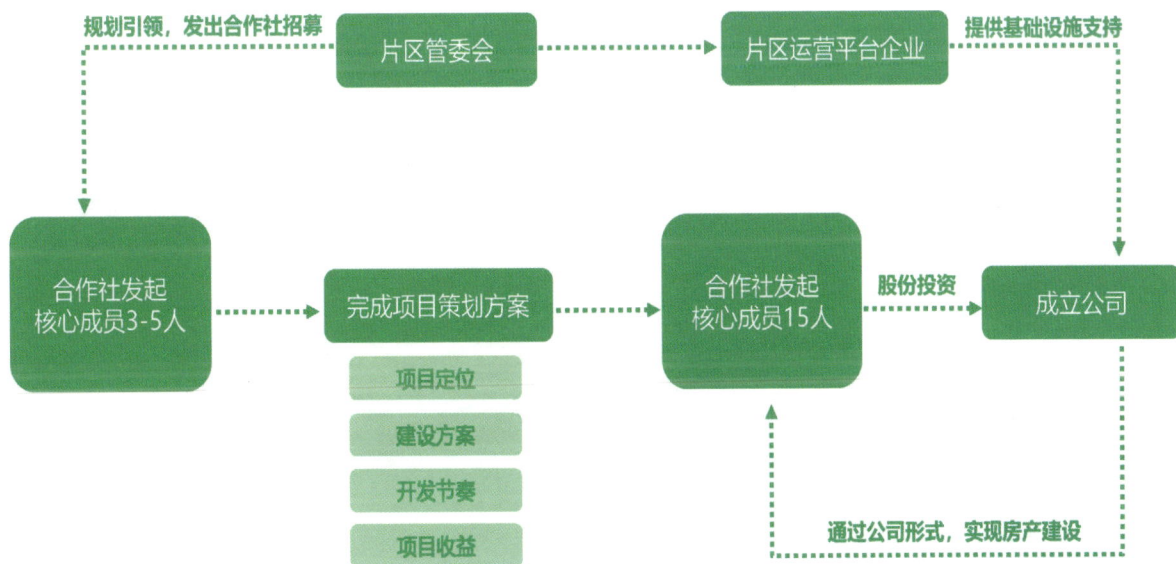

规划在市环投公司整理地块，结合月西河划定 20 公顷的地块，打造千户小镇。住宅类型包括小高层、多层、联排住宅，平均容积率 1.1，总计 1 200 户左右。小镇核心布局社区公园、居委会中心以及小学。联排住宅将面向中小企业出让，每户拥有独立的前后院落，地块大小与建筑规模结合多主体需求进行弹性区间控制，地块可兼容商业、办公、文化功能，沿生活性道路底层布置商业服务等功能，营造富有活力、共享、绿色的街道空间。

整体 20 公顷住宅创新区域，探索划分成约 9 000 平方米一个单位的土地开发合作社模式进行驱动开发。一方面，降低土地获取的成本，从动辄几万平方米、亿元级投资门槛，降低到让更多社会力量可以参与的投资规模。另一方面，在划小规模之后，小规模社区开发衍生出的咨询、设计、建设、运营、服务等需求会更多地面向民营经济，从而实现从空间规划层面带动民营经济发展的作用。

具体组织实施上，9 000 平方米用地规模，预期对应 35 户家庭使用，形成百人街坊。由片区规划管委会发端，征集合作社发起人社团，定向招募意向设计师、经济师等易于统筹的原始核心成员。预期核心成员 5~10 人。由核心成员形成对 9 000 平方米规模地块的初步策划方案，包括整体定位、产品划分、产品初步设计和建设节奏、收益预期。

初步方案提交片区管委会，征集合作社共建成员。招募 20 名社员之后，依法按需求投资，组建共建合作社。以合作社为代表原型，成立合作公司，合作社成员依法作为股东，明确相应的投资和未来收益。以公司名义完成土地获取，并聘任相关服务商进行设计、施工、运营管理。合作社成员按照相应投资比例，获得相应产权的使用权利。

千户小镇模块研究示意图（组图）

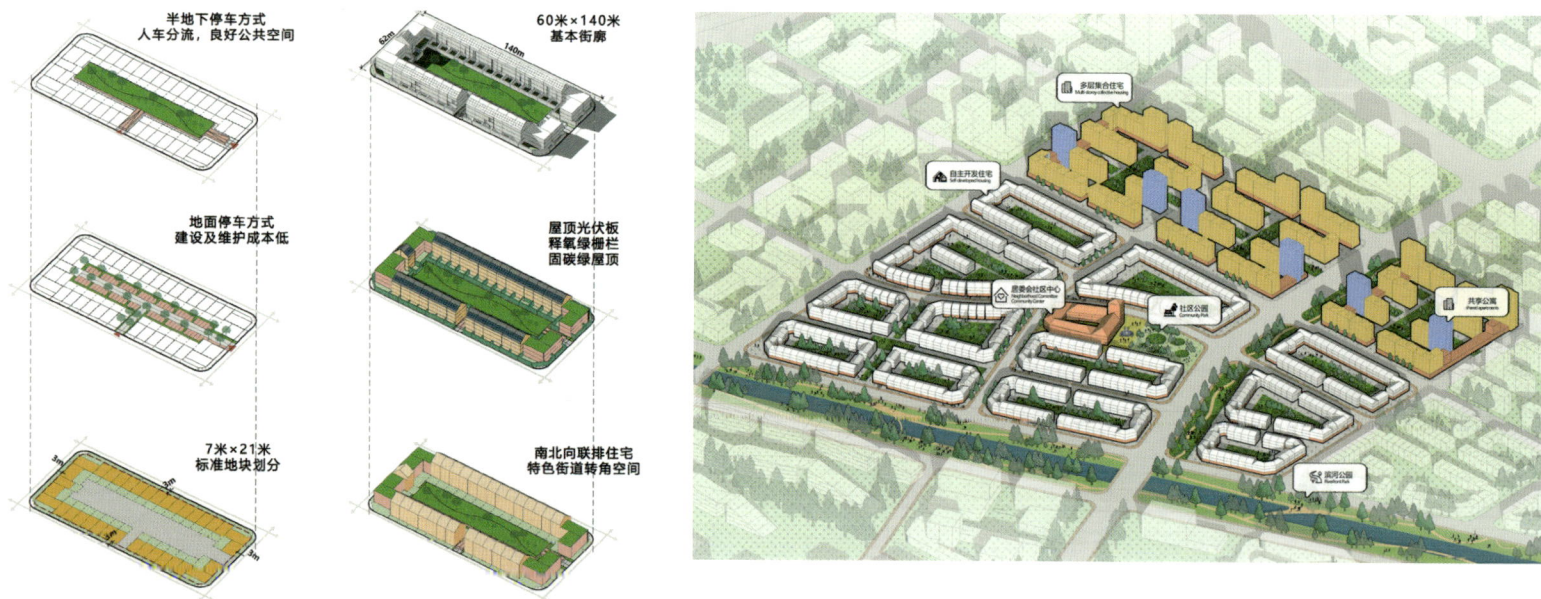

8.3.5　内生型经济下的产业培育

在项目规划研究阶段，规划团队实地走访了片区内的土地权属单位。通过对天津能源集团等权属主体的深度访谈，了解了片区发展的背景以及各自权属主体的发展痛点。规划充分尊重权属主体发展诉求，依据规划总体定位，制定一期范围内核心主体的发展路径。

（1）第二煤气厂—城市更新—新能源主题的创新产业园区

天津第二煤气厂 2006 年停业。通过传统能源企业改革，虽然集团有了新的能源业务，但第二煤气厂停产后仍需要集团拨款支付老员工工资。在片区规划未定的过程中，考虑到厂区、用地的盘活，企业曾多次对接物流、冷链、大面积农作物种植等多种业态的合作伙伴，但一方面规划未定，无法引入长期合作方。另一方面，厂区用地外部进入性差，因进入道路权属不属于厂区范围，企业无法自主修缮而作罢。缺规划、缺资金，成为第二煤气厂停工以来，自主盘活的最大痛点。

规划结合第二煤气厂现状场地特征和企业发展诉求等因素，提出企业自主更新和新型产业用地开发的规划模式，打造以新能源产业为主导的都市创新园区。功能布局上，西区利用第二煤气厂现状办公楼及厂房进行改造，引入文化创意、教育培训、新能源展示等功能；东区进行新型产业用地开发，规划新能源相关的研发办公、商业及商务服务等功能。现状储气罐将保留而改造为特色文化功能节点，形成南淀片区的门户地标。

（2）赵沽里工贸园—集体土地入市—农业主题创新园区

赵沽里工贸园，作为村集体经营性建设用地，曾通过自建简易厂房出租，服务于周边农产品批发

多主体创新发展模式

通过特许经营，引入城市综合服务商

匹配相应融资政策，完成片区基础设施建设

通过向片区使用主体收取服务费方式回收前期投入成本

第二煤气厂 自主更新	环投公司 带规划毛地出让	赵沽里 集体土地入市	集体农用地 林地利用
利用现有城市更新政策更新载体功能，打造都市创新产业园区	方向一:政府带规划出让已收储用地，或由环投自主开发，或出让给其他开发商 方向二:小地块出让	打造都市农业产业园区，引入新兴产业，以集体土地入市政策，引入社会资本	结合林地利用相关政策引入社会资本，进行低影响运营

及物流园区等需要，单年租金收益可达 6 000 万元。2016 年散乱污企业专项整治之后，厂房片区被迫关停，只能靠环内部分存量资产维持村集体经营收益。访谈了解到村集体十分希望可以重新盘活南淀原有厂房片区，提升集体经济收益。

鼓励村、镇集体依法参与片区规划与建设，基地现状为集体经营性建设用地，结合相关土地政策，规划提出集体土地入市的创新模式，结合片区产业布局设想，打造农业主题创新产业园。统筹周边农林用地资源，重点发展与农业相关的研发、销售、体验、商业服务等功能，营造农业主题的新生活方式场景。

（3）李明庄村集体农用地—不征转—低影响都市农场

有城市也有乡村，有繁华也有宁静，田园生活构成城市多元生活形态的重要补充。规划倡导健康生活方式的理念，通过吸引社会投资，以经营权流转方式开发利用集体农用地，打造低影响都市家庭农场，让城市里的人满足田园体验需求。

根据国土空间规划确定的农业用地布局，结合现状用地特征，将农用地划分成等大的地块，对外出租给每个家庭，并保证每个家庭当季蔬菜的供给。农场可以优先雇佣本村农户为家庭会员提供种植、管理和派送服务，一定程度上也解决了村里农民的就业问题，拉动了村集体经济发展。除了种植农产品，农场结合自身发展需求可以向多元化业态拓展，包括亲子教育活动、自然学校课堂、社会团建等。

新能源主题创新产业园区效果图

8.3.6 南淀创新发展模式总结

南淀公园及周边地区城市设计方案是应对天津一环十一园地区的发展机遇的创新实践。该方案秉持绿色低碳发展理念，通过对接上位规划，充分结合区域生态基底、多主体、能源与环保基因等特征，制定了空间和时间上的精明增长模型。实施路径包括：推行新型居住社区理念、盘活工业存量资产、尝试划小地块的多主体供给模式、鼓励集体土地入市、探索农用地高效利用方式、制定节能减碳措施等，共同勾勒出南淀片区三生融合、零碳共生的美好愿景。

南淀公园及周边地区
发展策略框架图

按照第二个百年奋斗目标，到 2035 年我国要基本实现社会主义现代化，达到中等发达国家水平，到 2050 年全面建成社会主义现代化强国。对标伦敦、巴黎等世界名城，天津要率先实现"四高"现代化国际大都市的目标。追求生态环境的提升改善和新质生产力的发展，达成城市文化复兴与居民的诗意栖居，以及青年人才集聚度纳入城市发展核心指标，也是发展的保障。"津环"作为津城的中部战略发展带，在生态环境、产业创新、城市活力、人居环境和生活品质等多方面发挥着重要的支撑作用。作为全书正文的终章，为了助力高品质生活创建和城市更新提升等十项行动，我们提出面向全社会的"津环栖居 2035/2050 行动方案"。

"津环栖居 2035/2050 行动方案"就是让规划具有可操作性。首先，突出津环的重要作用。津环，要从曾经落后的城市边缘升级为城市发展前沿，成为继海河综合开发改造后津城又一重要的空间战略。"津环栖居 2035/2050 行动方案"以人为核心，首先通过新型社区营建、与内城城市更新的联动，实现化解政府债务、房地产转型健康发展、增加经济活力和生态宜居等多重目标。其次，从生态公园、诗意栖居、内生经济和社会治理创新等方面提出革新和行动的框架。最后，提出一环十一园地区的特色愿景。

津环不仅要实现诗意栖居的理想，也将会成为新时期天津城市经济社会文化转型升级和居民成长、财富增长的多元发展平台。

天津睦南公园 | 侯鑫拍摄

第 9 章

津环栖居 2035/2050 行动倡议
Tianjin Eco-Innovation Ring Livability 2035 / 2050 Action Initiative

---

➔ 9.1 从海河"金龙起舞"到津环营城行动——新时期津城发展的制胜一招

9.1.1 " 金龙起舞"——海河两岸综合开发改造

　　海河是天津的母亲河，承载着天津的光荣与梦想。以三岔河口为起点到出海口，海河全长 72 千米。2002 年天津市制定了《海河两岸综合开发改造规划》，又称"金龙起舞"规划，以"把海河建成国际一流的服务型经济带、文化带和景观带，弘扬海河文化，创建世界名河"为战略目标，重点改造上游中心城区段从三岔河口至外环南路长 19.2 千米、面积为 42 平方千米的沿河区域，以十项重点工程（含滨水空间、交通枢纽等）为实施重点，建设古文化街、三岔河口文化公园等六大节点，开创了市场化开发、法规化管理的城市经营方式。海河的规划与建设为 21 世纪的天津开启了辉煌的新时代。

9.1.2 津环栖居——从边缘到规划建设的前沿

　　在海河两岸综合开发取得成功后，天津中心城区的城市功能和特色风貌更加鲜明。随着滨海新区核心区开发的深入及双城间生态屏障的建设，天津城市生态骨架和双城格局逐渐形成。进入新时代，天津市明确了"生态引领、创新竞进、和谐宜居的现代化国际大都市"的发展目标，并构建了津城和滨城为核心、"一市双城多节点"的空间发展战略。

按照国土空间总体规划，津城规划范围扩大到 1 466 平方千米，包含市内六区和环城四区共十个行政区（不含双城间绿色生态屏障区）。津城总体城市设计将津城划分为中心活力区、生态宜居圈层和田园都市圈三个圈层。外环绿带在过去的 40 年间一直是中心城区与环城区域绿化隔离的存在，虽然在一定程度上避免了国内一些大城市近郊城中村违法建设遍地、固体废弃物集中治理压力问题，但由于位于各行政区边缘地带，主动控制开发强度以保障生态功能，因此在一定程度上限制了该区域的增长，使得部分新增人口与产业梯度外溢至环外区域，导致中心城区整体实力不够强大。

目前，津城明显进入存量与增量并重的时代。中心活力圈层目前面临产业空心化和人口老龄化等问题，居住密度高但产业空心化突出，就业岗位供给不足，存在大量老旧小区。而津环，即生态宜居圈层，具有良好的区位，已经整理储备了大量土地资源，成为协调老区城市更新与新建区发展的核心载体。

津环的一环十一园地区位于中心城区快速路与外环之间，直接接入城市快速交通系统，区位优势明显。自身具备独特的原生态特征，可开发土地资源丰富。进，可入中心活力圈层，享受市区优质的公共服务资源及活力；退，可入田园圈层，服务外围的产业与人口。津环具有"生态提质、诗意栖居、经济引领、活力链接"的主导功能，是津城生态文明理念的创新实践区、津城人居环境提升的战略空间、津城创新驱动转型发展的新前线。

今后，津环的功能由控制城市增长的"绿色紧箍咒"逐渐转变为城市发展赋能的"生态宜居环"，成为强化津城力量的"腰部"。天津要实现"四高"现代化国际大都市的目标，必须应对津城诸多挑战，如城市缺乏活力、教育资源过度集中、外环周边土地价值没有体现、政府债务高企等问题。与中心活力圈层的城市史新柏联动，津坏成为破解当前问题的战略区域。津坏栖居 2035/2050 行动方案是津城未来 20 年城市规划建设的重大战略之一。这与 20 年前海河综合开发改造"金龙起舞"工程非常相似。津环栖居 2035/2050 行动方案将成为新时期津城发展的制胜一招，是天津建设"四高"现代化国际大都市重要的核心实施载体。

海河两岸综合整治与津环的规划范围示意图

9.1.3　津环诗意栖居行动是津环营城的先锋实践

津环的发展涉及生态公园建设、新质生产力发展、社会治理创新等多方面内容，是系统的营城实践。而满足人民对美好生活的向往，通过好房子和新型社区的探索，结合房地产转型和持续健康发展，实现人们诗意的栖居是最急迫和核心的内容。津环栖居行动是整个津环营城、全面发展的先锋实践。

党的二十大报告（2022 年）及最新政策文件明确要求 2035 年基本实现社会主义现代化，就城市规划建设而言，尤其是居住建筑和社区的规划建设必须实现一个跨越，达到中等发达国家水平，同时还要具有中国特色。津环规划在绿带周边建设十一个大型城市公园及环公园周边的新型社区，具有得天独厚的优势。将以绿环公园为抓手，突出生态宜居，促进人的成长和邻里交往，注重教育、医疗等社会公平，以好房子、好社区以及养老、体育等都市产业带动人口聚集，构建功能复合的城市微中心，使之成为津城市民高品质生活、宜居示范创新引领区和具有国内领先水平的先锋实践区。有了优美宜居的环境和人的聚集，就会带来项目和资金的聚集，内生出经济社会发展的动力，从而实现津环整体的全面发展。

9.1.4　津环栖居行动是城市管理改革和社会资本培育的具体抓手

由于多年"背向"的空间发展模式，津环现状是中心城区与环城地区之间一道低质量发展的裂缝，阻断了环内外的人口、产业、道路交通等方面的交流互动。不仅体现在物质空间上，还体现在体制、机制上，包括城乡割裂的两套管理和技术标准上，甚至人们的心理上。要实现津环的转变和推进津环栖居行动，需要一场思想观念、规划技术标准和行政管理机制的改革创新。

首先在思想观念上要改变绿化带限制城市扩展的传统定位，提高对津环战略价值和地位的重视，通过强化城市空间与绿色空间耦合关系，使城市和社区"面向"自然生态公园，使生态空间价值得以释放和传导，通过输送教育医疗等优质资源，改革创新发展模式，让津环成为津城"核心－外围"结构体系的转换枢纽，成为津城优化空间结构、强身健体的"腰部"。只有"腰部"有力量了，1 466平方千米的津城才能真正强大起来。

其次要针对津环的实际特征改革创新规划设计，制定相应的规划设计模式，改变传统规划一刀切的做法。要进一步学习人居环境科学及甜甜圈经济学等理论，运用城乡断面理论，依据新型社区城市设计导则，深化津环及各街区城市设计和控制性详细规划。需创新设计环城绿带的边界空间形态、相邻功能、土地开发强度、道路交通网络、开发地块划分、住宅建筑类型、社区中心营造、人文活动场景等进行创新和有机整合设计。强化区域整体的空间形象设计和共同愿景，以建筑学、城乡规划、地景学理论方法为核心，汇聚相关学科知识，用有机整合的城市设计手段，塑造优美的人居环境，营造宜居环境。需结合实施条件，制定可操作的城市设计方案。尤其是要在自然生态公园、好房子、好社区、

生态宜居圈层规划结构示意图

绿色分布式基础设施等方面取得突破。

最终要进行行政管理机制和城市成片开发模式的改革创新，发挥政府、市场和社会三种力量，实现合作和融合发展。津环圈层总面积 314 平方千米，涉及 8 个行政区、48 个街道，是城乡接合部，基层行政管理曾经存在不到位的问题。在社会治理专项行动取得成绩的基础上，需要将政府基层组织传统自上而下被动传导式的目标落实模式，转变为自上而下与自下而上相结合的社会治理新模式，构建全域协同治理体系。要总结开发区、生态城的成功经验，发挥各街道办事处的积极主动性，给予部分授权。同时政府、市场企业，尤其是社会力量及居民，要形成合力，共同推动津环栖居行动。"人民城市人民建，人民城市为人民。"习近平总书记在天津调研考察时指出：要坚持人民城市为人民，走内涵式发展路子，在提升城市治理现代化水平上善作善成。津环栖居行动是落实总书记指示要求的具体体现和行动。

⊙ 9.2 津环栖居 2035/2050 行动方案

9.2.1 总体目标

面向 2035，展望 2050，津环将发挥在津城空间发展中的重要作用，打造具有国际一流水平、国内领先水平、面向未来的城市生态宜居示范区，实现居民诗意栖居的理想，满足人民日益增长的美好生活需要。构建多样化的原生态公园，为市民提供多元城市绿色休闲空间，促进城市生态平衡；以"诗意栖居"为目标，推动联动好房子、新型社区建设，创新规划设计、土地供给和不动产登记分级管理制度，实现住宅多样性、可负担性和房地产健康持续发展；发挥城市绿色空间和生态宜居的优势，促进内生经济增长和生态兼容的活力产业，大力发展民营经济和中小企业，增加就业，培育企业家队伍；打造创新片区发展模式，促进"政府力、企业力、社会力"在片区开发和社会治理中的协同，创新分布式绿色基础设施建设模式和特许建设经营新模式，开发建设与社会管理同步，提升社区的活力和归属感，打造城市社会治理现代化典范。

9.2.2 分目标和实施策略

（1）原生态公园策略

津环中的绿带和十一个生态公园是市民亲近自然、舒缓压力、改善生活的必然需求，是践行"生态文明"和"人民城市"理念的必然选择，是建设"四高"社会主义现代化大都市的基本条件。要应对当前公园建设和管理上缺乏资金和活力的挑战，主动作为，改革创新。对于已经建成的城市公园，要探索市场化特许经营。对于规划尚未建设的公园，要打破城市公园用地和农用地、林地人为分割的现状，探索"原生态"公园模式，通过林地租赁、农用地流转、特许经营和公私合营等方式，允许企业和个人参与"原生态"公园规划建设与管理，在植树造林和提升品质的同时，将原生态公园的自然生态养护与合理的经营性活动有机结合，为居民提供亲近自然的场所的同时，保证资金平衡和合理利润率管控，提升生态公园的综合效益，实现生态效益、社会效益和经济效益的双赢，真正实现"三生（生态、生活、生产）空间"价值的融合提升。倡议从种植 20 万棵树和生态养育开始，形成津城的"环、廊、园"超级链接系统，构筑"园、水、林、场、道"相融共生的"翡翠项链"。

（2）"诗意栖居"策略

以人为核心，推动多样化高品质的"联宅好房子"和新型社区在津环落地。津环区位优越，有良好的自然本底和大量土地资源，总体属于城市断面的 T3、T4 和 T5 区域，按新型居住社区城市设计导则和控规管理规程，区域容积率不超过 1.6，可以有更多样的住房类型，与中心活力圈层城市更新互动。津城环城区域近年来以洋房、小高层为主力的低密度产品持续供不应求，也是造成该区域房地产总体疲软的原因之一。当然，人口增长减缓、社会管理滞后、教育医疗等水平低以及公园建设滞后是更重要的原因。津环"联宅好房子"和新型社区规划建设以需求为导向，鼓励多样性的住房类型，特别是联宅和低层高密度住宅，满足改善型购房和新市民购房等不同的居民需求。引导期望改善居住环境的中等收入家庭和老年人向外流动，享受更生态、更宽敞、更舒适的居住环境。通过居民自发选择，人口合理流动，形成房地产新的增量。尤其要规划建设年轻人可负担的宜居住房，让房子"有选择、住得起"，吸引青年人聚居落户，为天津长远发展储备人才和劳动力。通过优质的公共服务设施和高品质的社区配套设施，提高人们的生活水平。社区中心内部形成围合广场，促进邻里交往，营造场所精神，提升民众归属感。同时，研究住房多样性和土地多样化供给制度创新，在津环鼓励小规模、多主体建房，开发企业定制建房、住房合作社联合建房等，避免单一粗放的开发模式，为多样性提供保障。

圈层人口迁移示意图

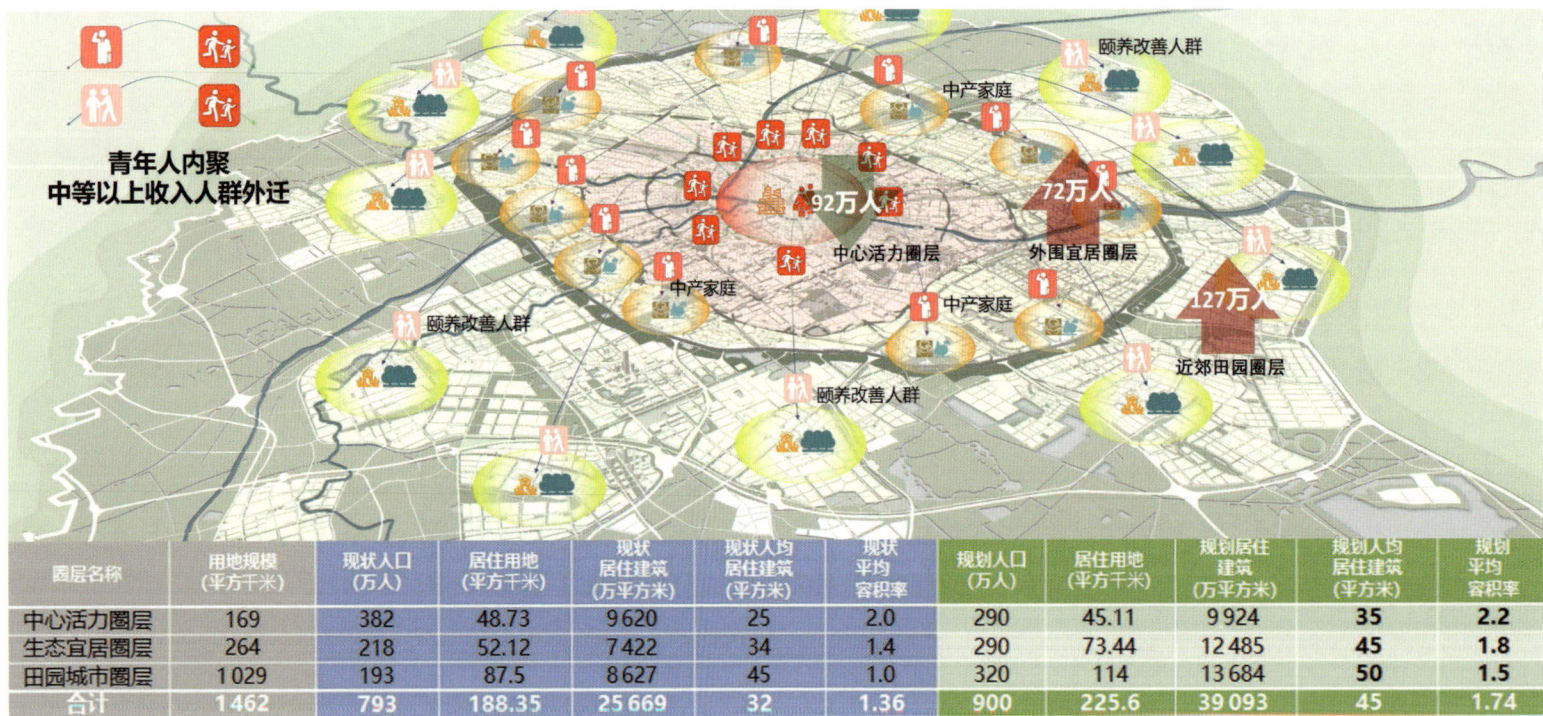

圈层名称	用地规模（平方千米）	现状人口（万人）	居住用地（平方千米）	现状居住建筑（万平方米）	现状人均居住建筑（平方米）	现状平均容积率	规划人口（万人）	居住用地（平方千米）	规划居住建筑（万平方米）	规划人均居住建筑（平方米）	规划平均容积率
中心活力圈层	169	382	48.73	9620	25	2.0	290	45.11	9924	35	2.2
生态宜居圈层	264	218	52.12	7422	34	1.4	290	73.44	12485	45	1.8
田园城市圈层	1029	193	87.5	8627	45	1.0	320	114	13684	50	1.5
合计	1462	793	188.35	25669	32	1.36	900	225.6	39093	45	1.74

通过多主体建房和定制、合作建房，构建房地产发展新模式，促进住房市场的持续健康发展。

（3）内生经济培育策略

天津历史上商贸发达。中华人民共和国成立后，形成了完备的工业体系。改革开放后，针对企业工业设备迭代需求迫切、工业与居民区混杂的状况，提出了工业东移战略。随着外资和中外合资企业的发展，天津的产业结构得到优化调整，形成了新的支柱和高新技术产业，产业结构持续优化，同时需补强民营经济短板，如中小企业数量不足，创新和经济活力缺乏基础。津环内，除天津滨海高新技术产业开发区华苑科技园、北辰科技园等国家级产业园区外，还存在部分传统企业及大量待盘活的闲置企业用地和厂房。按照生态宜居的规划定位，津环聚焦中小企业和民营经济发展，促进"三生融合"，形成内生型经济培育的沃土。一是大力发展新质生产力，根据规划，一环十一园新型社区都有各自的产业定位，如海河柳林地区是天津设计之都核心区，规划建设集中的服务中心，为城市提供创意创新、科技金融等都市新经济服务；创新规划土地供给模式，规划大师林、小总部等板块，适应民营经济和中小企业发展，增加企业经营主体和就业岗位。二是结合"联宅好房子"和新型社区建设，推进房地产发展新模式和增量发展。通过改革创新和市场化运作，在提供优质公共服务设施的同时，结合原生态公园和教育、医疗、体育、养老等公共设施建设，发展旅游休闲、体育健康、教育文化、医疗、养老、社区服务等产业。三是针对津环权属多元、未利用存量土地资源多的特征，谋划多主体发展路径，通过道路和市政基础设施、区域运营等特许运营模式和多主体开发，激活发展动力。完全采取市场化模式，将既有地铁线路延伸工程与成片土地开发捆绑，相互促进。围绕轨道站点集中建设社区中心，形成商业、社区服务、学校、绿地等构成的 TOD 微中心。在南淀项目中倡导利益相关方合作，共同参与土地整理与建设，促进多方共赢。四是实施盘活存量和城市更新，近期建设的天津第一机床厂、造纸厂、渤海无线电厂工业遗产活化项目（哪吒小镇）等项目，实现津环的产业焕新，留住工业遗产。

（4）社会治理创新策略

天津外环周边成片开发一直是市政府主导、市规划建设系统推动的传统模式，规划建设和社会治理是分离的，规划建设在前，社会治理后置，虽然实现了统一规划，加快了建设速度和品质，但后期产权和管理移交上带来一系列问题。津环多主体开发需规划和社会治理同步。将街道作为推动津环规划建设运营的政府主体，强化街道办事处职能，结合规划将现状 8 个行政区的 48 个街道整合成 20 个街道，试点成立街道管委会，在社会管理职能的基础上，参照功能区管委会模式，给街道下放部分经济发展和规划土地等职能，以适应工作要求。考虑到政府财政和编制的压力，学习借鉴宝坻中关村科技园和英国企业区的经验，通过政府信托第三方平台企业参与街道治理，形成小政府、大社会模式，鼓励社会力量参与和

1
—
2

1 生态宜居圈层产业发展示意图

2 天津智慧山产业园实景照片

居民自治，推行共建共治共享的社会治理创新模式，实现社会治理现代化。探索"政府引领、平台服务、社会参与"的创新片区运营模式，通过行政管理机构、城市综合服务商和协商共治议事平台协作，推动津环新街道的综合治理。

在我国城市"市—区—街道—社区"的四级管理模式中，街道是承上启下的重要环节，虽然从法律层面上街道办事处只是区政府的派出机构，但其管辖的范围和人口规模已相当于国外的小城市，成为大城市治理的关键环节。俗话说"上面千根线，下面一根针"，街道作为政策落地的最终执行层，承载着各级政府部门下派的繁重任务。党的二十届三中全会提出完善城市社会治理，要减轻基层负担，强化基层功能，但面临法律、编制管理、财政、行政权限等各方面问题。津环作为城市新建区域，应该采取成片开发新模式和社会管理的新机制，有效发挥政府、市场、社会三方面力量。在社会主义市场经济环境下，人民为中心，企业为市场主体，政府提供服务。通过设立有限股息公司确保企业履行社会责任，政府可以采取信托和特许经营等方式，将部分职能交由企业承担。这一模式既能减轻政府行政负担，提升管理效能，又可吸引更多社会资本参与片区开发建设和运营管理，激发市场活力，促进民营经济发展。街道作为基层治理主体，在区政府授权下履行辖区经济发展、社会和谐进步、环境保护三方面的职责。推动治理模式从政府单一管理向多元共治转变，以高质量发展破解治理难题，全面提升治理现代化水平。

→ 9.3　津环原生态公园策略与工程

9.3.1　原生态公园培育工程

津环具有较好的生态本底。外环绿化带和规划未建的一环十一园部分区域现状为林地。从规划实

津城"翡翠项链"系统整合设计

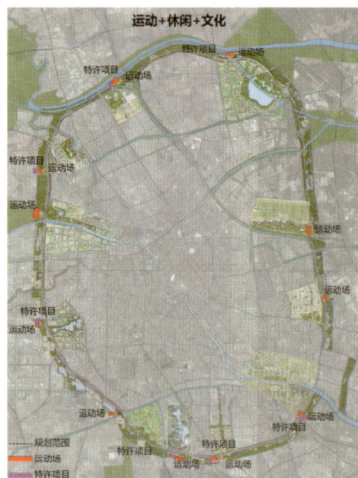

施情况看，外环绿化带规划 34 平方千米，已建 26 平方千米，未建 8 平方千米；十一园规划 18 平方千米，已建 3.6 平方千米，未建 14.4 平方千米。当前面临的主要矛盾和问题是：公园与林地应用两套技术、行政管理和法律法规体系。林地一般是农村集体土地，公园要在国有土地上实施。公园和林地有不同的管理体制和考核目标，都面临政府资金短缺的问题。

根据当前政府债务高、财政困难的形势，首先从自然生态的视角，以林地和湿地等自然本底为主，按照规划，开展原生态公园的培育工程。一环十一园未建区包含大量的林地，在公园建设前及初期，可利用现状林地开展植树造林行动。政府将重点促进林业提升项目与公园生态培育结合、湿地养护与景观培育结合。打破城市公园用地和农用地、林地分割的现状，通过植树造林和养育，提升生态品质，培育自然之美，为公园逐步养成提供基础。

同时，将津环作为津城沟通内外的生态纽带，以"生命共同体"思想统筹生态要素，推进系统治理生态修复，营建多样化生境。依托津城现有的河道、湿地、林地、农田等自然资源要素，融入文化体验、运动休闲等复合功能，建设特色城市生态公园，营造蓝绿融合环城生态游憩带，推进楔形郊野公园体系建设，以"园、水、林、场、道"相融共生为落脚点，突出五大场景，共同营造"翡翠项链"。

9.3.2 津环绿色空间的建设运营新模式

目前一环十一园的建设呈现出以下特征：西南半环已形成了功能复合的城市公园；东北半环城市化缓慢，规划公园没有实施，仍保留了原始的自然环境状态。因此，在未来十一园的建设中，应因地制宜，分类、分步骤地制定公园建设和运营机制。

针对西南半环已建或在建的公园，强化与新型社区融合发展，制定公园"盘活存量，提升质量"的规划。借鉴国际上最新成功经验，通过试点，探索公园的市场化特许运营管理。通过优化公园内商业用地及规模比例，改善传统公园运营机制等措施，激发民营经济参与公园运营的热情，营造公园与商业业态深度融合的消费场景，形成城市新的增长极。

针对津环圈层中尚未实施建设的七个公园，制定可持续发展机制。打破城乡割裂、破除城市公园

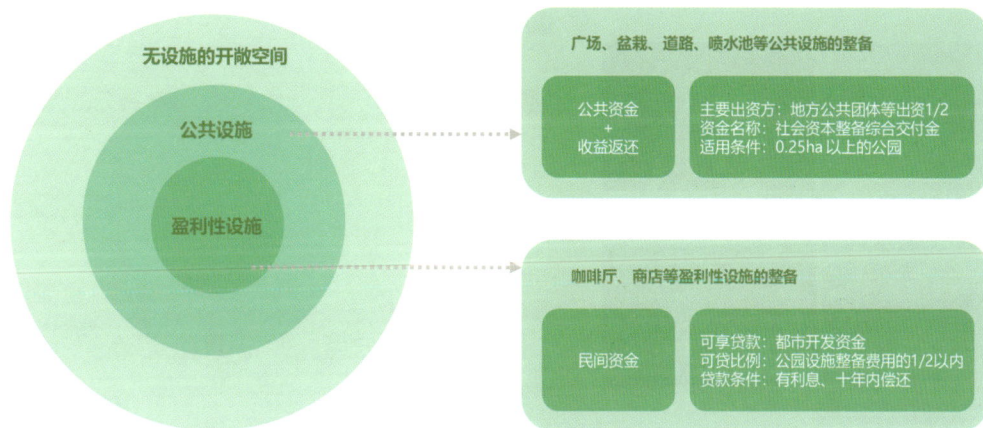

公园建设与运营模式建议

$\dfrac{1}{2}$

1　北京畈畈农场实景照片

2　津环公园建设运营新模式

高附加值农林用地利用——北京畈畈农场

共建共治共享，生态价值转化——成都公园城市
[图片来源：华高莱斯国际地产顾问(北京)有限公司（左）、万华集团　麓湖营销中心（右）]

人与自然共生，城市休闲胜地——纽约中央公园
[图片来源：华高莱斯国际地产顾问(北京)有限公司]

堆山公园
银河公园
刘园苗圃公园
子牙河公园
南淀公园
程林公园
水西公园
柳林公园
李七庄公园
新梅江公园
梅江公园

● 已建、在建公园
● 来建公园

必须依赖城乡建设用地的传统模式、必须通过土地征收转用来建设城市公园的做法。结合公园选址的现状地类，鼓励城乡建设用地与农用地综合利用，在农用地不征转的情况下，通过林地租赁、农用地流转、公私合营等方式，允许企业和个人参与林地活化利用和公园规划建设与管理，开展自然生态培育和适当的经营性活动，为居民提供亲近自然的场所的同时，实现资金平衡的双赢。近期可通过植树造林提升区域生态环境品质与碳汇水平，远期可结合公园滚动建设与运营。这样可以最大化保留场地的原生态特征，有利于更好地丰富公园景观场景和业态布局。学习北京畹畹畹生态农场和宁河贝贝农场的经验，编制七个生态公园的建设规划。改变政府一次性建设的模式，在统一规划下，结合现状，将公园划分出适当的分园，包装成项目包，向社会招商，让多方面的社会力量参与生态公园的培育、招商经营管理。

9.3.3 津城"植树造林、生态骨架"连接工程

津城持续 20 年的植树造林和林业提升行动是津环行动的基础，也是最容易操作和应用，并形成广泛共识的行动。政府制定植树造林规划和目标，分解到区、街镇，给予项目、资金及土地等方面支持，并鼓励社会公众参与。从规模化植树及生态培育开始，形成津城"环、廊、园"超级链接系统和"翡翠项链"绿色网络。

（1）构建超级链接系统

结构设计的核心是连接，津城"翡翠项链"的连接设计包含以下三个层次。一是环城绿色空间结构连接。通过绿道系统，将一环十一园与多样化的生态斑块以及外围的郊野公园、田园等大尺度生态基底连接，实现了生态要素的高度联结，从而形成一个以"翡翠项链"为主体，整体尺度适宜、形态

津城"翡翠项链"的绿色网络

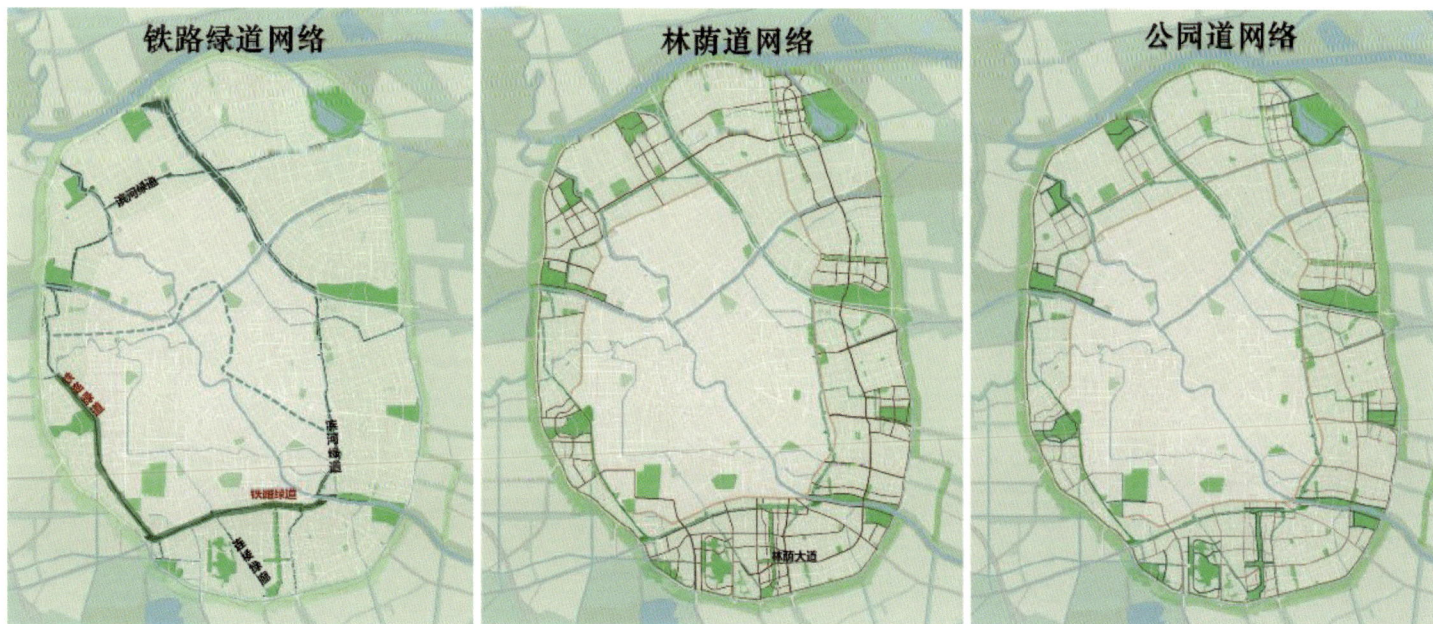

铁路绿道网络　　　林荫道网络　　　公园道网络

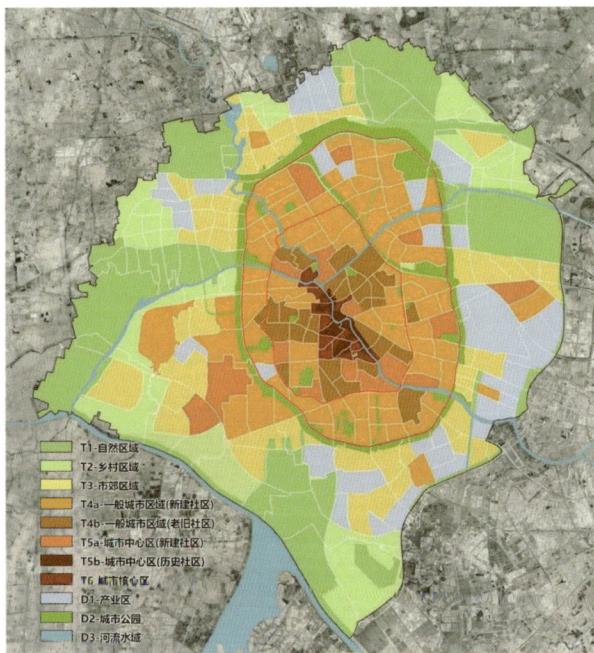

结构完整的近郊生态网络。二是向内与城区内部绿色公共空间连接。通过铁路绿道网络、林荫道网络、公园道网络等多层线性结构，将一环十一园最大程度地融入城市。三是向外与区域大尺度生态系统连接。依托河流绿廊，与津城外围中部、南部生态湿地保护区以及双城之间绿色生态屏障相联系，作为津城内、外生态系统连接的中枢，凸显高度开放性与成长性特征。

（2）构建城绿共融的津城魅力绿色空间网络

契合津城"核心－外围"结构模式特征，保护与修复现有生态空间要素，强化生态要素连接与相互支持，构建津城"三环、六廊"景观生态格局，这里的六廊即海河、南北运河、子牙河、新开河以及外环河等六条主要的河流绿化生态廊道。首先，建设 150 千米的外环绿道，促进外环 500 米防护绿带功能与空间的跃升，构筑生态游憩运动的环城公园，并串接环内十一个城市公园；其次，向外依托河流、绿廊构建郊野绿道环，串接六大郊野公园及绿色田园；最后，向内加快建设铁路绿道，连接津城中央活力区（CAZ）的各级公园及公共空间。

🡢 9.4　津环"联宅好房子"营造策略与工程

在快速、大规模的住房建设阶段，我国许多城市形成了大量与自然、人文环境缺乏联系的同质化住宅类型和社区，这种同质化蔓延造成"千城一面"、缺乏特色的城市风貌，难以满足新时期人民群众对高质量住房的多样化需求。津环具有较明晰的分层特征，围绕着大型城市公园、外环绿带公园环，可营造与自然环境融合、"拥园发展"的多样化、差异化的公园社区和全龄友好、邻里共生的"联宅好房子"，塑造具有津城特色的"生态宜居"圈层，为津城高品质特色人居的塑造提供最佳场所，更为中心城区人口密度调节、推动老旧社区更新改造提供可行的联动实施路径。

9.4.1 津环新型公园社区和联宅工程

为适应新时期发展和人的新需求，打破传统居住区规划千篇一律的做法，天津市制定了《新型居住社区城市设计导则》，2021 年开始在一环十一园周边地区试行。目前，解放南路新梅江地区、水西公园地区和海河柳林设计之都核心区在应用新型社区导则上初见成效。未来结合公园培育建设，推动程林、刘园、南淀等新型社区规划建设，进而推广到整个津环圈层，在实践过程中进一步提升完善。

突出"以人民为中心"和"生态文明"城市发展观，构建"城园融合、拥园发展"的新型公园社区，形成"人、城、境、业"融合共生的良好人居环境。遵循城市郊区化的客观规律，适应居民为缓解城市紧张压力、追求绿意和更好住房的美好向往，以大型城市和原生态公园引导新型社区建设，围绕外环绿化带和十一个大型公园，建设"生态 + 生活 + 生产"融合的高品质公园社区。在生态价值引领和本底养育基础上，以突出绿色生态空间价值为导向，集成"自然生态空间、宜居生活空间、城市公共空间及城市绿色基础设施"，丰富城绿互动方式，释放城绿综合价值。

明确新型社区规划设计模式，形成以公园为绿心、功能复合、充满活力的城市街道、广场等公共空间。公共服务设施与产业用地合理布局，教育、医疗等公共服务设施也采取改革创新的新模式。以大型公园为核心，组织社区绿道、小游园、公园等开放空间系统和慢行体系。围绕轨道和公交站点，营造功能复合的活力空间。实施分布式绿色基础设施，将开放空间网络作为海绵城市的载体，建设安全、韧性社区。从微观层次公园社区场景营建，到生态宜居圈层再到三个圈层融合的津城总体空间层次，形成完整的体系。

尝试多样化住宅类型，强化公园周边空间形态控制要求，公园周边以联排、多层洋房等联宅为主，形成低层高密度的邻里空间。适宜的开发强度是调节住房供应与需求的关键因素之一，既保证足够的绿地和公共空间，又给予充足的住房供应，实现居住环境的舒适性和可持续性。相比美国的独户住宅密度过低，联宅会成为促进邻里交往、延续我国传统住宅文化的适宜住房类型，联宅社区将会成为满足人民对美好生活需要的中国人居新范式。

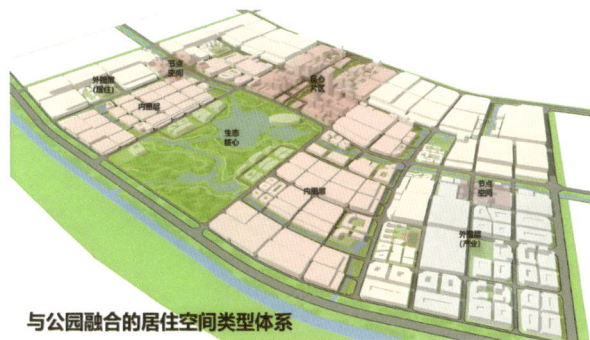

与公园融合的居住空间类型体系

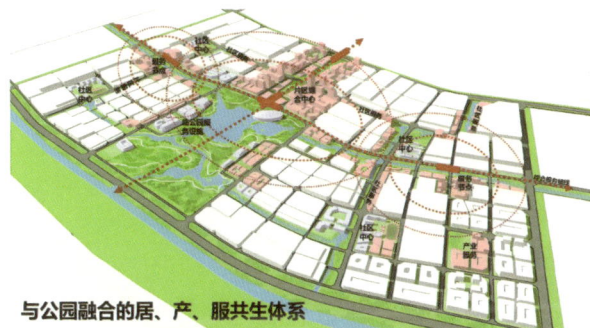

与公园融合的居、产、服共生体系

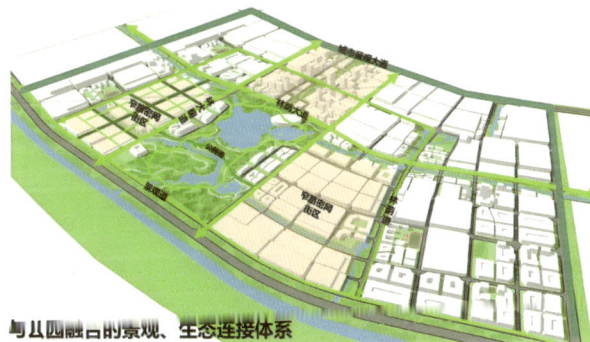

与公园融合的景观、生态连接体系

城园融合体系（组图）

9.4.2 津环宜居房（配售型保障性住房）建设工程

按照国家推进"市场 + 保障"住房体系要求，结合天津的实际，在津环区域规划建设面向工薪阶层，满足中等收入群体的高水平宜居房，即配售型保障性住房中的优选套型。强化政策性住房产品供给，满足不同人群特别是年轻人工作与生活的需求和消费习惯，建设面向老年人的住房以及儿童友好社区。借鉴《惜失联宅》一书中的理念，引入更多样的联宅住房类型，满足不同收入阶层、家庭结构和生活方式的人群的居住需求，解决过去保障房相对老观念位置偏、标准低、一味建高层的问题。在环境优越、区位良好的津环和一环十一园周边建设宜居房，对完善住房体系、吸引人才及推动房地产转型有重要意义。目前可以在比较成熟的，正在开发中的水西、解放南路、柳林设计之都核心区展开，宜居房占新建商品房的比例控制在 30% 左右。后续随着其他新型公园社区的建设，逐步在程林公园、刘园苗圃公园、南淀公园周边地区规划布置宜居住房，也可以结合一些大型项目的开发，如在银河公园附近展开。

9.4.3 鼓励多主体建房和住宅多样性工程

住房多样性是高品质生活水平的重要体现，也是未来我国房地产发展的方向。在津环地区率先鼓励多主体建房，开发企业定制建房。多主体建房是形成住房多样性的根本保障，也是打破房地产垄断，实现房地产转型和发展的关键。小尺度、产权相对清晰的联宅是住房多样性的基本类型，满足不同居

$\frac{1}{2}$

1　全龄化多元化社区模型

2　不同容积率下的居住社区空间形态示意

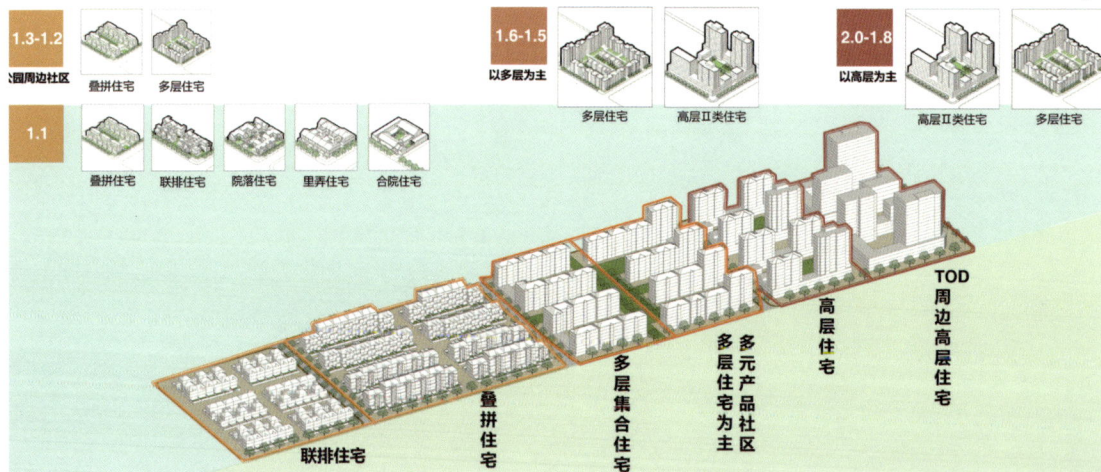

功能混合的街道界面

教育设施
适老住宅
共享办公
SOHO住宅
社区服务
社区商业

全龄多样的绿化空间

体育公园
都市农场
活力绿廊
集会休闲
生活庭院

1 | 2
3
4

1　居住社区多样性引导示意图

2　多样绿化空间满足各年龄段多样需求

3　八大里实景照片
　（图片来源：何俊祥拍摄）

4　时光之境实景照片
　（图片来源：天津市规划和自然资源局河西分局）

民的需求，亦适合定制和多主体开发、定制。在已经成片开发的一环十一园地区，如解放南路、水西等社区，可以鼓励定制住房等模式，创新探索。对于部分土地已收储的南淀、程林公园周边地区，结合成片开发模式的转变，将小地块、多主体建房和定制、合作建房作为成片开发新模式的重要手段之一，激发住房供给多样性，培育房地产市场。可以与周边现存集体建设用地统一规划，探索非商品住宅类集体建设用地依法入市，共同促进新型社区建设和当地经济活动。

9.4.4　中心城区老旧小区城市更新与津环新型社区建设内外联动

《天津"津城"城市更新规划指引（2021—2035年）》提出以改革创新为引领，充分利用市场化手段，按照"内外联动、近远结合、统筹平衡"的总体思路推动城市更新项目实施，探索可持续更新模式，引领城市高质量发展。按照国家"一城一策"要求，结合城市更新探索现代住房制度和相应的房地产调控措施。鼓励新建社区建设与老旧小区改造联动，使市民多元化的住房需求得到合理满足，居住条件得到根本性改善，切实增强人民群众的获得感、幸福感。

目前，天津市内六区共有老旧小区建筑面积约7 000万平方米，容纳了大约300万人，占中心城区常住人口的一半以上，这些老旧小区是城市更新的主要区域。津环十一园周边地区存量土地资源丰富，可以作为中心城区人口疏解的优质承载地，同步建设优质教育、医疗和公园设施，实现公共服务均等化，提高居民生活品质。通过津环的高品质新型社区的开发建设，吸引住在老旧小区的人口向外围流动，满足居民改善型住房需求，政府推出相应鼓励政策，通过收购老旧小区住房作为保障性租赁住房等措施，腾出部分房屋，降低人口密度，为下一步年轻人和新市民进入，以及老旧小区步入内在性更新阶段创造有利条件。老旧小区和新型社区的新旧联动，将使津城整体生活品质得到全面提升。

城市更新联动项目案例：和平路片区与金钟河项目联动，探索城市更新模式。将和平区优质教育、商业资源导入金钟河大街东丽片区，建设高品质新型住区。为优化和平路片区人口结构，将实施房屋等价值置换政策，居民可迁至配套完善的金钟河地块。资金反哺，和平区教育赋能使项目获得增值，将溢价收益反哺作为和平路片区更新改造的启动资金，支撑和平区国际消费核心承载区功能。

老旧小区与新型社区联动示意图

→9.5 津环内生经济培育策略与工程

9.5.1 津环内生产业培育工程

津环，包括外环绿化带，要从增长控制转变为城市经济发展的动力。随着津城已经跨越外环线拓展，环城绿色空间对于城市快速增长的控制功能逐渐弱化，而激发"生态动力"、促进"三生融合"、推动"生态+"与"+生态"发展模式成为津环的核心功能。促进生态空间赋能产业转型升级、创新技术聚集以及公共服务增效，联动环外沿线的科教、研发、产业资源禀赋，将绿环地区升级为集生态体验、科教创新、科创服务、共享经济等功能于一体的复合功能体、服务都市创新的动力引擎。

津环突出境业融合，彰显生态价值和动力，构建"环境、创新、技术"融合的生产力布局，形成"绿环+产业"的整体格局，打造内生型经济生态。加强津环与外围圈层的空间、交通和功能衔接，充分发挥津环的生态、景观禀赋优势，引导新兴绿色产业、服务业聚集，促进周边的大学城、科教园区、产业园区关联互动，加快传统产业园区的升级转型，形成高品质环境驱动的创新走廊格局。

强化城市公园、环城公园、郊野公园、生态廊道等高品质绿色生态景观与产业空间融合的场景营造。促进外环绿带涉及的低效产业用地转型（存量或减量发展），借助环境优势、产业基础，导入与环境相容的科创型小微企业，制定更新政策，将产业更新与环境更新结合；十一个公园社区主要承接核心区服务业外溢，以及对接外围组团产业，发展生产性服务；郊野公园与产业园区转型升级结合。

绿环+产业整体格局示意图

产城融合模块研究

屋顶花园　光伏绿电　　科研互动中心　　　　产业交往空间
　　　　　　　　　　　服务与办公、产业实验室

产城融合单元示意图（组图）

9.5.2　以成片开发、基础设施特许建设经营带动街道经济发展

各种功能区、城市新区，包括大型居住区的成片开发和基础设施建设是城市重要的经济活动，同时可培育新的经济空间。过去这些成片开发都是政府投资实施，在目前债务高企的情形下，以特许经营作为成片开发的新模式可以推动片区开发和经济发展。特许经营即以竞争性谈判等方式选择合格市场主体作为片区基础设施建设运营、成片开发的主体。其与传统模式的核心差异在于：一是非政府投入，不能增加政府隐性债务，即政府不承诺财政托底，一般也不包括政府购买服务等内容；二是土地的处置与传统征收转用等一级开发模式也不同，需推动制度创新。国内外有许多经验可以参考借鉴，包括天津的历史街区开发建设。

天津英租界在历史上通过现代化的基础设施建设和经营保障机制，有效吸引了大量民间资本和商业机构的入驻，从而带动了城市经济的发展。租界的建设由工部局主导，负责市政设施、规划与卫生管理等，并通过土地拍卖和税收获取资金支持城市管理与运营。工部局及相关附属机构则致力于休闲和教育空间的规划，为居民提供了良好的生活环境。这些措施不仅促进了房产交易市场的形成，还吸引了各国洋行在沿海河地区聚集投资，涉及金融、房地产、运输等多个领域，推动了相关产业的发展。洋行的经营活动为租界带来了丰厚的税收收入，进一步支持了城市基础设施的完善，形成了一个良性循环，显著提升了城市的吸引力和竞争力，加速了天津向现代化城市的转变。

9.5.3　小尺度规划土地改革试点工程

与传统政府主导的成片开发不同，新的特许经营成片开发模式是市场化的，必须考虑市场需求和变化、投入产出效益，是一定时期内渐进式的滚动开发。因此，在制定规划时，就必须考虑市场需求和变化，确定开发步骤和程序，尽可能减少投入，获得较好的效果。由"蓝图式规划"向"治理型规划"转变，应对片区未来发展的不确定性和市场需求的变化，适当考虑片区弹性留白空间，鼓励片区用地的高效混合。可结合街区控规编制试点，对于未开发的新型公园社区，学习借鉴美国规划单元开发（PUD）方法，规划只确定最基本的内容，其他内容可结合实施和市场作调整。土地细分导则突出小尺度规划，适应新的开发建设模式，也顺应后现代主义"小就是美"的发展趋势。关键是要合理确定道路交通、市政基础设施等准公共产品的规划定位，为市场化处置提供条件。

结合成片开发、多主体和定制开发等模式的改革创新，在国家法律法规的框架内，创新土地评估、出让方式，以适应经济社会发展的多样性。对确认为特许开发实施主体已经整理的土地，采取注资、协议出让等方式，将被视为政府隐性债务的企业债务转变为可开发经营的资产。按开发周期特点延长土地出让金缴纳及开竣工期限，保障项目能够良性滚动发展。对于比较敏感的土地增值，要求特许经营企业作为有限股息企业，将土地增值收入主要用于区域开发运营平衡和发展社会事业。改革土地利用一次性实施到位的传统做法，划小地块，鼓励低门槛进入，培育真正的土地市场。鼓励混合用地，包括空间上和时间上。此外，完善与土地利用相适应的产权登记手段。

9.5.4　鼓励民营经济、中小企业市场主体工程

津环是助推民营经济、中小企业发展的最佳空间场所。大力发展民营经济、对标全国民营经济高质量发展水平，是天津经济真正实现转型的关键。要将国家和天津市制定的支持民营经济、中小企业发展的政策措施在津环落地。制定清晰的发展规划与激励政策，确保市场力量在明确规则下安心投入、放心发展。在政府引导下，通过特许经营等方式，鼓励和支持民营企业参与津环各街道的成片开发、原生态公园营造、基础设施建设与运营等。同时，通过划分适合中小企业的小地块出让，吸引民营经济和多元化社会投资，参与新街道建设和发展。这一系列举

$\dfrac{1}{2}$

1　设计之都核心区中小企业集聚区方案（组图）

2　水西公园片区商业街道丰富供地方式研究（组图）

措不仅将加速区域经济的内生增长，还将在实践中不断探索和完善内生型经济的培育模式，形成政府、市场、社会三者协同推进的良好局面，为城市经济发展新范式与可持续发展树立典范。

9.5.5 盘活存量的城市更新工程

津环内，除天津滨海高新技术产业开发区华苑产业区、北辰科技园等国家级产业园区内的新企业外，还存在部分传统企业及大量待盘活的闲置企业用地和厂房。实施城市更新和存量盘活是津环内生经济发展的重要抓手。目前已经开始实施天津一机床、无线电厂等项目，谋划公交一公司等新项目。

（1）天津第一机床厂——都市产业公园

天津第一机床厂始建于 1951 年，是新中国机械制造类工厂的典型代表，也是目前仅存的 3 个还完整保留老厂区的机械工业遗存之一。第一机床厂旧址的城市更新项目，总占地面积约 73 万平方米，总投资 66 亿元，开发建设周期为 5 年，是天津市重点工业遗存保护区和产城融合示范区。预计到 2027 年完成整体开发。更新改造后的津一会客厅、厂史馆、产业创新中心等已经投入运营。

（2）哪吒小镇——工业遗产复兴文商旅融合

哪吒小镇的前身是渤海无线电厂，建于 1958 年，占地面积 100 亩（约 6.67 万平方米），建筑面积 3.2 万余平方米。它不仅是新中国第一批收音机的诞生地，更是陈塘庄工业区辉煌历史的见证者。2022 年，河西区政府秉持着保护工业遗存、保留城市记忆、传承城市文化的理念将原天津渤海无线电厂进行存量资产盘活。

（3）公交一公司——有机生长，动态转变

天津市公交集团第一客运有限公司（简称公交一公司）于 1996 年成立，公司经营范围主要包括市内公共汽车客运、设备、自有房屋租赁等服务。盘活存量项目以有机更新为导向，通过有机生长和动态转变，以吸引年轻一代，打造绿色低碳、智慧科技、功能灵活的宜人尺度园区。

津环盘活存量的城市更新项目

华苑智慧山	哪吒小镇	第一机床厂	公交一公司	南淀公园
产业园升级转化·文化活力社区	工业遗产复兴·文商旅融合	工业遗存·城市更新标杆	有机生长·动态转变	闲置资产盘活·自主更新

公共休闲绿地

文创体验空间

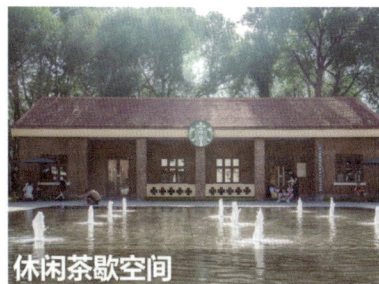

休闲茶歇空间

小型沙龙空间

体育运动场地

婚姻登记处

天津第一机床厂城市更新实
景照片
（图片来源：何俊祥拍摄）

以哪吒文化为核心，塑造地标文化，创新消费场景

创新投融资模式，新质产业赋能文商旅

哪吒小镇城市更新实景照片
（图片来源：天津河西区融
媒体中心）

将大规模工厂转变为适合
人类尺度的空间
同时可以获得灵活的空间
具有高天花板和大跨度的灵活空间

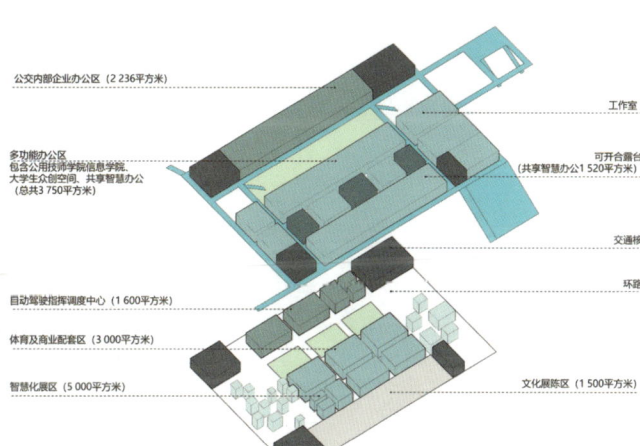

天津市公交一公司城市
更新策略图

⊙ 9.6 共建共治共享的社会治理创新策略与工程

新时期城市营造，尤其是津环的实施，需要城市治理模式的创新。津环多主体共同推进的新的成片开发模式涉及社会治理众多方面的改革创新，可以结合津环已经启动实施一环十一园的实践案例，推进各项创新策略和工程。我们城市外围统一规划的开发主要有两种类型：一种是各类开发区，以产业为主；一种是大型居住区，以居住为主。功能区管委会的模式被证明是比较成功的，虽然存在社会管理薄弱的问题，而居住区开发一般都存在社会管理滞后的问题。因此，津环的建设应该是借鉴功能区开发管理成功经验的"三生融合"的新型街道治理与发展模式。

9.6.1 街道管理体制改革

在我国城市治理体系中，街道作为区政府的派出机构，承担着承上启下的重要作用。虽然从法律上讲街道办事处只是区政府的派出机构，但其辖区面积和人口规模相当于国外的小城市，是大城市治理的关键环节。俗话说"上面千根线，下面一根针"，各级政府、各部门的各项工作都汇集到街道基层，基层不堪重负。在津环地区，许多规划社区横跨多个行政区划、多个街道，无法统一管理，问题更加突出。另外，传统的街道、镇管理模式难以有效应对复杂多变的社会需求，导致社会治理效率低下，社区活力和发展能力受限。

党的二十届三中全会提出完善城市社会治理，要减轻基层负担，强化基层功能，但面临法律、人事编制、财政、行政管理等各方面问题。津环主要是新建区，应该采取改革创新。将街道作为推动津环规划建设运营的政府主体，强化街道办事处职能，将现状 8 个行政区的 48 个街道结合一环十一园地区规划进行整合。在社会管理职能的基础上，参照功能区管委会模式，给街道下放部分经济发展和规划土地等职能，试点成立街道管委会，仍然是政府派出机构，对辖区进行全面管理。具体做法从实际出发，采取各种适宜的方式。比如，解放南路新梅江地区已经完成了将部分原津南区行政区范围调

八大里居民活动场景
（图片来源：何俊祥拍摄）

整到河西区的工作，成立了河西太湖路街道，加上原有街道，新梅江地区共有河西区的四个街道。可以将陈塘管委会与部分街道整合，形成"一套人马两个牌子"，或整合为一个街道管委会牌子，同时负责经济和社会管理职能。水西公园地区目前均为西青区属地，但分属两个街道，要进行整合。如果由于历史问题未解决等原因，暂不调整街道边界，也可以委托一个街道管委会为主进行全面的管理。南淀等地区也是同样的情形。对于跨行政区暂时调整困难的，可以学习美国小城市区域联席会的做法，成立街道管委会联席会，协同管理。如梅江地区，大部分属于西青区街道，少部分属于河西街道，可以以西青梅江街道为主成立梅江街道管委会联合会。海河柳林设计之都核心区涉及河西、河东、津南、东丽四个行政区的数个街道，可以成立东丽区新立街道管委会牵头的柳林街道管委会联合会，统筹区域规划建设和治理。

要给街道授权，赋予相应的职能，增强能力，以适应工作要求。这涉及政府多项职能和发改、财政、规资（规划和自然资源）、生态、城管、住建、交通等市区政府各个部门，需要多部门协同，统筹部门条块，凝聚合力，"属地导向"。这方面有向滨海新区、功能区授权的经验。街道管委会要具备承接的能力，可以使用大数据、人工智能等新技术，整合成多尺度协调、多系统融合、多目标引导的系统集成。

9.6.2 街道信托或特许经营平台公司和"共建共治共享"新街道社区工程

考虑到当前天津政府财政和编制的压力，街道办事处和综合管理机构难以通过扩大编制规模或增加财政预算来满足日益增长的社会服务需求。通过政府购买服务引入专业社会组织成为一种可行的解决方案。需通过模式创新提升效能，开源节流，有效发挥政府、市场、社会多元力量。学习借鉴宝坻中关村科技园和英国企业区的经验，通过政府信托或特许经营等方式，委托或授权第三方平台企业或社会组织参与街道治理和各项工作，形成小政府、大社会模式。正在建设过程中以及还没有开始建设的一环十一园地区都可以开展这项工作，通过竞争性谈判等方式，确定平台公司或组织。要明确工作总目标和年度目标，进行年度考核，建立退出机制，保障有效性。如南淀城市设计中结合实际设计的平台公司机制。

2015 年中央城市工作会议指出：统筹政府、社会、市民三大主体，提高各方推动城市发展的积极性。城市发展要善于调动各方面的积极性、主动性、创造性，集聚促进城市发展正能量。要坚持协调协同，尽最大可能推动政府、社会、市民同心同向行动，使政府有形之手、市场无形之手、市民勤劳之手同向发力。政府要创新城市治理方式，特别是要注意加强城市精细化管理。要提高市民文明素质，尊重市民对城市发展决策的知情权、参与权、监督权，鼓励企业和市民通过各种

传统社会治理

服务型政府与居民共享的社会治理

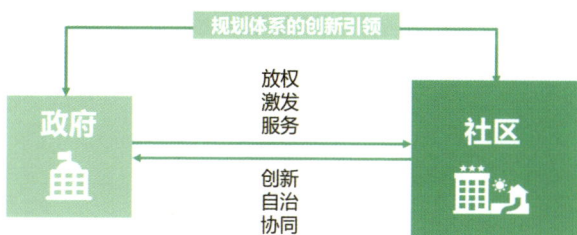

传统社会治理与创新社会治理模式对比图

方式参与城市建设、管理，真正实现城市共治共管、共建共享。

传统的社会治理模式是大政府、小社区。新的社会治理模式是政府与社区互动的模式。津环"共建、共治、共享"新街道社区工程，统筹市区政府、街道管委会、各类企业、社会民间组织、居民和社区居委会，包括教育科研和社会中介机构等多元力量，在不同尺度、不同侧面、不同项目上，协调促进多元主体广泛参与规划、建设、治理，鼓励市民共同参与津环社区的设计、建设运营和治理，增强市民归属感、自豪感以及家园意识，共享发展的成果和成功的喜悦。

9.6.3　从先建后管到同步推进

天津外环周边成片开发一直是市政府主导、市规划建设系统推动的传统模式，规划建设和社会治理是分离的，规划建设在前，社会治理后置，虽然实现了统一规划，加快了建设速度和品质，但后期给产权移交与后续管理带来一系列问题。

中央城市工作会议指出："统筹规划、建设、管理三大环节，提高城市工作的系统性。"改变现行的"先建设、后移交管理"的惯性模式，破除规划建设与运营管理缺乏统筹的弊病，明确街道作为津环规划建设运营的主体，强化街道办事处职能，鼓励第三方参与街道治理，实现社会治理现代化。推行共建共治共享的社会治理创新模式，通过行政管理机构、协商共治议事平台和城市综合服务商协作，在确定成片开发时首先明确街道管委会属地行政管理机构和"规划—建设—管理"实施机制。规划要在这个机制平台上编制，让公众广泛参与，建立共识和实施导则。以街道为单元，统筹经济社会环境等各项工作。加强多部门沟通，促进各部门密切配合，支持街道管委会工作，开启城市治理建设运营新机制。

9.6.4　自下而上社会治理模式创新试点工程

面对当前政府财政压力加剧、公共支出负担沉重的现实，如何在资源有限的情况下提供优质且适应时代需求的公共服务，成为摆在所有城市面前的紧迫课题。在这一模式下，通过特许经营等方式，确定区域平台公司，市场化运作管理。除基本的市政和公共服务外，可以拓展服务内容，确保服务质

成都麓湖生态城社群活动
（图片来源：万华集团　麓湖营销中心）

量与成本效益均衡。对于教育、医疗、卫生、体育等公共服务，也要改革创新。街道管委会作为政府派出机构，发挥引导和调控作用，鼓励多元主体参与，构建自下而上的社区自治体系。这种模式强调居民的主动性和创造性，通过激发社区内部的活力，实现公共空间的有效利用和社会资源的优化配置。同时对接社区治理建立街道—居委会—业委会三级管理体系，构建七大服务场景，形成三类配套服务层次多层次社区配套，满足多元需求。

9.6.5 面向实施的城市设计和街区控规工程

津环的社会治理创新也要以规划为引领，规划改革创新和社会治理改革创新要同步先行。规划是街道社会治理的重要手段，新的规划制定和实施机制可以激发和整合各方面社会自治力量参与到片区治理。政府与社区组织、社会力量、企业及居民之间形成合作伙伴关系，共同参与城市设计和法定规划编制和决策过程，确保社区治理的透明度和公平性。借鉴国外社区规划制度实践，可尝试在津环圈层建立社区规划制度，由市、区政府赋予街道行使部分规划的权力，构建多方协同的社区规划环境。通过建立一套灵活、响应迅速的动态机制，可有效应对社会变迁带来的挑战，推动社区可持续发展与品质提升。

社区规划也不是传统自上而下的单向模式，而是公众、社区和各利益主体广泛参与的、面向实施的规划，包括城市设计、城市设计导则、细分导则、单元控规和街区控规等，根据权限由不同层次政府审批，达到在宏观整体上把控住、实施层面有面对市场的更多的适应性。在建地区的城市设计结合项目策划，面向实施，首先要研究市场和招募参与实施的各种主体，按需规划设计，同步推进土地出让与建设，探索房地产开发新模式。将各方达成一致的城市设计方案转化为细分导则和城市设计导则，以此指导和推动实施。新开发地区的整体城市设计与街区控规同步编制。街区控规编制单元与街道社区辖区相一致，并采用新的组织编制模式和批准机制。由街道管委会组织编制、市政府审批，作为整体街道发展的法定依据。在符合街区控规的前提下，单元控规由规划部门和区政府审批。土地细分作为规划管理的技术措施，由区规划部门依据程序实施。

各街道管委会组织编制社区规划，规划主管部门、区政府指导，由社会中介机构提供社区规划技术支持，要求公众参与，鼓励社区居民、社会组织、企业等多方力量参与社区规划过程，通过召开座谈会、听证会等形式征询各方意见，确保规划方案的广泛性和代表性。考虑到市区政府财政紧张，街道管委会一般情况下没有规划编制的经费，而且目前经济形势下，许多规划设计机构缺乏业务，因此，可以采取先规划后付费等对赌方式开展规划编制及实施工作。明确工作任务，以规划能够成功招商引资为目标，通过将规划设计费用纳入土地出让成本等，形成商务闭环。要设定规划设计机构、联合体的基本能力，通过竞争性谈判等方式

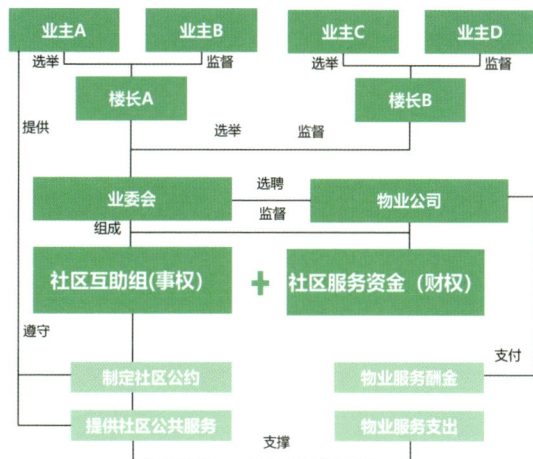

"熟人社会"基本架构

予以确定，也可以由街道管委会信托平台公司代理规划设计商务事宜。确定的规划设计机构作为街道社区的规划师，要采取新的开放的规划设计组织模式，采用国外比较成功的系列社区规划工作坊等手段，以保障各方参与、各种利益得到体现、各种矛盾关系得以协调，使街道社区规划达到比较高的水平，关键是能够推进实施。这种做法比社区规划师机制前进了一步。当然，当前规划面对的困难、问题、矛盾和挑战千变万化，各个街道社区情况各异，需要有经验和能力的规划师统筹，需要在实践中探索前行，这也是我国深化国土空间规划实施和深化城乡规划改革最广泛、最生动的舞台，也是广大规划设计人员的出路和提升自身才干、发挥更大价值的平台。

◉ 9.7 津环十一个"新街道"争奇斗艳

9.7.1 新街道工程

津环是美好的新生活愿景，是诗意栖居的场所，是人生奋斗的空间，也是企业和企业家成长的空间。津环具有明显的地域特征，是绿色、居住、产业混合体，是生态美育、经济繁荣、社会融合的人居环境，也是经济社会改革的堡垒。津环营城四大战略需要落实到空间地域上，11 个公园社区就是最适宜、最成熟的载体。街道办事处履行属地统筹职能，要承担辖区经济发展、社会和谐进步、环境保护三方面职责，主动作为，打造天津新时期 11 个新的增长极。从单向自上而下的治理，转向上下联动的全面发展。通过发展解决矛盾和问题，实现更高水平的治理。

打造一园一特色的津环新街道，作为新时期改革创新的空间场所，成为津城发展的腰部地区和全新的增长极。结合 11 个公园的生态本底及周边城市产业基础，融合人居、基础设施建设、片区发展模式的新理念，新的发展和管理模式。11 个公园社区新街道由于区位不同、建设进度不同、成熟度不同、问题不同、发展方向和模式不同，可以同步推动，实施差异化开发时序，近期工作的方向和重点不同，各具特色。总体看，分为已经基本建成、正在建设和还没有大规模建设三大类，西南部分成熟度比较高。但不是说其他街道就没有机会，只是发展的方向和重点不同。规划要突出各自的特色，形成各自的发展机会和路径。按照集中力量优先开发重点片区的方式，应该集中力量把在建的地区加快建成，实现土地价值提升与产业集聚效应，再推进新的片区开发，循序渐进。

9.7.2 每个新街道的特色塑造和发展路径

（1）梅江新街道——以传媒会展新业态营造成熟国际公园社区

20 世纪 90 年代以前，梅江还沉睡于天津南部城乡接合部，偏远荒芜，并不受人待见，远不是如今的景象。20 世纪 90 年代末期，天津全面启动安居工程建设，梅江成为集中开发的五大居住组团之一，被定位为"生态居住区"，开启了天津住宅进入品质需求的时代。各种类型的商品房琳琅满目，争奇斗艳，吸引了人们的目光。此后的二十多年间，梅江地区挂着"外溢改善"的标签从零起步，从曾经荒凉的"卫南洼""大水泡"，到"入则自然清幽、出则繁华簇拥"的大梅江住区。除了是生态住区的代表，该地区同时还肩负着对外形象展示的重任。自2008年起天津与夏季达沃斯论坛建立了深厚的合作关系，梅江会展中心—梅江公园片区一跃成为对外展示天津魅力的形象窗口。梅江公园也为人们繁忙的都市生活带来了一片宁静的绿洲，向世界展示着天津的生态之美、和谐之美。

历经二十余载的发展变迁，梅江公园周边地区已成长为津城南部较为成熟的大型住区。虽然商业综合体、医院、学校、基础设施配套一应俱全，但因采取了围绕大型公园水面的大街廓布局，导致路网密度不够、居民生活不便、活力不足等问题。随着梅江公园二期、新梅江公园和眼科医院的落成，为片区发展和存量更新增添了"绿色写意"和资本。在未来很长一段时间里，城市更新、产业焕新、社会繁荣将成为地区建设发展的重点，扎实推行"绣花功夫"精神，织补城市功能，焕发产业新优势，完善配套设施建设，充分展现天津的"精气神儿"。

公园水体是梅江的特色，已有高端居住和人才聚集优势，要进一步发挥梅江会展中心区位好的优势，培育特色品牌展会。同时，在数字信息时代，要充分发掘天津电视台、海河媒体中心的资源，学习借鉴湖南卫视的成功经验，打造高端节目为龙头的产业链。周边的存量工业可以打造成配套产业。梅江的各个公园，也要围绕传媒主题进行场景营造，实现市场化运营。作为当前的涉外社区，要进一步完善配套设施，增强国际人才吸引力。未来天津妇幼保健中心、急救指挥中心的建设也要按照国际标准开展。现有的商业，包括北段黑牛城道的友谊天地、大岛商业区、小岛商业区，要借鉴山姆会员商店的经验，向国际化社区标准靠拢。

梅江街道辖区总面积为1.91平方千米。在行政管理上，隶属西青津门湖街和河西区梅江街道，两街都要提升为街道管委会，要互动，组成梅江"街道管委会联合会"，建立新的合作机制，协同社区发展和治理。

梅江公园及周边地区航拍照片
（图片来源：天津市城市规划学会城市影像专业委员会 | 枉言拍摄）

（2）解放南路新梅江街道——产业功能复合的区域活力微中心

解放南路地区位于河西区南部区域，南北长 5 千米，可以分为北部、中部、南部三个部分。解放南路北部历史上是河西最大的陈塘工业区，有轧钢一厂、钢丝绳厂等企业。随着工业东移战略的实施，传统污染严重的企业已经全部搬迁。2005 年，作为迎宾路的快速路通车时，黑牛城段两侧需要设置大型广告牌以遮挡剩下的破旧厂房。2014 年开始统一实施新八大里规划，由于交通便捷、区位良好，市场反应热烈，项目快速建成，形成了办公、公寓和居住综合社区，也形成了良好的城市面貌。河西区传统的金融、科技等功能核心主要集中在北部，有小白楼航运服务集聚区和友谊路金融服务集聚区。新八大里数字经济产业集聚区和陈塘科技商务区等新兴产业集聚区成为河西区增长点。

解放南路中部地区历史上也是工业仓库聚集区，改革开放后兴起各种建材、汽车批发零售市场，20 世纪 90 年代还在此建设了陈塘热电厂。但陈塘热电厂已关停多年，一直未能重新开发利用，规划的汽车园等产业项目也未能实施。目前，中部规划提升已经编制完成，结合保留热电厂的冷却塔和建成的地铁站，规划以商业文化街区、活力街道为主的活力小镇，积极探索生态空间与工业遗产赋能产业转型升级的新方式，以激发区域活力，增加就业、吸引人才，继而形成功能复合的区域活力微中心。

解放南路南部地区历史上是津南区的农田和坑塘水洼。2014 年随着老八大里拆迁，开始建设还迁房。为配合 2017 年全运会，建设了全运村。这部分被称为新梅江，规划设计吸收借鉴了梅江的成功经验和教训，采取了方格路网和创新的规划方法。在土地出让前建设了道路市政基础设施、公园和完善的公共服务配套设施。区域内优质教育资源分布多、配套设施完善、生态环境优良，一段时期内成为天津中心城区商品房开发销售规模和品质最好的地区之一。但是，由于人口增长放缓和外部环境变化，加之区域开发规模较大，住宅产品同质化等因素，也出现了销售规模和价格调整的情况。另外，虽然建成了中海环宇城商业综合体，但周围还有许多未出让的土地，城市街道与广场界面一直没有形成。

在未来，新梅江要坚持高品质生活区定位，同时，考虑更多样的、适应市场需求的住宅类型，包

新梅江公园及周边地区航拍照片
（图片来源：天津市城市规划学会城市影像专业委员会 | 侯鑫拍摄）

括面向在周边工作的年轻人的产品。同时，与河西区旧城区城市更新联动，吸引老旧小区人口到此置业安家。结合新形势，进一步优化南部片区城市设计和规划，探索公园周边尚未开发的高容积率规划商业地块，通过调整建筑形态、适度降低容积率、与公园融合一体化设计等方法，创造更宜人的空间环境，吸引体育运动、医疗健康等产业和设施入驻，完善社区生活。

新梅江规划的特色之一是中央绿轴（Central Green Axis，CGA），是串联北部环城铁路绿道公园和外环 500 米绿化带的重要开放空间系统，长约 4.5 千米，其南北段均在海绵城市相关示范工程中得以实施。中段约 1.5 千米长度由于拆迁等问题尚未实施。

新梅江总面积达到 17 平方千米。在行政管理上，过去分属河西区和津南区，目前都已经调整为河西区，但分属陈塘庄、尖山、东海、太湖路四个街道，另外还有陈塘科技商务区管理委员会。要对现有街道进行整合，提升为新梅江街道管委会，与陈塘管委会也要整合成一体，履行全面经济与社会管理职能。对于中央绿带公园，包括政府与社会资本合作的投融资（PPP）项目，也要积极研究探索采用市场化建设运营的新模式，吸引社会资本投入，减少财政压力，提高养护管理（简称"养管"）水平，实现多方共赢，更好地为居民服务。

（3）水西"侯家后"新街道——与天开园共生的新型宜居公园社区

水西公园地区是 1986 年城市总体规划确定的侯台风景区，历史上是"坑塘洼淀"。在 20 世纪90 年代后期，复康路以南开始规划建设天津高新技术产业华苑园区和华苑居住区。2002 年，天津开始推进公园建设"绿色家园"行动，侯台公园是第一批公园建设项目。2005 年开始征地拆迁，2011年开展城市设计国际征集。2012 年规划初步确定，启动公园及基础设施建设。天津市委、市政府非常重视水西片区规划建设，提出规划提升要求。2016 到 2021 年开展了规划提升，经市规划委员会和市政府审议，城市设计和控规得到批准。在原开放型宜居公园社区的基础上，增加了创新型活力服务中心的规划定位。2020 年开始土地出让，2021 年作为新型居住社区试点。经过几年开发建设，形成了

水西公园及周边地区航拍照片
（图片来源：天津城市规划学会城市影像专业委员会 | 刘昊明拍摄）

以新中式低层和多层为主的新型公园社区，成为新的改善型住房标杆。现在的问题是，新建商品房均是改善型，购房者主要是中老年人。此外，公园养管经费不足，周围商业服务设施缺乏，生活不便。计划落户的天津市第一中学等重点学校目前还未建设。

要全面实行规划和定位，最急需的是与天开园（天开高教科创园）和华苑科技园互动。依托华苑的科技企业和人才优势，为华苑提供适宜的品质住房和新潮的生活环境。首先，选取区位优质的中糖地块、商住混合用地（OP地块）建设2000套面向华苑年轻人的订单式宜居房。通过分年度交纳土地出让金政府收益部分，合理降低地价及房价，降低购房准入门槛。在保证产品竞争力及合理开发利润的前提下，为青年人提供面积适宜多孩家庭、品质优且可负担的好房子，凝聚社区居民认同感，鼓励多元个性化表达，建构守望相助的邻里。拓展住宅多样性，采取更具弹性的土地出让和付款方式，探索定制式代建、多主体共建，构建房地产新模式。

紧邻地铁站点的商住混合用地（OP地块），结合当下年轻人新生活方式的需求，将原本的传统商业MALL转变为更加灵活多元的商街，容纳新型农贸市集、社区图书馆、轻食、运动、亲子、疗愈、创意办公、SOHO（小型办公或家庭办公）等复合业态，成为地区高端时尚生活交往中心。西侧高层宜居房底部空间规划为共享办公、健身房等大尺度空间。依据房地产市场变化，创新小型地块划分；多主体规划策划和土地出让模式，降低企业购地门槛，促进民营经济发展，满足中小型科技创新企业需求，激发内生动力。

2018年水西公园建成，借天津历史上著名的、遗址已不存的水西庄而名。OP地块商街可同样取名天津历史上三叉河口著名的繁华地侯家后，既体现有文化感的商贸，又可让历史活化。水西地区面积达到6.8平方千米，分属西青区中北镇和西营门街。建议成立水西街道管委会。在成立之前，可以建立中北镇和西营门街水西街道管委会联合会，并成立以社会力量为主的水西地区共建共治共享理事会，让一中心医院、泰康人寿、天津市第一中学、实验小学等单位也参与其中，推动地区规划的实施和后期运营管理。积极探索社会治理创新以及与天开园、华苑高新区的联动机制。盘活水西公园存量，采取特许经营，市场化运作，提升公园品质，提供多样化的活动，形成公园运维良性循环。通过慢行街网将公园、地铁站、医院、学校及社区中心与周边产业连通，串点成线成网，形成与天开园和华苑科技园共生、充满青春朝气和活力的新型宜居公园社区。

（4）海河柳林设计之都核心区——融合的设计创新生成地

柳林地区横跨海河两岸，历史上北岸是天津钢铁厂，其余是农田和村落。海河大堤比地面高出五六米。2002年政府实施海河综合开发改造，该地区规划意向为"智慧城"（smart town），希望海河在市区流经的最后一段能够承接世界最新的科技智能。经过20年的规划建设，天津钢铁厂完成搬迁，城中村"还迁房"建成，土地基本完成征收转用，大部分基础设施建成，具备良好的发展条件。2019年市委、市政府决定申办设计之都，将海河柳林地区定位为设计之都核心区。依托天津工业设计、工程设计、软件开发设计、视觉传达设计等优势，大力发展以数字设计、智慧设计为主的设计产业高地。2020年规划审定，由天津海河设计之都投资发展有限公司开始实施PPP项目，包括柳林公园、设计公园、部分道路桥梁和设计之都服务设施。近期天津城市更新建设开发有限公司、天津泰达城市更新建设发展有限公司又开始实施天津造纸厂、第一机床厂、柳林南等城市更新项目，此外还有海河公司的城中村改造项目，未来 5 年合计投资约 800 亿元。

　　海河柳林设计之都核心区建设已经取得许多成绩，公园分期建成投用，多个项目滚动开发实施，形成亮点。天津第一机床厂是拥有深厚历史底蕴和行业影响力的老企业，目前城市更新已完成产业创新中心、津一厂史馆和产业会客厅等主体建筑的加固和修缮，已有 28 家企业入驻，多个工业老厂房正在进行施工改造。天津造纸厂区域城市更新也取得进展，第二工人疗养院更新为创新中心，新华中学的九年一贯制学校主体也已封顶。但总体看，由于区域面积大，未开发土地多，目前还远没有形成街道、广场等城市氛围，城市服务功能不足。天津已经形成了陈塘、华苑、意风区和生态城等设计企业聚集区，在当前经济形势下，设计行业经营正处于困难期，很难吸引设计企业搬迁到柳林。因此，产业培育成为柳林地区当前最严峻的挑战。在城市设计中，依托海河、柳林公园和设计公园等优势资源，规划了"小总部""大师林"等特色设计产业聚集点。近期，发挥已建设公园的吸引效应，创新小地块土地出让模式，适应民营经济发展，培育内生型经济和创新设计产业。在未来，适时启动天钢老厂房更新，汇聚多维设计创新业态，打造具有全球影响力的新典范。对于结合四条轨道换乘枢纽规划的设计企业集中办公区，第一种模式是结合地铁机场线、津滨线建设，采用竖向功能混合方式规划建设；第二种模式是采取滚动开发模式。采取缩短土地出让期等方式，先建成低层的产业用房及商业服务设施，包括占地规模大的市场、运动场地等，激发城市活力，寻找商机。

　　柳林社区靠近柳林公园和外环绿化带，空气好，环境安静，有著名的胸科医院、环湖医院等。交通方便，靠近大沽南路和外环线两条城市快速路，有地铁十号线、十一号线和规划中的机场线、津滨线。但由于刚起步，市场接受度尚未形成，在售地产项目没有成为热点。在未来，柳林地区的社区和住房类型应该更多样，更有设计感，面向设计和创意人员，特别是年轻人，营造新潮的生活方式和场景。

　　海河柳林地区面积为 14.5 平方千米，涉及河东、河西、东丽和津南四个区。作为一个需要长期建设的区域，传统指挥部模式不可行，需要建立跨区域协调机制。可借鉴天开园的经验，在政府部门、

柳林公园及周边地区航拍照片
（图片来源：天津市城市规划学会
城市影像专业委员会 | 侯鑫拍摄）

科技局内成立管委会或相关处室；或者借鉴国外政府联合会的模式，成立由四个行政区和各相关街道组成的联合会，还可以相关企业单位组成的理事会，负责统筹协调地区内部的规划、实施和管理。建立信息共享平台，加强信息共享与沟通。目前规划设计单位结合现状对原"一河两岸、一路两心"的规划结构进行了优化，提出了"一河两岸双绿心，一环四区多节点"的新结构。希望通过近期能够形成的、串联四区的一条环线，将整个海河柳林设计之都核心区的发展融为一体，形成合力，统筹优化资源配置，探索在跨区社区治理方面的协同发展和创新实践。

（5）堆山公园新街道——京津通廊上的生态产业新社区

北辰堆山公园地区位于京山铁路以东、旧外环线以内，面积为 4.2 平方千米，历史上是农业用地。1954 年建成天津市第一殡仪馆，1956 年建成天津农药厂，后来成为以工业为主的地区。1986 年天津城市总体规划将该地区划为外环线内中心城区，但发展一直缓慢。随着环保意识增强，2000 年天津农药厂等化工企业关停。2012 年北辰区提出规划建设铁东地区，作为区域行政文化中心，举办了城市设计方案国际竞赛。考虑到殡仪馆和公墓的影响，综合方案借鉴水上公园南侧堆山造南翠屏公园的做法，在殡仪馆和生活区之间规划了占地约 95 公顷的北辰堆山公园。规划坚持公园城市的发展理念，通过生态治理不断优化地区环境，深入挖掘公园与城市功能的融合发展，结合北辰区"运动之城"战略，瞄准体育、休闲、文娱、消费等发展方向，在堆山公园周边结合商业开发，塑造"公园＋商业＋N"的多维商业运营新场景，提升公园的复合功能及综合效益。同时，依托京津发展走廊，结合北辰区传统装备制造、医药产业转型升级需求，围绕高端化、智能化、绿色化、融合化，发展战略新兴产业配套服务及现代服务业聚集区。坚持通过产业导入，配合南侧天士力及天穆工业区的改造更新，塑造"新老并举"的地区产城融合发展区。借助地区土地资源优势及环内便利的交通条件，打造津北城市休闲宜居新市镇。

北辰区是中心城区外环线以内面积最大的区，有许多未开发的土地资源。2014 年天津市政府第

堆山公园及周边地区鸟瞰图

四十二次常务会议确定，北辰区外环线以内和京津城际铁路两侧外环线以外约 95 平方千米作为基础设施建设和管理体制改革试点范围，除市管跨区域重点项目外，包括新建的主干道路及桥梁、次支路等工程，由北辰区自行组织投资建设。同时，市级层面向区一级下放土地整理、基础设施项目建设计划及相关审批、建设管理、养护管理、项目融资等五方面权限。土地出让金政府收益的 50% 返还给区里，用于平衡区域开发建设。由此，拉开了包括堆山公园地区在内的大开发。截至目前，堆山公园地区已开发建设了规划范围的 30% 左右。道路交通基础设施基本完成，区内有地铁 5 号线。区内建设了大型商业综合体，但一直没有投入运营。

在地区开发的同时，北辰区一直在规划堆山公园建设。在公园设计上，充分研究论证与北侧公墓及殡葬设施的关系，合理安排公园内的功能分区及流线组织，完善公园的使用功能和内容。融合中国传统园林手法并充分考虑当下市民生活使用场景，建立公园与周边交织的慢行体系连通网络，使公园与城市相互连通。在技术手段上充分利用互联网科技，借助智慧管理提升便民服务水平。结合公园周边城市功能及活动组织，积极创新公园运营管理模式。虽然堆山公园做了大量前期工作，但未启动建设。

北辰堆山公园地区现状分别隶属北仓镇、小淀镇。建议成立新的街道管委会，统一该地区的经济和社会管理，推动区域发展。按照国家关于化工土地治理后仍然不能作为居住用地的新要求，北辰区正在调整堆山地区的控规。建议结合规划调整和房地产转型新形势，研究市场需求变化，充分利用已建成区域和整理土地的优势条件，探索新的规划和成片开发路径，包括公园建设运营的新模式，让堆山公园地区成为京津通廊上的生态产业社区和北辰区经济增长点。

（6）程林新街道——临空经济新型公园社区

程林地区有良好的区位条件，位于连通市中心和滨海新区的津滨大道北面，靠近滨海国际机场。虽然大部分土地已经收储整理，但由于历史上一直是第二殡仪馆所在，所以区域环境不甚理想。2018年，结合殡仪馆搬迁，作为城市设计试点项目，天津市规划和自然资源局组织了城市设计方案征集。程林公园及周边地区是津城未来发展的重点地区之一，是中心城区的东部门户，也是东丽区的重点区域，发展潜力巨大。规划定位为面向空港地区集文化、体育、体验式商业、商务办公等于一体的津滨城市活力中心、回归自然的都市森林公园、创新产业提升区和新型宜居社区践行地。规划采取了窄路密网、新型社区的规划理念和方法，形成面向公园低层和多层的整体空间形态。2021 年市政府批复城市设计和控规，规划进入实施阶段。天津市第三中心医院新院址确定在程林，已启动建设。

规划的程林公园现状是国有程林苗圃。在当前政府债务高企、财政没有资金建设和养管新公园的情况下，程林公园的建设和养管要采取全新的模式，即不增加市、区政府债务的前提下，创新有限利润特许经营模式。首先，改变现行公园规划土地管理，保留国有程林苗圃的林地性质，不用转变为城市建设用地，将目前占用部分苗圃的二手车市场等清退，规划设计以原生态城市林地公园、林地提升为主，避免大量人工化建设，降低建设养管成本，提高生态价值。在公园内增加增值项目和服务收费，平衡建设投入与运营成本，将企业利润限制在一定范围内。若存在资金缺口，可以以公园周边土地的二级开发收益弥补，即与公园建设运营项目捆绑、按照市场价协议出让部分住宅用地。

片区基础设施建设和养管面临同样的问题，也要采用特许经营主导的成片开发模式。随着城市化进程的展开，我国城市建设由增量时代逐步转向了存量时代，发展的底层逻辑发生了深刻变化，单一的土地财政模式难以推动城市可持续发展。未来城市建设发展需要更精细化市场化机制及配套创新政策，来重新激发市场活力，调动社会不同角色对城市建设的积极性。程林地区目前主要在进行城市主次干道的建设，可以与成片开发特许经营绑定，纳入土地成本，以房地产二级开发收益弥补建设资金缺口。养管费用用区域城建、房地产和经济增量的税收解决，避免新增政府隐性债务。其他的市政基础设施建设用现行的市场化运作即可以解决。

该区域的房地产开发要探索新路径，特别是住宅产品和订单式、定制开发等方式。在增量时代，特别是房地产短缺的市场环境下，资产增值效益远高于运营收益，开发商和投资人普遍只重视一次性开发利润，从而导致城市建设主体对项目运营策划重视不够。目前我国房地产市场供求关系已出现重大变化，从有没有向好不好转变。开发企业需在提供品质住宅的同时，强化对运营收益和房地产长期的保值增值，增加城市活力，培育临近空港的内生经济。

程林地区面积为 5.9 平方千米，主要隶属东丽区万新街道，少部分属新立街道。部分产业用地由东丽区临空经济管委会管理。建议调整街道区划，全部由万新街管理，设立程林街道管委会，与东丽区临空经济区管理委员会合署办公，统筹推进地区经济发展、城建和治理现代化。要发挥区位优势，探索公园社区与新都市产业双驱动的创新片区发展模式。要充分谋划大型城市综合公园、基础设施、周边土地的建设时序关系，合理安排生产空间、生活空间，构建宜业、宜居、宜商、宜游的优质栖居环境。践行"人民城市人民建、人民城市为人民"的理念，建设"人人参与、人人负责、人人奉献、人人共享"的新型公园示范社区。

程林公园及周边地区鸟瞰图

（7）刘园新街道——苗圃活力焕新社区

刘园地区规划与程林地区很像，也是将 20 世纪 50 年代建设的国有刘园苗圃规划为城市公园，以公园为中心形成公园社区。但刘园苗圃濒临北运河，周围大部分是已经建成的老居住区。2014 年，相关部门编制了刘园苗圃及周边地区城市设计方案，拟开发苗圃部分土地建设公园，并以此平衡北辰郊野公园的建设资金。2015 年纳入一环十一园及周边地区规划。2022 年纳入天津市"植物园链"建设方案。近年来天津市城市管理委员会也一直在积极推进刘园苗圃公园建设的前期工作。

在新时代，公园建设模式要摆脱传统单一国有建设用地、财政负担建设养管和过度人工化景观的模式。在现行控规不调整的前提下，刘园苗圃公园近期将更多着眼于刘园苗圃原生态公园管护本身。要充分利用现状苗圃及林地资源，培育原生态公园。通过特许运营模式引入社会资本，以经营性收入反哺生态管护与运营。在不改变土地性质、提升林地品质和满足公众需求的前提下，结合自然教育、"林下经济"等植入休闲活动，满足对外开放经营需要，利用经营性收入为公园生态养育和运营维护提供可持续的资金支持。未来可结合运营情况，按照植物园特色定位，逐步推动公园功能完善提升。通过控规调整，在保证公园有足够规模的基础上，少量增加开发用地，统筹周边可整理用地作为公园建设平衡地块。同时，探索提高公园内公共服务配套建设比例，开放特许经营权，创新收益分配机制，实现公园可持续的市场化建设运营。

发挥刘园苗圃原生态公园的绿色驱动力，以及天津市儿童医院龙岩院区等优势，实现片区的综合价值提升，促进区域高质量发展。结合地铁 1 号线刘园车辆段改造，实施城市更新，探索原生态公园和城市更新创新驱动的片区发展路径。刘园地铁车辆段综合改造城市更新项目包括地铁 1 号线延伸项目，采用市场化运作机制，不增加政府债务。除老旧小区更新外，将停车设施、体育运动场地等收益性项目打包，吸引社会资本参与，推动项目实施。

刘园苗圃公园及周边地区鸟瞰图

刘园地区规划面积为 5.3 平方千米，主要主体位于北仓镇辖区内，部分邻近区域与瑞景街道、天穆镇接壤。建议调整街道区划，强化瑞景街道办事处统筹职能，更好地促进刘园地区公园建设、城市经济发展和社会治理现代化。

总之，新时代的公园建设模式要摆脱传统的财政负担模式，探索多元化可持续路径其自身的可持续建设模式，从而发挥城市公园的绿色驱动力，反向促进区域高效发展。在实现刘园苗圃公园成为天津一张高品质城市名片的同时，实现片区的综合价值提升，联动地铁 1 号线刘园站及上盖开发资源，也将迎来新的发展潜力机遇。

（8）南淀新街道—众建共享、滚动生长的零碳小镇

南淀公园地区是 1986 年天津城市总体规划确定的南淀风景区，历史上是天然的洼地。20 世纪 50 年代开始蓄水种芦苇。20 世纪 80 年代建设了第二煤气厂。2006 年第二煤气厂关停，后天津市环境建设投资有限公司（简称"环投公司"）收购整理了部分土地。2012 年开展城市设计方案征集。2015 年综合方案确定了南淀新城、休闲绿湾的定位，融入宜老社区、公园社区等理念。2021 年半地下的东郊污水处理厂新址建成。2022 年编制新一轮城市设计，充分尊重河道、林地、鱼塘等生态本底，充分统筹第二煤气厂、整理土地和限制集体建设用地等现状，形成以原生态林地公园为中心、"三生融合、零碳共生"的零碳小镇定位和布局，并同步考虑了渐进式滚动开发、梯次用地的精明增长模式。规划范围 8.5 平方千米分为四期建设，通过盘活存量，采用多主体协同、综合开发等多种方式推动片区建设。

首先是建立片区管理和发展的创新机制，匹配对应的政策。建议由东丽区政府调整金钟街道和华明镇的区划，授权成立南淀零碳小镇街道管委会，负责片区的经济发展和社会治理。由管委会组织第二煤气厂、环投公司及村集体等土地权属主体成立议事平台，结合各土地权属单位的发展意愿，编制街区和单元控制性详细规划，按程序报批。按照控制性详细规划及城市设计导则，以"特许经营"的模式，通过竞争性磋商选定城市综合服务商，对片区基础设施进行建设、运营和管理，并承担管委会信托的部分工作。

南淀公园及周边地区鸟瞰图

其次是开展原生态公园的植树造林与运营孵化。利用良好的林地资源，进行植树造林、林地养护与提升等生态工程，推动原生态、生长型公园的建设。公园运营考虑采用村集体与市场化运营平台合作经营或林地承包、流转等模式。按照国家政策，容许发展林下经济及休闲体育等绿色产业，通过点状供地方式建设配套服务设施，以合理利润区间的可持续收益实现市场化运作。

最后是推动好房子社区建设与内生经济培育。按照市场需求，以环投公司收储的地块作为千户小镇试点，探索定制、代建、合作建房等房地产多主体开发的新模式，开发适配多元供地的联宅产品，进行订单式宜居房建设。同步建设创新型优质教育、医疗设施，实现公共服务均等化和优质优价服务，提高居民生活品质，有效吸引中心城区老旧小区改善型外溢人口和外来人口落户，特别是年轻人。在内生经济培育方面，片区将利用土地权属单位的自驱力，结合国家相关政策，建立多主体协同治理的平台。盘活国有资产第二煤制气厂，通过城市更新政策，打造新能源主题的创新产业园区，未来服务于南淀片区的能源供应，提升片区碳汇能力。通过集体土地入市，鼓励赵沽里村集体参与片区建设，打造农业主题的创新园区。适时推动地铁 10 号线北延工程，促进南淀公园片区与中心城区的内外联动发展。通过持续践行津环栖居 2035/2050 行动方案，南淀公园片区有望成为新时代众建共享的零碳小镇，助力津城高品质生活的创建。

（9）李七庄新街道——城乡融合实验社区

李七庄公园及周边地区虽然规划范围有 5.5 平方千米，但其公园是一环十一园中规模最小的，也是城市道路切割最严重的。除公园未建成，其他大部分已经建成，以村民住宅和商品房为主。虽然已经城市化，但城乡接合部也存在空间治理短板。李七庄公园及周边地区交通便捷，轨道线尤其发达，有建成通车的地铁 5 号线、10 号线，以及预计 2025 年内通车的 7 号线，北边还有规划的市域 1 号线（Z1线）。要充分利用区位交通优势，统筹推进城中村改造与城市更新，与公园建设结合。"立足'城'，聚焦'园'"，让公园成为周边的绿心，促进城市与自然和谐共生，让城市更绿色、宜居。

李七庄公园及周边地区鸟瞰图

立足时空需求，构建高品质的城市公园。先期考虑通过城中村改造和盘活存量土地的方式，用市场化的手段建设道路基础设施和部分公园。与公园周围集体产业建设用地焕新相结合，优化整体功能布局方案。时机成熟后，再启动整体公园建设。注重公园布局的均衡性、均好性，方便市民就近可达；立足于人的需求，提升公园服务品质；应考虑不同年龄结构、不同时段的游园服务需求，做到全龄友好、全时可享；关注新发展阶段市民对体育健身、适儿化以及开放共享等服务需求，完善公园内容和服务设施。探索公园多元主体开发建设运营模式，积极引入具备运营能力的社会资本参与公园开发建设及运营。创新土地利用机制，可采取已经整理土地成本入股等方式，减少公园建设的前期投入。增加公园复合利用，实现公园建设运营的良性循环和可持续发展。

李七庄公园及周边地区隶属于西青区李七庄镇。虽然已经基本建成，但还存在王兰庄等社区村庄建制问题。李七庄镇在外环线外围还有大量企业及规划产业用地，也包括地铁 5 号线、10 号线梨园头车辆段规划的上盖项目。李七庄应该建立街道管理委员会，要探索保留李七庄镇作为一级政府全面负责经济、社会管理、环境保护等优势，作为探索城乡融合的实验社区。充分发挥绿色生态空间的效能，生态赋能，创新生态空间价值转化路径。优化公园周边土地利用，改善天津中医药大学第一附属医院新院址周边环境和服务配套，完善城市功能。考虑轨道交通建设对城市功能、城市公园建设的积极影响，为新经济、新业态提供发展空间。

（10）子牙河地区——都市农业公园新社区

与海河柳林公园地区很像，子牙河公园地区横跨子牙河两岸，面积 14.5 平方千米，涉及北辰、西青和红桥三区，覆盖青光镇、天穆镇、西营门街、西于庄街、西沽街和和苑街。与市政府重点推动的海河柳林地区不同， 子牙河公园地区尚未统一实施。子牙河历史上是通往白洋淀的重要航道，城市设计挖掘子牙河 300 年历史文化底蕴，结合周边高教资源和运河文化，依托子牙河公园塑造平均宽度

子牙河公园及周边地区鸟瞰图

20~70 米、长 5.3 千米的滨河生态绿带，两岸形成大气开阔的生态公园系统，从自然郊野公园延伸到城市中心区的生态绿廊与滨水客厅。

经过多年的发展，子牙河北岸规划范围内北辰区和红桥区的开发土地基本已经建设完毕，而规划的公园一直没有实施建设，土地性质仍为农用地，而且规划范围内还存在村庄小产权房等违法建筑。子牙河南岸西青区段西营门街大明道以北片区，历史上是棚户区和散乱工业区，现已完成拆迁工作，但拆迁成本比较高，加上多年的资金成本，所以规划住宅用地容积率很高，在当前形势下难以实施规划。位于北辰区的子牙河公园由于面积大、投资大，即使打破目前行政区界限，将大明道以北片区用地与子牙河公园建设联动，也难以实现资金平衡。由此，需要采取新的公园培育模式，改变传统成片开发模式，逐步实现区域生态品质提升、周边土地价值提升、培育内生型产业。近期可以通过市场化的子牙河都市农场公园生态养育工程，改善整治城市环境，提供特色公共服务，提升区域整体生活品质。大明道以北片区根据市场需求，滚动开发，为商业大学及周边科创人才提供高品质生活配套，吸引青年人和新产业内聚，为长远发展做好准备。

（11）"银河风景区"——城际站田园生态小镇

1984 年建成的永金水库，芦苇丛生，景色优美。1986 年天津城市总体规划将其及周边区域命名为银河风景区，以"银河"代指天津，寄予了美好的愿景。由于银河水库（原名永金水库）距离天津市中心较远，因此一直保留着原始的状态。2013 年规划中心城区外扩，新的外环线将永金水库及周边区域纳入。2016 年随着京津冀协同发展的推进，京滨城际铁路开工建设，在新外环线外选址建设京滨城际北辰站高铁站。2022 年京滨城际铁路一期通车，京滨城际北辰站高铁站建成投入使用。

2016 年编制完成了天津中心城区北部地区概念规划。银河片区定位为以主题公园带动区域发展，而随后国家明令禁止主题公园房地产开发，规划方案一直没有确定。2019 年，按照天津市委、市政府部署，开始编制银河片区城市设计和控规。规划定位为"以交通枢纽、生态公园为特色的生态宜居片区"，

银河公园及周边地区鸟瞰图

建设成为承载青年梦想的活力新城、人与自然共生的生态新城、畅享舒适生活的宜居新城。依托京滨城际北辰站高铁站，周边配套服务设施。西侧打造集创业、休闲、生产、生活、旅游等功能于一体的梦想小镇，形成具有归属感的创客家园。在延伸轨道交通 3 号线和 7 号线到高铁站的基础上，规划智能快速公交走廊，便捷出行。在廊道两侧汇集居住、商业、办公、文化、社区服务等混合多样的业态，形成丰富的公共生活，同时供给丰富的住宅产品，形成开发强度由商住轴线向银河公园自然景观逐渐递减的空间形态，打造津城北部新型居住社区样板。

银河规划区大部分隶属小淀镇，小部分隶属大张庄镇。结合当前的形势，必须采取改革创新的模式推动规划实施。建议成立城乡统筹的银河街道管委会，统筹地区社会经济发展和规划建设。同时，结合统筹化解国有企业债务和发展，建议信托平台企业负责该地区的运营、建设和管理，包括基础设施特许经营。在目前房地产转型时期，探索新的片区综合开发模式，将追求短期利润与长期资产升值结合。从银河风景区起步，实现滚动发展。银河地区规划面积 15.8 平方千米，其中包括永金水库演变成公园的 5 平方千米，现状还有大面积永久基本农田。在过渡期内保持土地性质权属不变的条件下，采取农民入股或土地流转等模式，成立银河风景区，按照风景区的模式开始经营、建设和管理。借助生态自然景区，采取低成本、低影响、易实施的开发模式，建设体育休闲、儿童游乐、动物观赏和都市农业等景点，配套建设适应市场需求的各种设施和度假、养老、创业小镇及相应的住宅产品，逐步聚集人气，推动项目区产业经济和城市建设、房地产开发同步发展。按照百年规划逐步实施建设，打造世纪风景区和千年小镇。

9.7.3　你在怎样的新街道/社区就业、创业、置业安家，实现诗意栖居的理想

亚里士多德（Aristotle）在《政治学》中指出：“人们来到城市是为了生活，留在城市是为了更好地生活。”人的一生会更换多处城市和住所。即使在一个城市落脚，也会根据年龄的变化，为追求更好的环境和居住品质，以及子女教育和医疗等服务，选择生活、工作的区位，多次更换居所，形成个人的城市空间地图。

城市在发展，空间不断拓展。国外发达国家中郊区化曾经是趋势，在城市外围会不断有新的居住生活地点，美国称之为土地细分区（subdivision），每个分区有各自的名字，通常隶属于城市周边区域或卫星城镇。居住于不同的土地细分区，实际就是选择相应的住房和社区类型及生活模式。郊区曾经是高新技术企业的总部，是高收入人群聚集地，有更高质量的环境、更大的住房、更好的学校。到了 21 世纪，年轻一代和移民对市中心生活的偏好，推动了市中心的更新和绅士化。居住在市中心的高档公寓是一种新的生活方式，但对于大多数人来说，优美的郊区人居环境也是选择之一。新都市主义就是在这种氛围中产生的，目的是改善郊区蔓延的现状，使其更具有城市邻里的生活感受。

天津，规划为一市双城多节点的结构，不同的地区可以有不同的生活选择。随着京津冀之间交通的发展，跨城通勤也成为一部分人的常态。但总体看，津城作为目前拥有 700 多万人口、未来规划 900 万人口的特大城区，是大多数天津人的住所。能够在天津市中心拥有一套高档公寓，或者在五大道等历史街区拥有一套独立住宅，是许多人奋斗的目标。即使暂时没有这样的经济能力，如果热爱市中心的生活，或者喜欢单身独处，那么有一套小户型公寓也足矣。如果喜欢大自然和有院落的生活，

且靠近工作地点，田园城市圈层的低层院落住宅是不错的选择。如果既想享受城市的服务，又要接近自然、有更好的生活环境，那么津环无疑是最佳选择。未来 15~30 年，津环一定是天津发展最快、最好的地区，它是生态、生活、生产融合，促进人与自然和谐共生的"腰部"，是生活与奋斗的结合部。津环的一环十一园地区有不同的区位、不同的特色公园、不同的产业导向，处于不同的阶段，有不同的成长路径，拥有不同的机遇，都值得选择。津环西南部分的公园社区已经在建设中，不久会逐步完善。东北区域刚起步，从原生态公园培育开始，机会更多。选择居住在津环，不仅是选择生活居所实现美好愿景，更是选择空间场所从而实现诗意栖居的人生目标。

水西公园及周边地区夜景航拍照片
（图片来源：天津悦美房地产开发
有限公司）

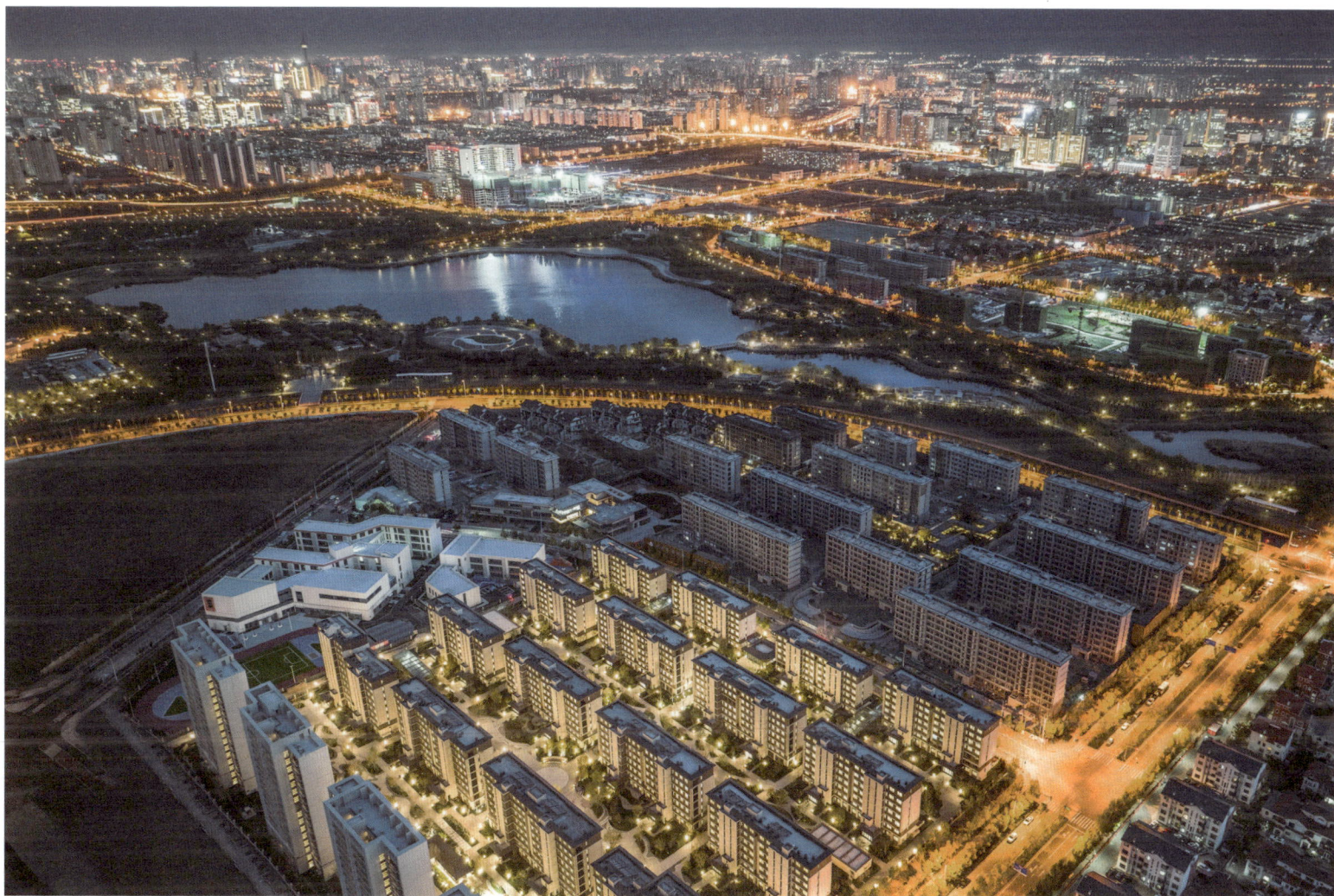

第四部分

与经典对话——众读、众书

Dialogue with the Classics:
Collective Reading and
Collaborative Writing

第 10 章

与经典对话——众读、众书

　　"滨海规划设计丛书交流群"是一个专注天津规划领域的读书和研讨平台，会聚了来自天津、北京乃至全国，甚至海外的规划学者、设计师和城市管理者。2018 年成立至今，超过 90 位领读者带领我们阅读了 140 多本经典著作以及行业内的最新书籍。每一位领读者利用业余时间，潜心研读、提炼精髓，每周一至周四在读书群内进行知识分享，每周五组织线上沙龙。在这里，我们不仅进行学术讨论，还研究实际案例。这些读书活动不仅提升了我们在项目规划设计和规划管理方面的能力，还加深了我们对城市发展客观规律的理解，拓宽了国际视野，也激发了我们探索本地化解决方案的决心。读书使我们的思维得以升华，成员间不仅成为书友、群友、朋友，更是成了为共同目标而奋斗的伙伴。

　　2024 年初，读书群"2023 年总结暨 2024 年工作会议"确定了"读书与项目结合、与科研结合、与写书结合"的学以致用三结合原则以及"众读、众研、众书"计划。从《新社区与新城市》到《华夏意匠》，旨在有针对性地深化对城市规划问题的理解与解答。

　　作为"读书与写书结合"的第一本书，《津环的诗意栖居　天津一环十一园生态宜居圈层城市设计展望》精准聚焦津环圈层的现实需求与范式创新。2024 年 3 月与 4 月，围绕众书的九个主题举办了三次线上讨论会，共计八小时的深度对话，凝聚了众读、众书人的集体智慧，围绕

津环建设的实践与理论展开了深度讨论。2024 年 5 月的线下研讨会，更是一场关于城市边缘绿色生态空间创新模式的学术盛宴，各路专家与学者齐聚，共商城市绿色生态空间的未来蓝图。天津市人民政府参事霍兵以《绿环圈层的诗意栖居》为题，探讨当代城市发展中革新之急迫性，用绿环圈层的诗意栖居勾勒出一幅生态与人文共生的美好愿景；建筑师何墨腾的生态农场构想，展现了城市边缘灵活业态的建构与运营之道；天津市筑土建筑设计有限公司规划总监田琨女士通过国际案例分析，提供了天津绿色生态空间发展的策略参考；吴昊天博士与苏毅博士的分享，则揭示了城市居住形式的递进和空间演变的深层次机理。

我们将以上众书和活动记录内容放在本书的最后一章，具有特别的意义。本章收录了 30 多位领读者的 40 篇共创文稿。这不仅是一种新的书写形式，也是开放式规划设计的新形式。希望以此为开端，社会各方都关注并参与津环的规划建设和发展，开启实现自己和广大民众诗意栖居理想的新航程。

滨海规划设计丛书交流群线下活动

何俊祥拍摄

10.1 住宅、社区与城市
Homes, Neighborhood and Cities

《现代住房》导读者：霍兵

《新社区与新城市》导读者：朱雪梅

《惜失联宅》导读者：苏毅

《十宅论》导读者：吕薇

《柔性城市》导读者：吴昊天

《社会建筑》导读者：田琨

10.2 公园、生态、城市
Parks, Ecology and Cities

《美国城市的文明化》导读者：董瑜

《设计结合自然》导读者：郭志一

《区域城市》导读者：程宇光

《未来美国大都市》导读者：祝新伟

10.3 城乡一体化、郊区化
Urban-Rural Integration and Suburbanization

《明日的田园城市》导读者：冯天甲

《发达国家郊区建设》导读者：王亚男

《马唐草边疆》导读者：王学勇

10.4 新都市主义、断面都市主义、景观都市主义
New Urbanism, Sectional Urbanism, Landscape Urbanism

《城市：它的发展、衰败与未来》导读者：孙铸杰

《危机挑战区域发展》导读者：沈锐

《美国大城市的死与生》导读者：刘鹏飞

《断面都市主义》田琨

10.5 生态本底保护与公园设计
Ecological Conservation and Park Design

《美国城市规划设计的对与错》导读者：韩继征

《中央公园》导读者：孙峥

《恋地情结》导读者：郝绍博

《城市公园设计》导读者：韩愚

10.6 街区经营与规划设计
Block Operation, Planning and Design

《良好社区规划》导读者：刘莹

《精明准则》导读者：亢梦荻

《街道与城镇的形成》导读者：东方

10.7 街道的建设与社会治理
Street Construction and Participatory Governance

《全民参与社区设计的时代》导读者：陈媛媛

《国家的视角》导读者：程宇光

《乌合之众》导读者：杨慧萌

《公共领域规划》导读者：王学勇

《美国的城市政治》导读者：杨宏

《公共事物的治理之道》导读者：张丽梅

《谁统治？一个美国城市的民主和权力》导读者：朱文津

《居住的政治》导读者：张娜

10.8 中国人居环境理论与传统
Chinese Human Settlement Theory and Tradition

《华夏意匠》导读者：吴娟

《中国人居史》导读者：吴娟

《北京旧城与菊儿胡同》导读者：沈琪

《中国古典园林史》导读者：马强

10.9 城市发展与住宅和房地产
Urban Development, Housing and Real Estate

《住宅 6000 年》导读者：冯天甲

《中国现代城市住宅 1840—2000》导读者：张娜

《城乡中国》导读者：高峰

《房地产经济学》导读者：赵晓萌

第 10 章

与经典对话——众读、众书
Dialogue with the Classics： Collective Reading and Collaborative Writing

10.1 住宅、社区与城市

➡ 《现代住房》　　导读者：霍兵

1. 一环十一园地区是津城"2035/2050 年"理想住宅和社区发展的重点区域

　　要为广大中产阶级建造好的住宅，是出版于 1934 年的《现代住房》（*Modern Housing*）一书的核心观点。作者凯瑟琳·鲍尔（Catherine Bauer）在书中分析了 19 世纪欧洲贫民窟大规模出现的原因，认为主要是由于住房建设和管控标准低造成的，这些标准包括住房本身的面积标准、卫生标准和规划管理标准等。而要解决美国贫民窟的问题其实很简单，必须停止建造新的贫民窟。与其徒劳地"抢救"过去，我们必须首先保护未来。事实上，第一步必须在市中心贫民窟清理重建与在新的土地上进行全新开发之间做出选择。新土地通常位于城镇郊区的某个地方，显然，对于大城市来说，这是一个更重要、更复杂的问题。与较小的城市相比，大城市核心区地价显著高于郊区，而大片空地相对较远。将新住房与公园和休闲设施体系相结合是城市政府的另一个重要责任。在新开发区域中，绿地系统在大部分住宅区形成一个可见的网络。

天津独特的双城结构为津城合理形态的营造奠定了基础。外环线绿带沿线规划十一个公园及居住用地，目前已经收储了大量土地，是未来城市新建公园和住宅的重点区域。一环十一园地区的规划建设要在 2035 年达到中等发达国家住宅和社区的水平，公园绿地系统与居住社区交相辉映，满足广大中等收入家庭的改善住房需求，将成为助力天津完善津城生态环境、活跃城市经济、疏解市中心老旧小区人口，至 2050 年天津全面建成现代化国际大都市的关键举措。

2. 一环十一园地区要成为采用新规划范式营造、提供新生活方式的新型社区

　　鲍尔指出：如果要建造现代住房，就不能是修补工程。这不是旧模式中的修修补补，它要么是一种提供全新城市环境标准的方法，要么什么都不是。住房不只是住宅，鲍尔在《现代住房》一书中不断论及：

　　　　和经济框架下的每一个部门都有着深刻的联系，而当前方法的最小变化必将会产生巨大的反响。今天所做或未做的事情迟早会影响到这个国家个人和群体的生活。要实现任何这样的改革，不言而喻的是，必须有一种比抵制它的力量更强大的动力。

　　天津一环十一园地区要建设的新型社区，是革新传统范式的一种全新的社区规划和住宅建筑设计范式，包括教育、社会管理和土地利用、产权制度的深化改革。目前，解决房地产危机、土地财政困境和政府债务等问题已经构成改革的强大动力，相关改革已启动。鲍尔赞赏帕特里克·盖迪斯突破狭隘专业领域的"同时思考（Simultaneous Thinking）"的观点。盖迪斯是第一个真正将住宅问题置于更大的物质和社会框架内的人。他认为住宅不是一个模型，不是一个存在于真空中或国际博览会上的东西，也不是一个田园诗般孤立社区中的一部分。住在房子里的人不仅需要私有的住所，还需要食物、工作、娱乐和社会生活，这使得房子成为社区、城市、周围开阔乡村地区不可分割的部分。人、工作、场所（有机体、功能、环境）是"同时思考"观点的三极论。因此，新型社区不仅是全新的居住与公园环境的营造，更是人们全新的生活、工作、娱乐、社会交往方式的体现。

　　津环和一环十一园周边地区的创新实践，将使天津成为诗意栖居之地。

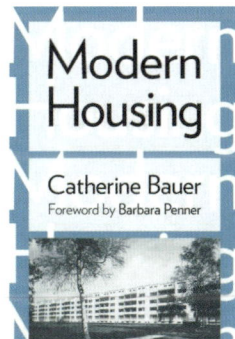

Modern
Housing

Catherine Bauer
Foreword by Barbara Penner

书名：《现代住房》
作者：［美］凯瑟琳·鲍尔
出版社：明尼苏达大学出版社

◉《新社区与新城市》　　导读者：朱雪梅

1. 现代主义居住小区的弊端

现代杨德昭先生在《新社区与新城市》一书中指出：现代主义居住小区发展至今，已到深刻反思的时候了。现代主义的本质是在忘记过去的同时，创造一个全新的未来。大规模的住宅建设特别是高层住宅，作为应对严重住宅短缺的有效手段，在二战后被欧洲国家广泛采用。

在西欧和北欧，大规模的高层住宅在 20 世纪 60 年代达到高峰，随后不断减少，大板楼和高层住宅小区逐渐沦为"低等住宅"，而低层集合住宅和单一家庭住宅逐渐占上风，越来越受到人们的喜爱。1972 年，在美国圣路易斯城的普鲁伊特—埃戈高层住宅区被炸毁夷为平地后不久，英国各地也开始拆除此类高层住宅区，进入 20 世纪 80 年代，高层住宅基本绝迹了。东欧的情况则完全不同，高层住宅小区在 20 世纪 50 年代后期出现并迅速形成系统，同时期引入中国，成为主流的城市和住宅建设模式。20 世纪 90 年代以后，随着剧烈的社会经济转型，中东欧国家也停止了高层住宅小区的发展。

住宅小区尤其是高层住宅小区及其基础设施可能加速恶化，许多住宅接近设计寿命后，缺乏足够的资金和管理，使得居住环境质量急剧下降，中欧、东欧部分城市集中出现空置破败住宅。这类小区固有的致命顽疾是缺乏可持续更新机制。因此许多悲观的讨论认为，最终拆除所有的大板楼和高层小区将是唯一的选择。

简·雅各布斯 1961 年在其经典著作《美国大城市的死与生》中，不仅指出了现代主义城市设计的诸多弊端，还提出城市要有多样化的建筑、多样化的社区、多样化的街道和公共空间，以及多样化的居民。她认为高密度住宅必须多样化，各种类型的住宅要混合，多层和高层、联排住宅甚至单一或双拼住宅等相互融合。几十年后，其核心观点已被大量城市实践验证。

2. 人居环境可持续的发展观

我们只有了解了人类曾经走过的弯路，了解了建筑随着时间推移所产生的变迁，以及为什么有些建筑经过岁月变迁留存下来，而另一些却惨遭淘汰，才会清楚地认识到，传统城市和社区绝不是偶然出现的，它们是经过长时间演化逐渐形成的丰富多彩、充满变化的空间结构和组成元素，是人类人居文化、历史记忆和情感载体的一部分。这些元素组成了一个可以被人类认知和具有适应性的系统，是人类不断寻求最佳生存环境的结果。

假设我们有一辆自行车，骑了一段时间后车胎坏了，送到修车铺换了一个轮胎；后来，脚蹬也坏了，又换了一个脚蹬……我们将坏掉的自行车送到修车铺——换上新的零件，直至所有零件全被换一遍。最后，我们会说：这辆自行车还是以前那辆自行车。但是如果从一开始，我们用后来换上去的零部件直接组装成一辆自行车，你肯定会说这是一辆新自行车，跟以前的那辆毫无关系。这其中有什么差别呢？差别就在于我们的认识过程。一个东西或事物如果一点点地改变或发展，在我们的认识过程中就会保留一定的连续性，即使最终完全变成了另外一个东西，但在我们的思维里还是会认为这个东西一直是原来的东西。这就是我们要传达的核心价值：人居环境可持续的发展观。

一环十一园地区是天津城市历史基因生长的有机部分，也是城市多样化生态系统的有机部分。它们理应传承传统城市的丰富多彩、充满变化的空间结构和形态，并逐渐成为天津的城市文化、历史记忆和共同情感的一部分，也理应成长为一个相互增益、相互制约、和谐发展、多姿多彩的人文与自然生态的体系。

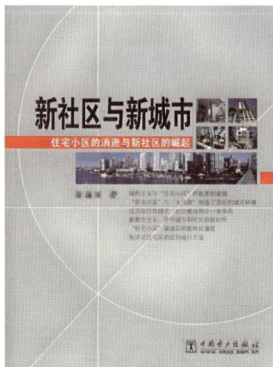

书名：《新社区与新城市》
作者：杨德昭
出版社：中国电力出版社

➔《惜失联宅》　　导读者：苏毅

　　"Missing Middle Housing"——惜失联宅，或做稍微全面一点儿地展开，是"怀念正在失去的，介于美国标准高层公寓与典型独立小别墅之间的，一系列以联排为主的中等尺度的集合住宅，并设法予以恢复"——这是由美国建筑师丹尼尔·帕罗莱克（Daniel Parolek）和阿瑟·西·纳尔逊（Arthur C. Nelson）等首次提出，并身体力行的。

　　"Missing Middle"来源于社会学经济学领域，多指处于脆弱地位的中产阶级的流失。1968年美国社会学家罗伯特·莫顿（Robert K. Merton）发现了"马太效应"，在社会财富领域，社会差异历时性地愈来愈大，贫者愈贫，富者愈富，"消失的中间层"则像是贫富两极之间产生的"真空地带"。

　　不过帕罗莱克是从建筑和城市领域内部来讨论"失中"（即"消失的中间层"的简称）现象的。对融洽社区型居住理想模式的追求，植根于群众对丰富多样、共享城市生活的日益增长的需求。然而，庸常的城市开发思路导致了城市空间的割裂，使得城市居民难以获得"平等共享"的社区环境。

　　帕罗莱克于是创立了阿普提克设计公司（Opticos Design），这是一家社会企业性质的规划设计机构，在《惜失联宅》（*Missing Middle Housing*）一书中，帕罗莱克对"缺失的中等住宅"的相关理论和实践案例进行了较为全面的总结。作者力图通过建筑和城市规划策略填补低密度和高密度住宅间的结构性空缺，如致力于联排住宅、双拼住宅、合院住宅等示范社区的营造以及推动相关法规、管理政策的修订和完善。

　　2023年底，全国住房城乡建设工作会议在北京召开。会议指出，2024年要稳定房地产市场，"坚持因城施策、一城一策、精准施策"。在这个政策背景下，借鉴美国中间类型住宅的恢复工作方法"惜失联宅"理念，可对天津一环十一园地区的住区规划作出一些乐观展望。

　　首先，"惜失联宅"在中国和美国所面临的困难有类似之处。生活方式的孤岛化与小家庭居住方式的离散化。目前天津居住区内部的功能和空间还比较单一，特别是基于网购的生活方式，对传统生活方式和居住空间的影响很大，存在"聚而不交""形聚神散"的问题。

　　其次，"惜失联宅"所倡导的空间也有借鉴之处。由于不同的原因，近年来，中美国家的常规住宅都缺乏多样性，缺少多种利于居民交流的共享空间（特别是居民前院等模糊的多层次空间）。借鉴中间类型住宅理念，引入多种类型的中间住宅，以宅为基，培育小型灵活的公共空间，形成丰富的过渡。如帕罗莱克提倡采用前店后宅（live/work）、多功能混合住宅（Multiplex）、联排城镇住宅（Townhouse）、大平房（Bungalow Court）、院落公寓（Courtyard Apartment）以及双拼、三拼、四拼住宅（Duplex, Triplex & Fourplex）等多种形态。

　　最后，"惜失联宅"所应用的方法可能也有借鉴之处。帕罗莱克采用的基于形态的导则，鼓励开发步行友好的社区，利于保持城市特色，通过为建筑立面、建筑退距制定导则，有助于对整体城市形态的元素建立设计标准。鼓励适当的建筑高度和退让，可以确保新建筑与周围社区相兼容，并可为开发商提供一定的灵活性，便于建设满足社区需求的独特和创新项目。

　　综上，帕罗莱克关于"惜失联宅"的这些探索，可以为天津"一环十一园"社区营造提供重要参考。

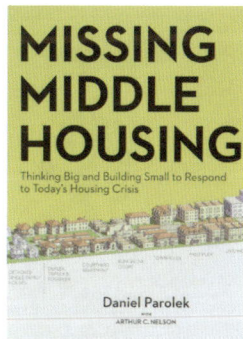

书名：《惜失联宅》
作者：［美］丹尼尔·帕罗莱克
出版社：岛屿出版社

➡ 《十宅论》　导读者：吕薇

　　《十宅论》对日本二战后的住宅文化与设计行业发展进行了深度剖析，展现了作者隈研吾运用西方结构主义和符号理论，对东西方文化交融下日本住宅物质空间其背后社会文化和其"居住者"欲望的独特深入解读。该书分析了十种类型住宅的物质空间，关联其背后的不同阶层或同一阶层的不同年龄段的十类居住人群。书中不仅涉及住宅本身的形式、功能使用、符号细节和陈设，更多揭示了随着社会经济的发展，当代人的生活需求或享受生活的欲望变得多种多样，这点应被认识到并得到更多的关注。

　　天津一环十一园地区规划，作为城市更新和绿色发展的典型案例，与《十宅论》中的理念有着诸多契合之处。一环十一园地区规划旨在通过绿色空间的布局，优化城市生态环境，提升居民生活质量。这一规划不仅关注物质空间的构建，更强调人文精神的传承与发扬。在这一点上，与《十宅论》中对住宅"颜面"背后东方人文精神的强调不谋而合。

　　2021 年，《天津市新型居住社区城市设计导则（试行）》的制定，同样需要在满足居民居住需求的同时，考虑到地方化社区文化的塑造和传承。在《十宅论》中，隈研吾通过对比不同社会阶层的住宅特点，揭示了住宅不仅是居住的场所，更是身份认同和文化归属的载体。因此，在新型社区导则的制定中，应充分考虑不同社会群体的居住文化与要求，营造既符合现代生活需求，又体现本土文化特色的社区环境。

　　结合《十宅论》的深层次解读，一环十一园规划和新型社区导则在更为细化层面的规划或建筑设计中，可以在以下几个方面进行深入思考。

1. 尊重历史与文化传承

　　应尊重城市的历史脉络和文化特色，避免同质化建设。通过对本土文化的深入挖掘，将传统文化元素与现代设计理念相结合，塑造具有地域识别性的城市空间。

2. 关注居民需求与多样性

　　不同的社会群体有着不同的居住文化与要求。在规划和导则的制定中，应充分考虑这一点，提供多样化的住宅类型和社区设施，以满足不同群体的需求。同时，还应关注居民的实际生活体验，确保规划和导则的实施能够真正提升居民的生活质量。

3. 注重绿色生态与可持续发展

　　应强调绿色生态和可持续发展的理念。通过合理布局绿色空间、推广节能减排等措施，促进城市生态环境的改善和可持续发展。同时，还应注重社区内部的生态环境建设，为居民创造宜居的生活环境。

4. 强化社区文化建设与身份认同

　　住宅不仅是居住的场所，更是身份认同和文化归属的载体。在规划和导则的制定中，应注重社区文化的建设，通过举办各类文化活动、活化地方文化资源等方式，增强居民的归属感和认同感。同时，还应鼓励居民参与社区文化的建设和管理，形成共建共治共享的社区治理格局。

　　综上所述，《十宅论》所揭示的住宅文化与人文精神对于天津一环十一园规划和新型社区导则的制定具有重要的指导意义。通过深入挖掘本土文化、关注居民需求、注重绿色生态和强化社区文化建设等措施，推动天津城市更新和社区建设的高质量发展。

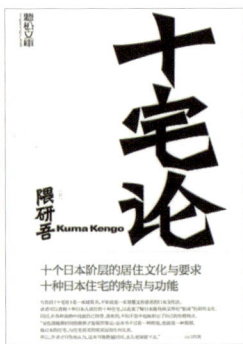

书名：《十宅论》
作者：[日] 隈研吾
出版社：广西师范大学出版社

➡ 《柔性城市》　导读者：吴昊天

为应对城镇化进程中的显著变化和气候挑战，需要建立一种可持续的居住观念和社区构建方式，这是天津等中国大城市所必须回答的课题。英国城市设计师大卫·西姆（David Sim）基于全球多个城市的实践经验，在《柔性城市》（Soft City）一书中给出了具有重要参考价值的独到见解。

基于扬·盖尔（Jan Gehl）《交往与空间》（Life between Buildings）的规划范式转变，《柔性城市》以一种新的城市认知思路和社区构建框架，向人们阐明利用有限的宝贵资源提升城市和社区生活品质是可能的。通过对塑造良好城市生活环境所面临的问题的深入剖析，大卫·西姆成功地将城市的发展与人的需求紧密地联系在一起，展现了一个充满活力和人性化的城市画卷。

传统的城市空间规划与设计往往更注重功能与形式，而忽视了空间与人的关联。尤其在中国大城市高速发展的时期，一些城市空间甚至成为建筑师的试验场和资本化空间，程式化设计导致市民感受不到社区所应具有的活力、热情和社区凝聚力。

一些管理者似乎有意无意地忽略了这样的事实：城市可持续发展的核心是人而不是建筑。人的需求有赖于日常生活中出行、购物、休闲、交往等各种场景的构建，这些场景又由无数细节支撑而成。大卫·西姆认为，解决这些细节问题不仅仅依赖物质空间的规划与设计，还涉及人们的生活方式、文化背景、心理需求等多个层面。

在建构城市和社区的"柔性"过程中，需要应对人与地球、人与人、人与场所的三大关系。城市的"柔性"不仅体现在城市规划与建筑设计的层面，更体现在城市对于不同文化、不同需求的包容性与适应性上。为此，通过与气候积极共处、便捷低碳出行、创建街区和在地生活这三类行动，大卫·西姆给出了一个系统性强的解决方案，即在这个多元而综合的框架下，通过进一步对小尺度街区布局优化、建筑功能分层安排、人本尺度设计等手法的运用，辅以建筑门窗、绿植、水系、基础设施利用等细节处理，完全可以将城市塑造成为舒适便利、宜居多元、环境友好的美好家园。

天津一环十一园地区将城市公共空间、公园绿地与城市社区相结合，进而创建高质量的本地生活环境，这正是凸显城市柔性与韧性的基本手法之一。与此同时，改变单一的以效率为出发点的出行系统，创造"窄路密网"的交通体系，在各个地段进行具有实践意义的探索。毫无疑问，中国大城市在经过 30 多年高速扩张的城镇建设历程后，需要适当缓一缓脚步，吸纳这样柔软但坚定的新力量。从一环十一园开始，天津将为中国的可持续城市社区建设提供全新的实践案例。

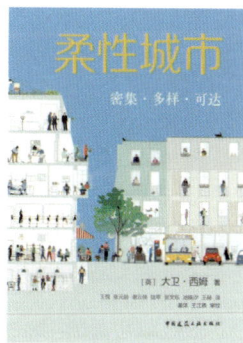

书名：《柔性城市》
作者：[英] 大卫·西姆
出版社：中国建筑工业出版社

➡️《社会建筑》　**导读者：田琨**

　　莱昂·克里尔（Leon Krier）在其著作《社会建筑》（*The Architecture of Community*）中提出，20 世纪的欧美城市是无序扩张的、郊区化的城市，以后会成为城镇、社会失败的象征。他指出现代主义的功能分区理念在很大程度上推动了低密度郊区居住区的扩张和城市蔓延现象的发生。他在 1978 年提出了理想城市单元模型（Quartier，特定的街区或社区，占地 30~40 公顷之间，人口规模约 1 万人），倡导通过对发展不足的郊区进行再设计和整合，将其转化为具有内在活力和连续性的 Quartier，并使之真正融入城市肌理。中国的城市化进程进入 21 世纪开始，在规模和速度上都是人类历史上前所未有的。尽管中国城市在面对郊区化挑战时表现出不同于欧美国家的具体形式，但同样的"摊大饼"式的扩张趋势及同质化发展带来的"千城一面"的问题，破坏了城市原本的生态和秩序，也阻碍了人们对理想生活的追求。

　　《社会建筑》关于城市的尺度、城市有机繁衍以及城市功能混合等方面的研究，可以作为新型城镇化建设的参考，对在天津一环十一园地区新型社区的营造提供了宝贵的启示。

　　首先，要提倡功能混合与人性化尺度的新型社区建构。鉴于城市规模与复杂度的持续增长，单一功能分区带来的弊病将在大尺度区域中愈发凸显。针对一环十一园这样的特定地域，应当构建一系列大小适宜的中式 Quartier，即形态各异、有明确边界且具备自治功能的混合型社区。克里尔提出的"十分钟步行距离"是指居民应能在 10 分钟步行距离内抵达社区内的服务设施、学校、医疗机构等基本生活配套甚至工作地点。通过这种功能融合的方式，降低居民日常出行对远距离交通工具的依赖，同时提高道路网络密度并结合路边停车位的设置，降低车速，营造安全舒适的步行友好环境。

　　其次，积极营造富有场所精神的公共空间。克里尔深信公共空间是增进社区凝聚力和居民归属感的关键所在，主张在每个社区的核心位置精心打造公共空间体系，例如广场、纪念性建筑等，并以此为中心向外延伸道路网络。公共空间不仅是城市生活的聚集地，也是社区内部结构秩序的象征，通过合理布局广场和街道，可以明确社区边界与中心地标，从而强化居民对社区的认知和情感联系。

　　最后，坚持"文脉"传承与多元建筑形式的融合。克里尔强调城市传统元素在城市发展中的价值，他认为尊重并延续地方传统是保障城市历史记忆与居民生活方式得以延续的重要手段。因此，在一环十一园地区的社区设计中，应当汲取天津传统建筑样式、广场格局和街道形态，运用本土建筑材料和技术，确保在现代化进程中不失地域文化特色，让当地居民能够在享受现代生活便利的同时，也能感受根植于城市文脉的生活氛围。

　　津环圈层的新型社区的营建不仅是对现代城市问题的一种解决，更是对社区概念的一次重新定义和创造。通过混合功能、人性化尺度、具有场所精神的公共空间以及多元形式的文脉传承，我们期待创建出适应时代品质生活需求的未来范式。

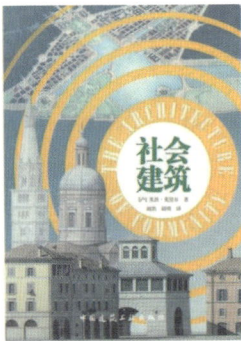

书名:《社会建筑》
作者: [卢]莱昂·克里尔
出版社: 中国建筑工业出版社

➡《美国城市的文明化》　　导读者：董瑜

10.2　公园、生态、城市

奥姆斯特德是美国风景园林学的奠基人，他最著名的作品之一就是纽约中央公园，始建于 19 世纪中后期，距今已有 160 多年的历史，仍是全世界最有名的公共绿地，市民、游客络绎不绝，专业人士争相学习。《美国城市的文明化》（*Civilizing American Cities*）一书收集了奥姆斯特德关于城市规划、公园规划和设计、社区规划方面的文章和报告，集中体现了他对于城市发展高屋建瓴的超前眼光。

奥姆斯特德的伟大之处不仅是在设计单个公园，而是建立了城市绿地系统的观念。他为波士顿设计的公园绿道"翡翠项链"，开创了公园系统的范式，也成为城市绿道从规划到实践的成功典范，在当今波士顿城市中，仍然是最具活力的体系。一环十一园可视为天津的"翡翠项链"。一环十一园及外环绿带从"1986 版总规"确立体系至今已有近 40 年的时间，在城市快速发展，逐渐蚕食自然环境的时期，仍能维持该体系，体现了相关部门的坚持和努力。

该书的首要目的是向社会各界普及公园对于提升城市文明水平的作用。作者认为：公园塑造市民精神，缓解城市生活压力。他坚信"艺术是促进社会由近乎野蛮状态改造为文明状态的好方法"。在快速城市化的过程中，新市民脱离了田园生活，置身于城市高压工作环境，人与人之间的亲情观念似乎变得越来越淡薄，人与人之间疏于交流而产生隔阂，也容易激化社会矛盾。公园作为城市公共活动的载体，承载了文化艺术、运动教育等社会和城市功能，可以舒缓人们的生活节奏和压力，远离城市高度人工化的环境和喧嚣，也为各消费层级的市民提供了平等的交流和活动的空间，是构成城市文明的重要组成部分。

其次，通过立法保障公园用地，多渠道筹措建设资金。美国各州公园法明确规定了公园用地的购买、公园建设的组织方式与原则，因此美国的城市公园系统虽然比欧洲起步晚，但是发展要比欧洲快。美国城市通过发行"公园债券"、征收专项税、设置服务费等多种方式募集公园建设以及运营资金。"公园债券"使大部分投资者成为公园建设的受益者，并证明了公园这种市政基础设施的建设可以推动经济发展，即环境效益与经济效益相统一。

最后，强调在城市规划中长期预留公园用地，强化公园系统性及整体性。美国城市公园线型绿道发达，系统性强。绿道对提升公园系统的整体性发挥重要作用。其本身具有游憩休闲、水土保持、生态廊道、交通替代等功能，连接了城市公园、郊野绿地、国家公园等，使得城市内部公园系统、市域公园系统、区域公园系统、国家公园系统等不同等级的公园连接成为整体。

该书著成距今已逾百年，但是观点堪称经典，常看常新，今人读之仍受启发与感动，对于一环十一园的规划建设仍有指导意义。

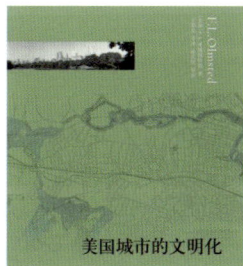

书名：《美国城市的文明化》
作者：[美]弗雷德里克·劳·奥姆斯特德
出版社：译林出版社

➡ 《设计结合自然》　　导读者：郭志一

"如果要创造一个善良的城市，而不是一个窒息人类灵性的城市，我们需要同时选择城市和自然，缺一不可。两者虽然不同，但互相依赖；两者同时能提高人类生存的条件和意义。"

著名园林设计师、规划师伊恩·伦诺克斯·麦克哈格（Ian Lennox McHarg）在其 1967 年出版的著作《设计结合自然》（Design with Nature）中详尽阐述了他的自然观。书中提出了应当在规划中注重生态学的研究，并建立具有生态观念的价值体系。在他的规划思想与实践中，"设计结合自然"，既不把重点放在设计方面，也不放在自然本身上面，而是把重点放在英语介词"with"（中文译为"结合"）上面。麦克哈格强调土地利用规划应遵从自然固有的价值和自然过程。其中的"传统自然观""自然观的改变""结合自然"三个阶段的论述或许对我们的一环十一园的立论与实施推进有观念上的启发。

（1）传统自然观。麦克哈格在书中指出在传统的价值观念中，人们面对的是"一个以人为中心的社会，在此社会中，人们相信现实仅仅由于人能感觉它而存在；宇宙是为了支持人到达他的顶峰而建立起来的一个结构；只有人是天赐的具有统治一切的权利"。在今天，人成为最大的破坏自然的潜在力量和自然资源的掠夺者时，持有什么样的自然观就变得十分重要了。

（2）自然观的转变。麦克哈格通过实例与生态理论的共同阐述，极力向人们宣传自然价值观转变的重要性。这种自然价值观的转变似乎比生态规划方法更为重要一些。在城市规划中，管理者、规划师与公众如果没有把这种基本的观念深植于心的话，是难以在规划过程中贯彻任何生态思想的，尊重自然的人类发展模式也就无从谈起。

（3）设计结合自然。新的自然价值观念最终还是要通过管理者、规划师与公众通过对某些地方的规划体现出来，要从思想落实到实际行动，运用生态规划方法进行规划设计。麦克哈格认为"对土地必须了解，然后才能去很好地使用它、管理它，这就是生态的规划方法"。

同时，我认为麦克哈格生态规划理论主要有两个理论贡献。一是在于其发展了从土地适应性分析到土地利用的一整套规划方法和技术，也就是现在著名的"千层饼"分析法，这个方法在现有的技术框架下得到了更深入的实践，此处不再赘述。二是设计评判标准的建立，这一点对于一环十一园地区来说更为重要。什么是好的设计？有没有一个标准来评判？一直以来，设计的好坏很难有一个绝对的标准，麦克哈格通过自己的理解，建立了一套评价标准，或许应该说成是一个合理的生态优先设计所应该具备的因素。

第一是负熵，也就是秩序水平的提高；第二是感受（apperception），即把能量转化为信息，再由此而具有的意义的能力，并对此做出反应；第三是共生，即合作约定（cooperative agreement），这种约定使秩序水平的提高成为可能而且需要感受来实现；第四是环境适配，也就是选择一个适应的环境并适应该环境，指有机体实现更好的适应；最后一个标准是健康状况和病理状况——证明创造性地适应需要负熵、感受和共生。

麦克哈格认为一个好的规划设计所构筑出的模型是创造性的。该模型构建以能量为介质的价值循环体系。

期冀一环十一园建设为天津注入新生能量与可持续活力。

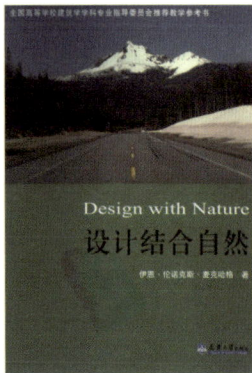

书名：《设计结合自然》
作者：[美]伊恩·伦诺克斯·麦克
哈格
出版社：天津大学出版社

➡ 《区域城市》　　导读者：程宇光

1. 在区域城市视角下认识一环十一园

一环十一园是津城的生态战略空间，是约束城市无序蔓延的"绿腰带"，也是城市从高密度的活力中心向低密度的郊野地区过度的纽带，聚集了新梅江等环境优美的生活区。同时，该地区位于市内六区和环城四区的交接地，属于行政管理和投资的边缘地带，在土地财政时代末期沦为"债务堆积、开发滞后"的沉淀资产，如东丽、北辰等地区有大量土地闲置，配套不足，缺乏人气。因此，一环十一园地区的开发建设，不但具有生态价值，而且肩负了盘活城市资产、刺激居住改善需求，促进人口流动和经济循环的重要使命。需要从经济、生态、民生、管理、规划等全局视角来认识，也要把它放在整个津城乃至更大的区域城市视角来重新审视。

2. 一体化的区域设计——《区域城市》的解读

从 20 世纪末到 21 世纪初，美国面临的是"区域城市"的挑战——中心城市和郊区凝结起的"大饼"，这种"都市区域"绵延百里主要面对两个问题：旧城的衰退和郊区的蔓延。这些问题也重现今天的天津城市，市中心的老旧小区亟待更新，环外的近郊城镇不断蔓延。

在《区域城市》一书中，作者新都市主义创始人之一彼得·卡尔索普（Peter Calthorpe）立志要解决这些问题。本书的主旨观点：若想获得成功，对区域整体的设计必不可少。区域设计是一个综合的学科，它把经济、生态、社会和美学结合在一起。"区域城市"并不主张推翻所有的旧东西去创造一个新区域和新街区。"区域城市"更多的是修补和完善现有的城市和郊区的整体环境，用一体化区域设计来解决整体的城市问题。

作者强调，城市蔓延与不公正是区域规划需要克服的核心问题，它们互相影响、相互联系。特别是蔓延导致的内城衰退、自然资源和景观资源被过度消费加重了社会不公平。解决蔓延问题的关键是要放在区域尺度上去设计城市，平衡内城更新和郊区规划的布局。这里提到了三个战略方向。第一，必须从区域的背景，而不能仅仅从一个孤立的街区来考虑；第二，必须系统地制定政策、规划设计，而不要让每个项目"各自为战"；第三，规划设计的过程必须是兼容和自下而上的。

3. 对一环十一园规划的借鉴意义

对于天津的城市发展，必须把市中心的城市更新和近郊地区的城市拓展看作一个整体，从"区域城市"视角入手，强化老旧小区更新和一环十一园新型社区规划的联动，并且这种联动是一环十一园规划成功的关键。假如没有中心区的消费能级提升与活力聚集，很难有城市轴向拓展和投资外溢；没有中心区老旧小区的更新，很难有住房改善需求的释放与人口的流动。同时，如何有效盘活大量的沉淀资产，很难通过单一项目自身平衡，需要系统性的顶层设计，不仅从行政管理上让各区之间形成合力，也要从开发建设上充分发挥各投资主体和企业的作用，更要从制度设计上激发市民的能动性与创造性。这些都需要站在"区域城市"的视角中，打破传统城市规划的固有思维定式，敢于突破创新。

书名：《区域城市》
作者：[美] 彼得·卡尔索普
　　　威廉·富尔顿
出版社：中国建筑工业出版社

➔《未来美国大都市》　　导读者：祝新伟

《未来美国大都市》（*The Next American Metropolis*）是美国新城市主义思潮的代表性专著。作者彼得·卡尔索普针对 20 世纪 90 年代初美国面临的城市无序蔓延、城市中心地区衰落、社区纽带断裂，以及能源和环境等方面的一系列问题，提出公共交通导向式发展（TOD）模式。

TOD 是一种新型的城市规划理念，它强调以公共交通系统为核心，通过优化土地利用和社区设计，促进城市的可持续发展。TOD 模式的核心思想在于将居民的生活、工作和休闲活动与高效的公共交通系统紧密相连，从而鼓励人们更多地使用公共交通，减少对小汽车的依赖。在 TOD 模式下，城市空间被划分为若干个以公共交通站点为中心的节点，每个节点都拥有高密度、混合用途的开发，包括住宅、商业、办公和娱乐设施等。这些节点通过步行和自行车友好的街道网络相互连接，形成紧凑而宜居的城市空间形态。需要注意的是该书的写作背景是在美国私有土地制度下的大都市蔓延。而在中国土地所有权归属于国家和集体的制度背景下，郊区蔓延呈现更为严峻的形势。随着人口老龄化，增量时期的建成空间需要进行功能更新。TOD 不一定是增量模式，更应该成为一种存量更新模式。通过交通支撑，混合更多功能。这是一个低效土地再利用的过程，从土地利用的角度来看，我们需要在土地政策的角度探索本土化 TOD 模式。

《未来美国大都市》中提及的规划策略和方法，具有重要的借鉴意义。

第一，贯彻公共交通导向的发展理念。TOD 模式强调以公共交通为导向，优化土地利用和交通规划。在中国，随着城市化进程的加速，交通拥堵和环境污染问题日益突出。借鉴 TOD 模式，我们可以在城市规划中更加注重公共交通的建设和优化，通过提高公共交通的可达性和便利性，引导市民减少私家车的使用，从而缓解交通压力、改善环境质量。

第二，强调混合功能开发的规划理念。TOD 模式提倡在公共交通站点周边进行高密度的混合用地开发，将居住、商业、办公、娱乐等功能融合在一起。这种规划理念有助于提升城市的活力和宜居性。我们也可以借鉴这种混合用地的规划理念，打破传统的功能分区，使城市更加多元化和包容性。

第三，注重社区营造的理念。TOD 模式注重步行友好的社区环境建设，促进社区居民之间的交流和互动。在中国，随着城市化的推进，社区建设也面临着诸多挑战。借鉴 TOD 模式的社区营造理念，我们可以更加注重社区的公共空间建设、文化活动策划等，增强社区的凝聚力和活力。

第四，推进可持续发展的理念。《未来美国大都市》强调了实现生态保护、打造完善的社区设施和高质量的居住生活等目标。应该坚持可持续发展的理念，确保城市化进程中的经济、社会和环境协调发展。

《未来美国大都市》中系统提出的 TOD 模式为我们提供了一种解决遏制城市无序蔓延的新思路和新方法。通过借鉴其核心理念和成功经验，并结合中国实际情况进行本土化创新，有望在城市化进程中实现更具可持续性、空间紧凑性与宜居性的城市发展目标。

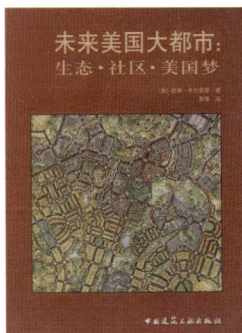

书名：《未来美国大都市》
作者：[美] 彼得·卡尔索普
出版社：中国建筑工业出版社

➡《明日的田园城市》　导读者：冯天甲

从霍华德到刘易斯·芒福德（Lewis Mumford），从奥姆斯特德再到麦克哈格，不论是规划理论的先驱还是实践的先辈，自然和居住始终是现代城市规划紧紧围绕的核心议题；公园和社区更是面临工业革命以来，人类探索现代城市文明中最重要的内容。如今它们依然是解开当前城市规划问题的"万能钥匙"。而一环十一园，必将对天津城市文明演进具有重要的推动作用。

长期以来，由于天津规划管理的重心是以外环快速路为闭环的中心城区，环外地区多体现各地区自身的发展诉求，使得津城居住空间呈现明显的不均衡。天津市内六区公共资源聚集，人口密度高，平均人口密度近 3 万人 / 千米^2，相当于北京城六区人口密度的 3.3 倍，居住拥挤。而一环十一园地区，长期作为城市边缘地带，拥有大量存量土地，恰恰呈现城乡结合的特征。

正如该书作者霍华德所说："人口集中的一切原因都归纳为'引力'，必须建立'新引力'来克服'旧引力'，才能有效、自然、健康地重新分布人口。"从某种意义上说，天津一环十一园地区，正是要构成霍华德所谓的"城市—乡村磁铁"，创造"新引力"，引导中心区人口向外流动，改善居住条件。像他所描述的：

> 它可以把一切最生动活泼的城市生活的优点和美丽，与愉快的乡村环境和谐地组织在一起。这种生活的现实性将是一种"磁铁"，用以社区为基础的新文化来医治城市中心区的"脑出血"和城市边远地区的"瘫痪病"。它可享有与城市相等的，甚至更多的社交机会；可使居民身处大自然的美景之中；可使高工资与低租金、低税收相结合；可保证所有人享有丰富的就业机会和光辉前途；可吸引投资、创造财富；可确保卫生条件；可到处见到美丽的住宅和花园；可扩大自由的范围，使愉快的人们享有一切通力协作的最佳成果。

霍华德认为田园城市是一场城乡融合的社会实验。一环十一园地区是天津新时期实现高质量发展的重要载体，同样也是一场改革住房和房地产旧模式的试验。田园城市倡导的社区自治，鼓励自我追求、独立创造，将最自由和丰富的机会同等地提供给个人努力和集体合作，闪耀独立自治的人本主义光芒。霍华德提出的逐步实现土地集体所有制、建设田园城市的方法，摆脱了显示统治者权威的旧模式，提出了关心人民利益的新模式。这都为今天一环十一园地区的规划指明了方向。面对当下旧模式的困境，指导我们探索如何发挥政府、市场、社区等多元主体作用，改革土地开发和出让机制；如何满足人民对美好生活的向往，创造差异化居住需求和多样化的住房产品；如何鼓励民营经济，激活市场活力。

就像田园城市之于英国，一环十一园也将为天津迸发新希望、新生活、新文明。

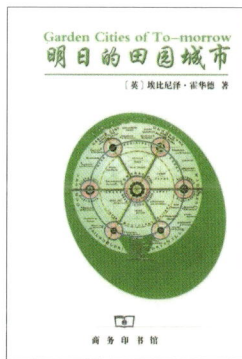

书名：《明日的田园城市》
作者：[英]埃比尼泽·霍华德
出版社：商务印书馆

➡ 《发达国家郊区建设》　　导读者：王亚男

1. 发达国家郊区化发展内在规律的相关启示

《发达国家郊区建设》一书深入介绍了 11 个发达国家的 14 个都市郊区和 40 个郊区村庄、市镇和区域层次的案例研究，使我们深入了解郊区化有其发展的内在必然性和规律性，是社会经济不断发展所呈现的客观现象。在郊区化进程中，如何用规划的工具去进一步引导，是我们规划建设一环十一园工作需要深入思考和借鉴的地方。

2. 天津市建设一环十一园的内在规律性和必然性分析

一环十一园位于津城核心区 15 千米范围内，从圈层结构来看，属于天津的近郊区（生态宜居圈层）。从国外发达城市的发展历程来看，在城市的近郊区建设城市公园，在公园周边规划建设生态宜居社区，符合城乡断面规律，也是实现高质量城镇化的重要路径。

3. 对规划建设一环十一园的建议

（1）建议增加固定资产建设专项规划。该书第 17 章提到，支撑郊区化顺利实施的政策工具就是资本改善计划（Capital Improvement Program, CIP），它是美国针对城市公共基础设施系统的建设、维护、改善和替换的详细改善计划。它将社区综合规划和地方预算衔接起来。CIP 是地方政府开展固定资产投资的方式，多数 CIP 都是"滚动"式制定的，社区制定一个五年的规划期，每年进行一定的更新，即逐年动态更新五年规划期。地方政府按照综合规划来制定公用设施投资计划，再按照公用设施投资计划投资建设公用设施，规划的目标就能顺利实现。

（2）关注人口收缩对规划布局的应对。2023 年天津市常住人口为 1 364 万人，比 2020 年总体减少了 22.6 万人，新出生人口为 5.2 万人，比 2020 年新出生人口减少了 50%，总和生育率仅为 0.66，低于全国平均水平（1.07），在全国各省市排名倒数第四。极低生育率和少子化已严重制约了天津市的可持续健康发展。另外，天津也面临着区域城市间人口竞争加剧、经济结构深层次改革等诸多风险挑战。因此，建议一环十一园从规划角度分析人口收缩带来的一系列影响，为一环十一园的整体规划布局和开发导向提出新的应对策略，同时从社会可持续发展的角度，深入分析人口收缩带来的老龄化、少子化的规划应对。

（3）深入从人口年龄和收入分布规律视角关注开发时序。应进一步落实以人为中心和"人民城市为人民"的发展理念，基于各口径常住人口分布数据，分析不同年龄结构、不同收入层次等人口居住、就业、休憩的分布规律和特征，并以此为基础对未来一环十一园涉及的规划人口规模开展预测，并对一环十一园开发建设时序进行分析和预判，保障开发时序符合市场需求。

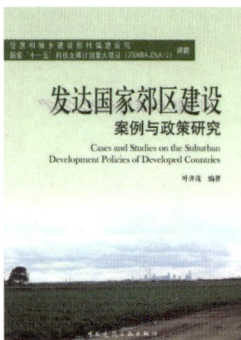

书名：《发达国家郊区建设》
作者：叶齐茂
出版社：中国建筑工业出版社

→《马唐草边疆》　导读者：王学勇

　　《马唐草边疆》是一部全面描述美国郊区化发展历程的城市史著作。郊区化是美国当代文化完整的、充分的具体表现形式，也是美国社会基本特征的展现。富裕的中产阶级往往住在远离其工作地点的郊区，拥有带院子的私人住房。

　　美国在住房方面有四大独特性：一是美国的都市区居住密度低，且城郊差异较小；二是居民对私有住宅的强烈偏好；三是城市中心和郊区的社会经济差异越来越大，郊区居民的平均收入高于市中心群体；四是平均通勤时间较长。该书作者肯尼思·杰克逊（Kenneth Jackson）认为美国人长久以来喜欢独栋住宅，而不是联排住宅；美国人喜欢乡村生活，而不是城市生活；美国人喜欢拥有住房，而不是选择租房。

　　美国郊区化的兴起受多重因素驱动，既有文化观念的影响，也有社会经济条件的支撑。从文化层面看，美国人长期崇尚在宁静之地拥有独栋住宅的生活方式，这一传统观念根深蒂固。从人口结构来看，伴随城市化进程形成了庞大的中产阶级群体，他们渴望并有能力实现这一梦想。此外，经济因素也加速了郊区化的步伐，六大推动力为关键：较高的人均财富、低廉的土地成本、便捷的交通、易于构建的框架住宅、政府的扶持政策及市场经济机制的刺激，共同奠定了郊区化的经济基础。

　　然而，未来郊区化的步伐可能放缓，面临能源价格上涨、土地成本增加、资金短缺、建筑技术滞后、政策转向及家庭结构变化等多重挑战。这些限制因素将影响郊区化的持续扩张，促使人们重新审视居住模式的选择。

　　杰克逊认为，郊区化应该被看作是城市发展模式的一部分。城市的空间布局并不十分依赖于某种理想，而是更加依赖于经济；不是十分依赖于国民的习性，而是更加依赖于工业发展、技术进步和种族的融合。美国城市与其他国家城市相比，这种差别并不特别巨大。其他国家的城市也可能会遵循北美模式发展，只要它们拥有了足够的汽车、公路和可支配的财富，就能促使这一模式出现。但是，可以吸取这种城市模式的经验和教训，既要满足市民对美好居住生活的追求，又应该引导生态文明城市的建设。天津一环十一园地区规划，为疏解中心城区高密度人口提供了良好的空间载体，同时配套良好的公园、住房、慢行设施、公共服务设施，将建设为人居环境提升示范区，打造花园式生态社区环带概念，成为推动城市更新、住房体制改革的试验区域，也将成为社会主义现代化大都市的"新边疆"。

书名：《马唐草边疆》
作者：[美]肯尼思·杰克逊
出版社：商务印书馆

10.4 新都市主义、断面都市主义、景观都市主义

➡《城市：它的发展、衰败与未来》　　导读者：孙铸杰

《城市：它的发展、衰败与未来》（*The City: Its Growth, Its Decay, Its Future*）是著名建筑师伊利尔·沙里宁（Eliel Saarinen）关于城市规划设计的一部经典著作，首次出版于 1943 年，正值二战期间。战后欧洲各国重建时，该书的出版受到了欧洲各国城市规划师和建筑师的高度重视，对当时世界各国的城市规划界颇有影响。这本书从建筑角度出发，全面总结了此前城市规划设计中的经验教训，并在此基础上，进一步提出了城市发展存在的问题以及为解决这些问题应采取的对策。在建筑设计思想方面，提出了"城市设计"的概念和原则。在城市规划思想方面，提出了"有机疏散"的理论，对新城市主义的兴起和发展起到了推动作用。

"有机疏散"理论是把城市看作一个有机体，将城市片区比作细胞组织，建筑单体及其组群单元构成"细胞"，并把西方大城市的交通拥挤、无序扩张等现象看成城市功能衰败。若是细胞健全、有序组合，则机体健全；反之，城市功能将失衡。面对城市问题，需要从重组城市功能入手，依照自然界有机体的生长方式来规划、设计城市，体现了一种尊重自然、尊重生命的有机和谐理念。将一个大都市分为多个"小市镇"或"区"，逐一改善其中的衰败地区；将原有的城市活动密集区域分散到"集中单元"中，组成"相关活动的功能集中区"。每一个功能集中区要严格控制规模和生活设施，承载特定功能性活动（如居住、工作），确保居民的活动相对集中。

很多城市采用了多中心布局，与有机疏散理论有很大程度的契合。生态文明时代，城市规划布局中应系统性预留生态用地作为公园或景观带，为城市预留适应性增长空间。天津城市发展不断演进，新区建设与老区更新并重。天津的规划建设和整体城市风貌得到了各方面的好评，其中城市设计发挥了关键作用。

津城总体城市设计对城市结构、空间形态、风貌特色进行优化和细化，提出了"塑造更靓丽的中央活力区、更生态宜居的一环十一园地区和更美好的近郊地区"。一环十一园及周边地区城市设计探索生态导向的津城空间结构优化及发展模式创新，推动新型居住社区试点，围绕城市公园构筑宜居社区，探索"生态公园 + 宜居社区"的高质量发展模式。

在此基础上，可继续充分发挥城市设计的作用，协调控制"区域—城市—片区—地块"的发展，优化城市结构、完善城市功能布局、提升城市空间品质、增强城市活力，构建生态宜居、文化丰富、空间形态优美的高质量人居环境。

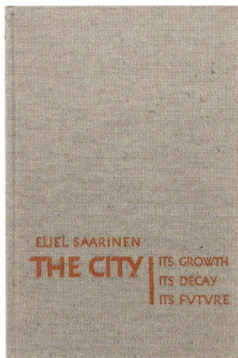

书名：《城市：它的发展、衰败与未来》
作者：[美] 伊利尔·沙里宁
出版社：Reinhold 出版社

➡ 《危机挑战区域发展》　　**导读者：沈锐**

纽约大都市区，即纽约 – 新泽西 – 康涅狄格三州大都市区，是全球著名的经济中心，然而长期以来该区域面临着经济增长缓慢、基础设施老化、郊区不断扩张、社会分化严重、环境压力巨大等巨大问题。1996 年，纽约区域规划协会以《危机挑战区域发展》（*A Region at Risk*）为题，发布了纽约大都市区的第三次规划，对大都市区普遍存在的问题提出了解决方法，对于京津冀城市群的发展具有很好的借鉴意义。特别是该书针对改善区域发展的"经济（Economic）、公正（Equity）和环境（Environment）"三大基础条件提出了五大方略——绿地（Greensward）、区域中心（Centers）、通达（Mobility）、劳动力（Work-force）和管治（Governance），对一环十一园的建设和发展有重要借鉴价值。

1. 一环十一园是城市经济环境和社会治理改善的重要基础

《危机挑战区域发展》指出，"绿地"可以创造经济价值，保护环境基础设施，降低环境治理成本和污染控制，对社会有益；"绿地"保障了居民亲近休闲场所与自然景观的权利，并且可以保护环境，提升土地利用效率；"绿地"发展构建了空间基础，为更大区域目标的实现奠定了稳固的城市空间结构。

一环十一园的建设，进一步锚固了天津历版城市规划确定的外环线绿化带格局，通过十一个公园的建设，既能够发挥城市的集聚效益，又形成弹性组团式发展格局，抑制城市无序蔓延。同时能够有效改善城市环境、增加市民公共空间，提升城市品质。

2. 一环十一园是高品质城市空间塑造的重要手段

《危机挑战区域发展》指出，城市开敞空间的质量和水平，对于区域中心发展十分重要。"区域中心"的资源利用率高，可降低整个区域经济发展的成本、减少土地消耗，为亟待就业的居民带来新的机遇。如果区域中心可以留住居民，郊区蔓延的动力就随之变小。

一环十一园周边土地储备丰富，围绕公园建设新型居住社区，增加商务、商业和高端都市型工业等功能，围绕公园形成新的城市中心地区，可以显著改善当前天津中心城区周边土地低效利用的问题，促进中心城区人口疏解，增加新的就业机会，通过环境改善拉动城市经济的发展。

3. 一环十一园要探索城市公共空间保护和建设的新举措

《危机挑战区域发展》提出改善区域发展的五大方略，为一环十一园城市公共空间建设提供了借鉴。

首先要对绿地空间提供政策法规的保护，在天津国土空间总体规划中，将一环十一园地区划入城市绿线，进行空间管控；第二，要将公共通达性与适当的商业用途结合起来，确保公共空间再开发平衡居民、商业主体与产权人权益，为建设筹集资金；第三，要招募志愿服务或购买服务等方式让当地"居民之家"参与公园的管理工作，能用较少的资金达到加强管理的目的；第四，改进城区内自然资源管理，要将对绿色基础设施的保护融入城市规划项目，并利用传统的市政设施（灰色基础设施）资金加以支持。

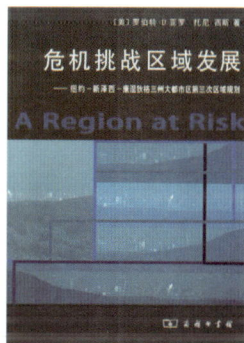

书名：《危机挑战区域发展》
作者：［美］罗伯特·D. 亚罗　托尼·西斯
出版社：商务印书馆

➲ 《美国大城市的死与生》　　导读者：刘鹏飞

1. 一环十一园地区应该成为遍布"街道眼"的安全地区

　　雅各布斯提出一个成功的城区的基本原则是，人们在街道上身处陌生人之间时必须能感到人身安全，必须不会潜意识感觉受到陌生人的威胁。一环十一园地区要打造安全区域，首先应该造就生动、有趣、安全的街道，通过遍布各处的"街道眼"，让整个区域处于大众的监视之下，让犯罪等行为无处可藏。其次，一环十一园地区应该将公园、广场和公共建筑作为街道系统的一部分来使用，从而强化街道用途的多样化，延展"街道眼"的空间，并将这些用途紧密地编织在一起。此外，一环十一园地区要突出一些场所身份，通过城市雕塑、建筑风格、具有特色的地域文化塑造等方式，使这些地方具有特色的区域文化特征，提高人们的地域认同感和归属感，进而使人们能像保护个人家庭财产那样守护整个区域。

2. 一环十一园地区应该成为具备城市多样化的地区

　　雅各布斯提出，城市的活力来自多样性，城市要实现多样性需要一种相互交错、互相关联的用途上的多样性，这种多样性在经济层面和社会层面都能让各方不断获得相互的支持。这种多样性的内容可大相迥异，但是它们必须以某种具体的形式相互补充，它的产生应具备四个条件：第一，城区及其尽可能多的内部区域主要功能，必须多于一个或者两个，大家能够共享基础设施与公共场所；第二，大多数街道要短，能够拐弯；第三，一个城区应该混搭各种年代和层次不尽相同的建筑；第四，人口等密度必须达到足够高的程度。

　　一环十一园地区应该按照上述四种条件来打造，以成为疏解津城老旧小区居民及外地来津新市民的承载地。针对存量地区，首要任务是改善居民的生活方式，延续历史形成的窄街廓、密路网格局，针对封闭大院，创新社区管理模式，逐步拆除围墙，推行小街区制，同时，要深入挖掘历史文化资源，延续城市历史文脉，加强不同年代建筑的活化利用，通过城市微改造，丰富沿街建筑功能业态，提高建筑功能混合性和多样性。针对增量地区，要围绕满足人们新时代新的居住需求的目标，从"好房子—好社区—好城区—好城市"四个维度去规划设计，在住宅设计方面要探索针对不同人群的住宅类型，在社区方面要按照适宜步行的便民生活圈去打造，在城区方面要坚持功能混合、产城融合，在城市层面要提高城市活力、韧性和安全性。雅各布斯给我们提供了另一种观察城市的视角，这就要求我们要用一种辩证的眼光去看待城市、规划城市和建设城市。

书名：《美国大城市的死与生》
作者：［加］简·雅各布斯
出版社：译林出版社

➡《断面都市主义》　　导读者：田琨

在过去几十年里，美国城市规划界广泛争议的焦点是无序扩张所带来的郊区化问题，这一现象导致了人口分散、汽车依赖加剧、土地效率降低，并对环境造成了负面影响。城乡断面理论正是在这样的背景下产生的，它旨在解决这些现代城市规划问题。在《断面都市主义》一书中，作者杜安尼深入分析了造成城市无序扩张的根本原因，指出基于现行土地法规的规划方法——以功能分区、标准化开发和专业分工为基础，导致了虽功能齐全但却无法促进社会多元化及可持续发展的社区模式。

该书明确提出，人类的居住区应当是多功能且便于步行的，这一点与生态优先法则的原则相符合。城乡断面理论作为一种工具，能够帮助消除现代城市规划中的社会和环境弊端，引导向着整合城市主义和环境主义的方向发展。城乡断面理论所倡导的系统鼓励观点多样化，促进人类栖息地的多元化，并为区域保留其特色和多样性提供了灵感。

城乡断面理论重点强调建筑类型的分布管理，这是现代主义规划所忽视的一个基本问题。都市断面主义使我们意识到，城市建筑的分布规律应该是在适宜的地点建造适宜的房屋，并与当地的交通和景观相协调，这有助于放大地方特色，并推动城市多样性和文化发展。

通过对天津城市布局的断面理论研究可以发现，相比于欧美城市，天津城市中的每个 T 区通常具有更大的尺度，这加剧了城市社区的千篇一律和缺乏多样性、凝聚力。天津一环十一园的设计与建设，应当采用城乡断面与精明准则这一套容易上手的工具包，将有助于开发建设更符合科学规律的社区，并为一环十一园形成自身的生长机制。要实现这一变革，我们需要改变传统的规划观念，通过社会学习和社会动员的规划范式，自下而上地通过试点项目推动社会进步。对于亚洲国家的城市而言，或许现有的城乡断面图 T 区分类并不足以涵盖所有居住区和自然区域类型，因此我们应当继续发展断面理论，以适应当地的具体情况。以天津一环十一园为例，该区域位于天津外环线的内侧，相当于城乡断面理论中的 T4 区。这一区域通常具有多样的建筑类型和景观类型，是两个稳定区域之间的过渡带。我们可以在这一区域内探索划分不同的亚型，并通过更精细的设计来丰富区域的多样性和本地特色。

如同该书中所描述的，美国当下正面对着未来三十年将发生的大量房屋建设和更新。对于天津来说，一环十一园也是这样的一个机遇，规划者和建设者们应当把握这一机遇，利用城乡断面工具，以创新理念设计多元融合的社区空间，从而推动天津城市规划向着可持续和人性化的方向发展，为这座城市的人民创造更美好的家园。

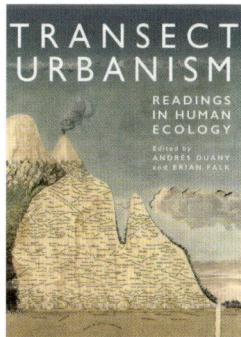

书名：《断面都市主义》
作者：[美]安德烈斯·杜安尼
　　　布莱恩·福尔克
出版社：ORO 出版社

10.5 生态本底保护与公园设计

→ 《美国城市规划设计的对与错》　　导读者：韩继征

从 2015 年开始对一环十一园地区进行规划编制，到 2025 年已经十年了。从最初的"外环沿线十一个公园"，到一环十一园"津城翡翠项链"，再到"津环圈层"，实际上体现了在城市设计中对这一地区的认知不断加深的过程，直至今天，关于一环十一园的规划与研究仍是"正在进行时"。一环十一园的规划与建设，是海河两岸综合开发战略之后，天津市适应新时期城市转型发展推出的又一重大战略，值得我们投入更大、更持久的关心与热情。

一环十一园规划，与亚历山大·加文（Alexander Garvin）在《美国城市规划设计的对与错》（*The American City：What Works，What Doesn't*）一书中提到的"公园战略"非常契合。该书对一环十一园的规划有三方面的启示。

启示一：如何定义一个"成功的公园系统规划"？

加文在该书的开篇中给出了"一个城市规划的成功"的定义：一个成功的城市规划应该是一个产生了良好、广泛而持久的私营市场反应的公共举措。公园系统规划更是如此。对于一环十一园规划而言，不仅要关注公园如何建，更应将视线聚焦于如何建立公园系统与地区发展之间的桥梁，找到"以公园塑造和改变城市"的可行路径，即"公园战略"。

启示二：如何开启"公园改变城市"的新篇章？

加文在书中提出"公园改变城市"的三种路径：一是开创城市化进程；二是改变一个地区的土地利用方式；三是利用公园系统改变整个城市。

一环十一园，要开启"公园改变津城"的新篇章，推动"津环圈层革命"，首先需要确立"公园融城"的理念，作为实施"公园战略"的基础；其次是围绕十一园建设"新型公园社区"或促进"公园＋"更新模式，让一环十一园真正成为重启地区发展以及持续更新的稳定框架；最后是新时期"公园社区"的营造，需要土地开发模式或更新模式的创新。

启示三：如何持续地推动"公园战略"？

加文在书中提到：对于任何一个项目计划来说，成功的基础是必须理智地处理好"市场、位置、设计、资金、企业家、时间"六要素的关系。

市场需求是首要考虑的因素，需深入调研"津环圈层"的真实需求，预判人口增长趋势，规划适应市场需求的公园系统。区位特性决定了公园系统的角色与功能，需充分发挥一环十一园作为生态连接与空间结构转换枢纽的作用。设计上，既要注重一环十一园个体的特色，又要强化公园间的联系及与城市的融合，借鉴奥姆斯特德的卓越而富有远见的设计理念，赋予一环十一园独特价值。

资金是项目推进的关键，需探索公园投资与收益平衡的可行路径，解决一环十一园当前建设缓慢的问题。同时，培养具有远见卓识的公共企业家，为一环十一园注入活力与创意。最后，制定合理的时间计划与长期运营框架，确保项目与地区经济社会发展相协调，实现可持续发展。

一环十一园不仅是城市规划的杰作，更是推动城市转型、优化人居生活品质的重要战略。我们需通过精细化营造，深化实施与可持续运营，让一环十一园成为天津乃至全国城市发展的生态名片。

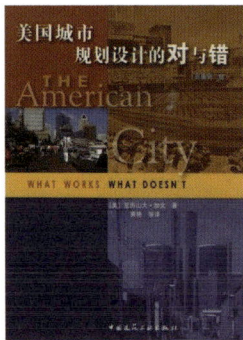

书名：《美国城市规划设计的对与错》
作者：[美] 亚历山大·加文
出版社：中国建筑工业出版社

《中央公园》　导读者：孙峥

中央公园，这座面积 3.4 平方千米、位于纽约市心脏地带的绿地宝石，不仅是全球公认的城市公园典范，更是公园与城市互动发展的一部生动教科书。《中央公园》（*The Central Park*）一书，通过近 300 张最初设计图纸，记录了这项百年工程从概念到完工的实践智慧。中央公园的成功之处主要体现在以下几方面。

（1）中央公园与城市的共生。自从 19 世纪中叶中央公园诞生以来，它与纽约的成长息息相关，直接参与并促进了城市的健康发展。中央公园也是纽约市最好的"公民建筑"之一，它的开放性和包容性是纽约精神的核心，也是市民生活质量的重要指标。中央公园与周边地区的土地价值正相关，它的存在显著提升了周边相邻地段的吸引力，提升了区域的价值。

（2）中央公园对自然的再现。湖泊、草地、林地、峡谷和丘陵等自然要素经过人工设计，以一种流畅和谐的方式再现自然，充分展现了自然与城市共生理念，在曼哈顿平坦的地形上形成了优美的自然要素，连同曼哈顿的其他公园和绿带，创建了自然地完整的城市公园系统。

（3）中央公园对生态友好性的实践。中央公园的环境友好特性，一个半世纪以来形成了生物多样性的样本。作为城市的生态绿肺，这里拥有超过 250 种迁徙鸟类和常驻动物，以及大约 18 000 棵大乔木，形成一个复杂的生态网络，是纽约市的重要自然遗产。这些树木和动物不仅为城市居民提供了宁静和美丽的绿色空间，而且对于维持当地气候稳定、改善空气质量、并提供重要的野生动物栖息地发挥着重要作用。

纽约中央公园对于天津一环十一园的发展和规划有一定的启发。天津是以海河为中心的线型发展的城市，地势平坦，北部燕山山脉距离城区较远。天津租界时期的公共公园多以微型公共绿地进行建设，缺少城市级的绿道与完整的公园系统。1986 年外环绿地以及楔形绿地提供了城市发展的新机遇，经历近 40 年的规划实践，在城市化进程后半场迎来新的发展机遇。

（1）公园引导型开发的新型城镇化。塑造宽阔的自然空间，为周边居民提供高品质的休闲环境，中央公园展示了公园与城市的互动发展之路，一环十一园建设可从公园建设提供近郊生活品质化的发展潜力，带动周边区域价值的提升和区域的发展。

（2）再现自然的城市公园系统。一环十一园建设中，不仅包括传统的公园和绿地，还融入生态廊道、社区花园和城市农业等元素，形成多层次、长时间、强韧性的生态空间。这个网络不仅促进了物种的多样性，还增强了生态系统的连通性和整体健康，强调公园自身的成长性。

（3）碳中和城市公园实践机遇。一环十一园建设中，将生物多样性和生态系统骨架作为规划的核心元素，通过种植大量的树木、恢复湿地和草原等生态系统，使公园更具有吸引力，并有效地增加城市的碳储存能力，通过改善空气质量和提供更多的自然休闲场所，塑造城市的生态价值和居民的新生活范式。

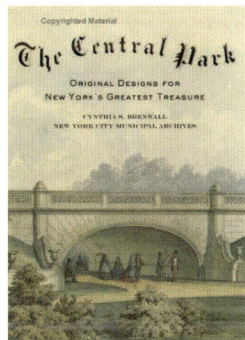

书名：《中央公园》
作者：[美] 辛西娅·布伦沃尔
　　　马丁·菲勒
出版社：艾布拉姆斯出版社
　　　（Abrams）

➔《恋地情结》　　导读者：郝绍博

华裔地理学家段义孚在《恋地情结》一书中精妙地阐释了"恋地情结"这一概念，它是对人类与物质环境间深厚情感纽带的广泛而深刻的诠释。当这种情感纽带升华至极致，地方与环境便化身为情感的载体与象征。从抽象的角度审视，城市如同一种符号形象或意向，具体言之，城市则是人们身处其中的切实感受与体验。

1. 一环十一园地区规划的初衷

天津一环十一园地区的规划不仅是城市集聚发展后的自然选择，更寄托了人们对美好生活的深切向往。一环十一园的发展不仅是天津中心城区疏解的重要途径，更是城市精确性和秩序性的完美体现。这种规划的初衷与段义孚倡导的"郊区生活是一种理想"的理念非常契合。人们迁往郊区居住的理由多元且复杂，但最根本的想法，还是追求更健康的生活环境和更恬淡的生活方式。

2. 一环十一园地区规划和新型社区建设的建议

段义孚认为"有自己特色的社区会有清晰的界限"，这种独特性源于经济、社会和文化的差异；这种特质使得如波士顿贝肯山、纽约布鲁克林高地这样的社区在城市网格中独树一帜。鲜明的建筑特色、宜人的公共空间以及和谐的环境氛围，都是构成这种独特性的重要符号，它们让居民产生强烈的归属感，从而激发"地方依恋"（Topophilia）。

同时在《恋地情结》中亦强调了"邻里"或者"社区"的概念。在新时代背景下，天津的城市规划与建设应秉承"人民城市人民建，人民城市为人民"的原则。在复杂的城市生态系统中，"社区"是最基本的构成单元。一个健康的社区应满足人民对高品质生活的期待，通过构建以人为核心的新型社区，激发居民参与社区建设的热情与创造力，实现从"要我参与"到"我要参与"的转变。

在一环十一园地区的建设中，我们应避免段义孚所提及的问题，即"新兴的郊区最先显露出的特点就是没有建设规矩、社会结构混乱、生活条件也不尽如人意"的问题。我们需要有全局且合理的规划，避免土地的零散与浪费；同时，在住宅建设之前，应充分考虑道路交通与公共服务设施的布局；还应重视当地历史文化的传承与延续；在具体的设计与建设中，更应体现出对人的关怀。一环十一园地区的建设并非传统城市中心区因土地稀缺而向外拓展的简单表现，而是新时期下城市更新与发展中人们对理想生活追求的生动体现。

总之，《恋地情结》所传达的核心理念便是"理想"。无论是一环十一园地区的建设还是新型居住社区的推广，都是我们追求理想居住环境的不断探索与实践。我们致力于在理想与现实之间寻找平衡点，为人们创造更加美好的生活环境与体验。

书名：《恋地情结》
作者：[美]段义孚
出版社：商务印书馆

➡ 《城市公园设计》　　导读者：韩愚

　　艾伦·泰特（Alan Tait）对公园的"连续性"保持了高度的关注，这一连续性不仅体现在策划与立项、规划与设计上，也包括运营与管理。

　　在回顾《城市公园设计》（*Great City Parks*）书中收录的公共公园的建成历史及建设过程中的关键人物时，艾伦·泰特搜集了公园从提出建设到最终实施的大量历史资料，提出"公园设计成功的先决条件是坚持不懈，而设计的完整呈现的关键是连续性"。一环十一园呈现在公众视野之前，历经了几代人的坚持，而这种坚持的精神应传承下去，保持历史的连续性。

　　在分析规划与设计时，艾伦特别引用景观设计师詹姆斯·科纳（James Corner）的话："当代的重点显然是大型公园更加强调连接性、整体性和连续性，以努力提供更大的公园系统，人们可以步行、骑自行车、跑步，并且由于区域规模和连通性，生态系统可以茁壮成长"。一环十一园具备了极其优越的空间结构条件，以此为基础，可预见公园会和城市在未来会有更深层次的互动，彰显公园的社会价值。

　　在公园的管理与使用时，艾伦以史为鉴，援引著名风景园林设计师迈克尔·范·瓦尔肯伯格（Michael van Valkenburgh）的话，"实际上，建公园其实不贵，长久地维持养护公园才昂贵"，并指出维持公园运营才是公园委托方和管理者真正应该着眼的地方，同时指出了运营的连续性这一重要问题。按照历史的规律，公园运营的问题将会是一环十一园面临的重要挑战。在一环十一园规划中，应进一步探索公园的可持续性，并推出创新性的实践试点，为公众发声。一环十一园在步入"存量时代"的过程中，需要对公园的运营做更多的探索。

　　公园最核心价值的是空间价值，而空间价值又体现为生态价值、社会价值、运营价值。在有限的空间内，将这些价值更多地融入，才能使公园的价值最大化。而运营价值在存量时代应该予以正视，通过公园的运营可以丰富市民的文娱生活并创造税收，以保证公园生态养护以及社会服务具备可持续性。

　　将公共属性的公园进行运营，在现行的政策与实践操作中存在许多挑战与问题。艾伦·泰特的研究揭示了公园建设中的关键推动者——有具有远见的政治家、富有影响力的文化领袖及深谙开发价值的地产商。值得注意的是，这些推动者往往能够通过为公众发声来引领社会风尚。

　　期待一环十一园在未来的运营阶段能够出现这样的人物，通过开创具有示范意义的运营模式，为公园的可持续发展作进一步探索，并最终形成可推广的社会示范效应。

书名：《城市公园设计》
作者：[加]艾伦·泰特
出版社：中国建筑工业出版社

10.6 街区经营与规划设计

⊙《良好社区规划》　导读者：刘莹

新城市主义方式正在影响着许多国家的当代实践，但仅单纯地以一种"好的形式"来界定"好社区"是远远不够的。

加拿大达尔豪西大学教授吉尔·格兰特（Jill Grant）在其著作《良好社区规划》（*Planning the Good Community*）中，从新城市主义的理论和实践上检验城市设计方法，批判性地审视了新城市主义如何实现其理想，并提出新的城市设计方法是否为创建良好社区提供一条可行的道路。

书中通过美国、加拿大、英国、德国、比利时、挪威和日本等国的例子，探索了在不同经济社会和历史文化条件下的新城市方式。新城市主义首先能够在美国和加拿大流行起来的原因是，它反映了北美的特殊问题：蔓延、历史遗产的消失和汽车文化。紧凑城市和城市村庄表现出可以满足新发展的需要，它们反映了英国和欧洲城市传统。在亚洲，新城市主义方式面对的是城市居民急于扩大他们的现有居住空间，急于对城市发展表达意见，急于改善空气和水的质量，急于拥有汽车。现在，在世界的许多地方，不安全的现实导致了人们都来安装防盗门，而高土地价格推动了高层住宅项目。而在许多第三世界城市，紧凑的形式和混合使用已经很普遍，但人们需要最基本的基础设施供应，需要居住保障。

因此，作者认为每一个区域，每一个城市，都有它自己的历史和问题，必须找到面对特殊挑战的本土化适应性策略。有些方式可能导致好社区，但是有些方式未必可以创造好社区，只有历史可以决定哪种方式是适宜的，新城市主义方式并非放之四海而皆准。

我们定义的每一种好社区，无论采取精确的或单一的术语，总会面临挑战，因为我们处于一个文化多样性日益增长的时代。好社区可以具有多种形态，也必然会随着时间和环境的变迁而改变，但恒久的共性是居民良好的心和体的状态，而不是社区街道和广场的形状。即，在一个好社区中，人们是健康的、幸福的和充满活力的才是重点。因此我们相信好社区除了美好的场所空间之外，更应当是多元包容的、有弹性的、公众参与的、可承受的、适当的和对环境负责任的。

格兰特曾指出，我们有时把规划想象得太有权力了，好的规划政策和优秀的城市设计可能构造好社区，但不可脱离社会经济制度和权力体制。

天津一环十一园地区规划工作自开展以来，积极地践行新城市主义的理念，期间政府相关部门和设计团队倾注了大量心血，但随着近几年房地产市场的低迷，一环十一园地区的建设和发展呈现缓慢甚至停滞的态势。在设计了"好空间"之外的后设计阶段，如何增加多元供给、提升公共服务品质、调整土地出让政策等，都是目前需要不断持续革新且迫在眉睫的"好机制"。

尽管对新城市主义的理论和实践成果有一些质疑，但是在中国快速发展的当下，面对千城一面、水泥森林城市的当下，新城市主义的理论和实践仍然是最有效的方法之一。对于书中的诸多批判，结合眼下的"存量时代"，更需要我们冷静地评估未来的发展模式，更加精细地关注公共空间品质，关注政策、经济、民意等多方位的协调，既实事求是地面对现状，也怀揣梦想地砥砺前行。

书名：《良好社区规划》
作者：[加]罗吉尔·格兰特
出版社：中国建筑工业出版社

➔《精明准则》　　**导读者：亢梦荻**

《精明准则》（Smart Code）是安德烈斯·杜安尼等人开发的基于形态的分区方法及土地发展法规。它力求简化和澄清传统区划中模糊的框架组织，用更直观和友好的格式加以取代。它适用于所有尺度，从区域规划，到填充式社区规划，到建筑尺度规划。它也是规划和设计原则库，包括特定的标准。精明准则整合在7个部分中：（1）一般到所有计划；（2）区域尺度规划；（3）新社区规划；（4）填充式社区规划；（5）建筑尺度规划；（6）标准及图表；（7）术语释义。

杜安尼将精明准则作为新城市主义的"操作系统"，也就是提供基础一致的核心框架，将各个组成部分紧密有逻辑地联系起来。它融合了新城市主义的规划和设计原则，内化了其价值。它以中立的姿态，充分尊重发展所需的形态和发展结果。

精明准则的理论基础是城乡断面，它将乡村与城市之间的连续统一体编入一套准则中。根据不同的物质环境和社会特征，断面分区将连续体分为六种区域，模拟了乡村到城市真实的空间肌理。精明准则的空间要素与这些断面分区协调，适用于各种尺度的规划，从区域到社区尺度，再到独立地块和建筑单体。断面分区规划的主要原则是"特定的形态和元素适用于特定的环境"。

天津现行的城市规划管理体系对居住用地的开发容量管控，没有考虑到城市不同区域自然条件、交通条件、公共服务水平的独特性，忽略了复杂多变的情况。对于用地的管控，仍然以用途管控为基础，造成土地用途隔离、空间活力不足、道路交通拥堵等现象。

一环十一园地区拥有高品质的自然环境，如何将城市环境与自然环境取得良好协调，是城市开发过程中的重要课题。精明准则以形态控制为基础，核心内容在于类型学的组织框架。通过归纳和提炼现状中的控制要素，依据地理位置和空间环境、地方文化的特质，将其分为不同的类型，分层、分级、分度、分区、分类和分重点地进行控制。

好的城市需要多样的空间环境。正如单一的植被构成会使自然环境脆弱不堪，单一的空间环境也会使城市缺少健康活力。精明准则为我们提供了甄别每一块土地空间环境特质的一套方法，帮助建立具有多样性的城市空间，可以有效改善社区的空间形态，培育高质量的公共领域，通过"场所营造"原则来实现社会愿景目标。

好的城市也需要多方的持续参与。通过一部准则，建筑物从设计到建成可以在多年内经手多人甚至几代人。精明准则采用了参数化和持续更新的方式，能够反馈并整合实践信息，同时因加入了时间维度而更完善。在制定过程中采纳居民的意愿，在沟通中和实践中不断完善空间的规则。

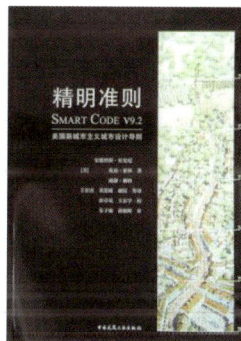

书名：《精明准则》
作者：[美] 安德烈斯·杜安尼
　　　桑迪·索林、威廉·赖特
出版社：中国建筑工业出版社

➔《街道与城镇的形成》　　**导读者：东方**

《街道与城镇的形成》（*Streets and the Shaping of Towns and Cities*）一书对街道设计标准的反思 与革新精神，为创造更宜居、更安全、更具活力的街道和城镇环境起到了重要的作用，甚至推动了美国对本地街道设计的改革。同时，这本书也为正处于快速城镇化阶段的中国提供了宝贵的经验和思考。该书的核心观点强调街道和城镇规划应超越单纯的交通功能，转变成一个综合考虑社会、文化、生态和经济等多方面因素的复杂过程。书中提倡的是一种更人性化、多样化和可持续的城市规划和设计方法。

一环十一园地区的发展策略旨在通过在城市中心区域外围建设一系列公园绿地，形成环状的绿色生态圈， 通过在城市周边开发与自然环境相结合的住宅区，以提升城市的绿色生态价值、改善居民的生活质量、优化城市空间布局，并提升社会经济韧性。在城镇化进程中，城市面临着诸多挑战，如环境污染、交通拥堵、居住空间紧张等问题。在这一背景下，《街道与城镇的形成》对一环十一园这样的城市公园主导的房地产开发可能带来以下的积极影响。

（1）以人为本的街道设计。书中强调街道不仅是提供车辆通行的交通通道，更是社区生活的重要组成部分，应满足行人和自行车等不 同使用者的通行需求、社交互动、休闲娱乐等。这与一环十一园模式中城市公园的设计理念相呼应，即通 过增加公园绿地，提供更多的户外活动空间，更加关注居民的日常需求。

（2）历史与现代的结合。书中追溯了从古罗马时代到现代的街道设计标准的历史，分析了不同时期的街道设计如何受到当时社会、 文化、技术和政策的影响，如"拜诺街道"、贝德福德园街道设计、新传统社区街道以及共享街道。通过对 历史街道标准的回顾，展示了传统规划智慧与现代需求之间的联系。一环十一园可以借鉴传统城市规划的精髓，结合现代技术和社会需求，发展出具有天津特色的现代城市规划模式。

（3）灵活性与适应性。书中提倡街道设计应当具有一定的灵活性，能够根据具体的社会、文化和地理环境进行调整，以满足不同社 区的需求。街道标准和规范不应该是僵化和一成不变的，而应当允许创新和多样性。街道设计对社区生活和居 民福祉的重要影响，包括街道的宽度、布局、交通管理等，这些都直接关系到居民的生活质量和城市的宜居性。 如书中对比新传统社区的街道与20世纪60至80年代社区街道，新传统社区街道更狭窄，拥有更多的路线、 街段、交叉口和进入点，提高了路网承载力，便于交通疏散，减少拥堵，并且促进了更加密集、混合用途、适宜步行的社区开发模式。

（4）绿色和可持续发展。书中强调在街道设计中应考虑生态和环境因素，鼓励采用绿色基础设施和生态友好的建设方法，以实现城市的可持续发展。一环十一园正是通过增加城市绿地面积，改善城市生态环境，提高城市的生态性能，符合可持续发展的理念。

《街道与城镇的形成》对街道的理解体现了一种全面、多维度的视角，其核心观点为一环十一园等城市发展模式提供了理论支持和指导原则，强调在城市规划和设计中应当综合考虑多方面因素。街道作为城市生命力的载体，在城市发展中既彰显核心作用，又蕴含着复杂性。

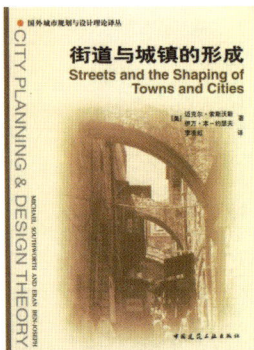

CITY PLANNING & DESIGN THEORY

国外城市规划与设计理论译丛

街道与城镇的形成
Streets and the Shaping of
Towns and Cities

［美］迈克尔·索斯沃斯
伊万·本-约瑟夫 著
李凌虹 译

中国建筑工业出版社

书名：《街道与城镇的形成》
作者：[美]迈克尔·索斯沃斯
伊万·本－约瑟夫
出版社：中国建筑工业出版社

➡《全民参与社区设计的时代》　导读者：陈媛媛

20 世纪 50 年代，日本经济的飞速发展，城市化进程的加快，日本的城市化率从 1947 年的 33% 上升到 1960 年的 64%，13 年间城市化率增长近一倍，并且形成了以东京、大阪、名古屋、福冈为首的四大城市圈。进入 20 世纪 90 年代，日本爆发经济危机，经济泡沫逐渐破裂，大量公司倒闭，年轻人就业困难—消费能力下降—经济增长停滞—生育意愿降低，形成了恶性循环，造成了整个社会各个维度巨大的变化，日本也随即陷入了"失落的二十年"。老龄少子化、中产阶级塌陷、"下流社会""无缘社会"成了日本社会的新常态，低欲望、极简生活成了主流价值观。2012 年日本全国的住宅空置率为 14%，到 2060 年预计将达到 55%。老龄人口比率由 1950 年的 4.9%，到 2060 年上升至 40% 左右。

山崎亮在《全民参与社区设计的时代》一书中提到社区营造是应对人口减少的积极方式之一。日本的"社区营造"最初诞生于 20 世纪 50 年代日本二战后改革和民主主义兴起的背景中，其最初的本意为"故乡魅力营造"。进入 20 世纪 60 年代之后，日本经济高速增长和快速城市化，在大拆大建的 现代化开发过程中，城市不仅出现了严重的环境问题，那些有着厚重历史文化的建筑物、历史街区也濒临被拆毁的危机。因此，20 世纪 70 年代以来，越来越多的市民关心的不再是经济的快速增长以及各种名义的"开发"，而是生活质量的提高。在城市改造过程中大大小小的市民团体应运而生，居民自发组织成自治组织，他们针对城市规划积极提出建议，并亲自参与到城市改造和城市建设中，掀起了保存历史文化街巷的运动。越来越多的规划师也参与到"社区营造"运动中，改变了过去从纵向的角度自上而下地观察城市和制定规划的方法，变为积极参与实地调查，由下至上关注居民意向。

20 世纪七八十年代，日本政府出台了社区营造相关的政策法律，比如在《都市计划法》中创设了"地区规划制度"（1980 年），神户市、东京世田谷区等先进的地方政府创设了"社区营造条例"（20 世纪 80 年代前半期）等，来推动社区营造的进展。"社区营造"社会运动最终也影响了"城市规划"法律制度原本的内在结构。

到了 2000 年，伴随着日本经济高速增长时代的终结和市民运动普及，社区营造也逐渐形成了全国性范围的运动。其运动内容扩展到整个生活层面，包括景观与环境品质的改善、历史建筑的保存、交通建设、健康福利的促进、生态保育、灾后复兴等。这些"营造"更为具体、与居民日常生活密切相关，成为城市新中产阶级为了保护生活环境、提高社区生活质量而进行的运动。社区营造的重点也慢慢转变成"如何连接人与人"。不单单只是政府、市民和一些社会组织，同时学校也更多地参与社区营造的工作，官方、民间、学校互相协作的组织平台就出现了，市民主导的资金循环机制也越来越多地出现了，还有像云基金（类似众筹平台）的形式也出现。社区营造也开始吸引更多年轻人加入当中，用网络平台的形式做社区营造，进行一些新型工作方式和生活方式的推广。

天津正在面临人口减少和老龄化与少子化严重的问题。外环线绿带沿线规划十一个公园及社区可以参照 日本的社区营造的发展经验，在地区规划建设机制架构中可以考虑优先引入社区规划师机制，组成官方、 民间、学校互相协作的组织平台，以社区营造的方式构建社区活力和增强人与人的链接，为城市增添更 多舒适宜人的场所，实现区域经济的可持续性。

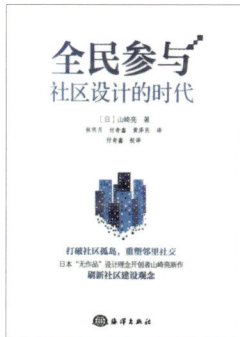

全民参与
社区设计的时代

[日]山崎亮 著
林秀云 付希童 黄洪水 译
付希童 校译

打破社区孤岛，重塑邻里社交
日本"无尽站"设计理念开创者山崎亮新作
刷新社区建设概念

海洋出版社

书名：《全民参与社区设计的时代》
作者：[日]山崎亮
出版社：海洋出版社

➔《国家的视角》　　导读者：程宇光

1. 一环十一园地区规划的得与失

1986 版天津总体规划明确"三环十四射"的城市骨架，确立外环线 500 米绿化带的生态绿廊延续至今。随着城市拓展和人们对美好居住环境的向往，规划建设了梅江公园、水西公园、柳林公园等大型的公园社区。可以说，一环十一园规划奠定了城市生态格局，完善了城市的空间结构，描绘了令人向往的都市花园生活空间。但是，如同很多自上而下的宏观规划，城市规划一样也存在一定的局限性，虽然经历了多轮的深化和不断完善，但难以摆脱现代主义规划的理想化和标准化。在实施层面，大公园片区开发受到市场周期波动、财政 资金投入、政策支持力度、市民认知惯性等多方面制约，落地实施难度大、周期长，需要更具持久性和适应性的规划。

2. 如何避免大规划的失败——《国家的视角》的解读

在《国家的视角》一书中，耶鲁大学政治学教授詹姆斯·C. 斯科特（James C. Scott）从人类学与政治经济学视角，对现代主义城市规划的得失进行了剖析。他指出，任何生产过程都依赖于大量非正式且随机的活动，而这些无法被完全纳入正式规划框架的要素，恰恰是现代工程项目陷入"标准化与同质化"困境的根源。作者进一步揭示，在当代全球化背景下，资本主义已成为"推动同质化的最强力量"，而国家应当承担起"保护地方特色与多样性"的关键角色。

该书中引用了英国社会学家齐格蒙特·鲍曼一个精妙的比喻：园艺师和园丁，以揭示两种截然不同的社会规划逻辑。园艺师将自然场所改造为完全由人工设计的秩序化空间。园丁在整体布局以及植物剪枝、种植等方面尽量保持未加工的自然状态。前者代表了柯布西耶式的极端现代主义，他们往往对干预对象表现出冷酷无情的态度。后者则更接近雅各布斯所倡导的邻里生活，所反映的是那些未规划的活动——推儿童车散步、逛街、遛狗、看街景、抄近路等，是一种情感的理解和共鸣，尊重自然的自发性。

如何逃离标准化与机械化的乌托邦陷阱，作者提出几条关键的城市规划法则。一是小步走。规划者应避免激进的全面改造，采取渐进策略，迈出小步后停一停，观察评估后再计划下一步行动；二是鼓励可逆性。鼓励那些在出现问题时能易恢复原状的项目；三是对意外情况作计划。要选择那些最能适应未知变化的计划；四是为尊重人的创造力。参与项目的人会积累经验、产生新想法，好的规划应该允许他们不断优化和改进。

3. 对一环十一园地区规划的借鉴意义

面对当前复杂的形势，规划师应该谨记斯科特的话："如果对未来唯一确定的就是其不确定性，唯一能预见的是我们将要面对层出不穷的意外和变数，那么任何计划或药方都难以应对未来不断涌现的不确定性"。所以说，一环十一园项目是一个"未完成"的规划，将会不断地更迭、精进、完善。

同时，一环十一园地区不仅规划的是公园或社区，更规划的是人，规划的是人的活动轨迹、人的生活方式。面对未来的不确定性，唯有通过城市中每个个体的不断成长，通过人的自发性和创造性才能建构城市的未来。与其说我们规划未来的城市，不如去设计一个有利于成长的环境，让未来的人去自我创造更适宜的城市。

书名：《国家的视角》
作者：[美]詹姆斯·C·斯科特
出版社：社会科学文献出版社

➡️《乌合之众》　　导读者：杨慧萌

　　《乌合之众》是由法国社会心理学家古斯塔夫·勒庞（Gustave Le Bon）于1895年出版的社会心理学著作。该书深入剖析了群体心理的特点和运行机制，指出当个人融入群体时易于受到情绪、暗示和感染的影响，导致个性消弭、思维极端化和情绪化等现象。这些洞见不仅为我们理解历史事件和社会现象提供了新视角，更为现代城市规划和社会治理带来重要启示。

　　在城市规划领域，大众心理可以表现为公众的空间安全感、环境归属感及发展认同感等方面。规划师需要解析群体心理现象，才能制定出契合公众需求的规划方案。从社会治理的角度来看，规划项目不仅应关注空间品质的提升、生态环境的改善，还应注重市民心理需求的满足和社会价值的实现。

　　一环十一园项目，作为天津城市规划和生态建设的重要组成部分，无疑为我们提供了一个实践群体心理学理论的绝佳案例。其总体规划无疑是成功的，并将在天津的城市规划史上留下具有范式意义的实践案例。"一环"的设计充分考虑了市民对于绿色空间的需求，通过在外环线上建设绿带，为市民提供了一个环绕城市的绿色走廊，减少了热岛效应，改善了空气质量，促进了身心健康。"十一园"中的每个公园都有独特的主题，并通过多级绿色廊道系统加强公园间的联系，为人们提供了多样化的休闲娱乐选择，同时促进了社交交流，也提升了城市的文化品质。此外，一环十一园项目在实施中应当注重社区参与和共建共享，通过引入社区参与机制，鼓励市民参与到规划和建设中来，共同打造更加美好的生活环境，增强市民的归属感和社会凝聚力，提高规划的科学性和有效性。

　　就《乌合之众》一书给予我们的启示而言，一环十一园项目若能充分考虑群体心理的影响，通过以人为本的设计理念、多样化的休闲娱乐选择以及社区参与机制等措施，可以有效避免群体心理的负面效应，从而促进社会的和谐与稳定。然而，我们也应该认识到，《乌合之众》所揭示的群体心理现象并非彻底规避。在城市规划和社会治理中，我们需要在尊重市民心理需求的同时，加强对群体心理的引导和调控。例如，可以通过媒体宣传、教育引导等方式，提高市民的素养和理性思考能力，减少群体心理的极端化和情绪化倾向。

　　城乡规划学是融合了心理学、社会学、经济学等多学科的复合型学科。通过深入剖析群体心理的特点和内在机制，我们可以更好地应对城市规划和社会治理中的挑战和问题。在当前城市高质量发展的背景下，如何构建宜居、和谐、有活力的城市空间，成为城市规划师必须应对的挑战。在这一过程中，城市规划不再仅仅是物理空间的布局与设计，更要重视社会心理、文化认同的塑造。

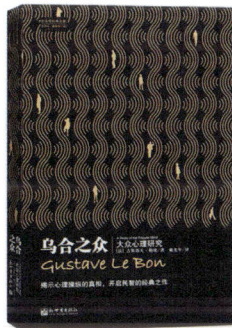

书名：《乌合之众》
作者：［法］古斯塔夫·勒庞
出版社：新世界出版社

➡ 《公共领域规划》　导读者：王学勇

　　规划被描述为一种前瞻性活动，着眼于如何将知识与行动联系起来。个人或公司对私人利益的无约束追求被称为"市场理性"，例如英国经济学家亚当·斯密（Adam Smith）的"无形之手"和意大利经济学家维尔弗雷多·帕累托的"帕累托最优（Pareto Optimality）"两个经济学理论。"社会理性"与此相反，认为社会优于个体，应该通过合理行为获取集体利益。

　　围绕当代城市规划，约翰·弗里德曼（John Friedmann）提出四个思想流派：社会改革（Social Reform）、政策分析（Policy Analysis）、社会学习（Social Learning）和社会动员（Social Mobilization）。

　　社会改革流派关注国家在社会指引中的作用，主要探索将规划实践制度化和令国家行动更高效的方法。该流派将规划视为"科学的努力"，其核心思想是采用科学范式将政治塑造或限制于正当利益。

　　政策分析流派关注大型组织的行为，特别是能够促进其理性决策的行为。强调将概要分析和决策作为确定最佳行动方针的手段。"最佳"被理性约束所限制，包括决策所需的资源、信息和时间。

　　社会学习流派聚焦于克服理论与实践之间的矛盾。知识产生于一个不断发展的辩证过程，该过程主要聚焦新的实践活动：从经验中吸取的教训深化现有的认识，然后将新的认识应用于持续的行动和变化过程中。

　　社会动员流派主张首要应该"自下而上"采取直接集体行动。他们的力量来自社会团结，来自他们政治分析的严肃性，来自他们改变现状的坚定决心。

　　主流规划正处于危机之中，知识与行动出现分裂。造成规划危机的原因包括：（1）关于我们如何获得社会有效知识的理论正在进行根本性的改革；（2）历史事件发展速度似乎超过了我们利用变革力量实现社会目标的能力；（3）我们所面临的这些问题及其严重性，使得从历史上获得的知识在试图解决这些问题时效用有限。

　　在我们共同居住的社会领域内，我们选择过着共同的生活。社会契约表明，我们准备建立和维持促进我们共同福利的机构。

　　公共领域的抗争运动将导致真正的政治生活，公民广泛参与，在生产和政治中实行自治、集体自主组织生产生活、在特定的社会关系中发现个人的个性。

　　激进式规划是自下而上的变革行动。激进式规划者站在反对霸权的立场上，其工作目的在于促进解放。激进式规划的认识论基础是社会学习，它是一种适应社会变革目的的认识论。激进式规划总是建立在人们自我组织行动的基础上。国家必须采取适当行动，在政治斗争中争取权利被剥夺者的合法要求。

　　政策分析流派让我们学会保持科学理性思维；社会改革流派让我们警惕改革永远在路上；社会学习流派让我们相信实践出真知；社会动员流派让我们不忘初心，维护集体共同利益。

PLANNING
IN THE PUBLIC
DOMAIN:

From Knowledge
to Action

John Friedmann

书名：《公共领域规划》
作者：[美]约翰·弗莱德曼
出版社：普林斯顿大学出版社

➡️《美国的城市政治》　　导读者：杨宏

　　《美国的城市政治》（City Politics）由丹尼斯·R. 贾德（Dennis R. Judd）和托德·斯旺斯特罗姆（Todd Swanstrom）所著，于1979年出版，多次再版。纵览美国历史，城市既要实现当地经济繁荣的目标，又要负责与当地社会中各类团体进行协商。城市必须维持这两个任务间的平衡才能获得持久的发展，而维持这种平衡也成了美国城市政治发展的动力。本书围绕着"经济增长"和"城市治理"等方面，追溯了美国城市政治的发展轨迹及变革，讨论了政治分化，并进一步分析了工业化解体以及全球化浪潮下的城市政治新特点。

　　尽管我国城市与书中所述有诸多不同，但在后工业时代的全球化背景下，市中心复兴、郊区化、外来人口、收入差异、住房问题、公共服务设施，是每个城市无法回避的议题。结合一环十一园项目，本书引发了笔者三点思考。

　　首先，长期政策的必要。20世纪五六十年代，美国政府积极推动城市公共住房建设，旨在改善居民住房水平，消除贫富差距，但这一政策却带来了城市与郊区加速分离、导致贫民窟固化的意外结果。从20世纪70年代开始，美国政府鼓励金融机构为缺乏偿还能力的贷款人提供购买支持，又容许不良贷款打包包装为"有毒债券"，为后来发生的金融危机埋下了伏笔——金融危机发生后，相当数量的美国城市居民无法再举债还款而遭遇强制迁离，这又很大程度上激化了社会矛盾。正如在《住在高楼里》（High-Risers）一书中，为了在卡布里尼高层公共住房社区实施城市更新计划，拆除了已经成功通过居民赋能培训，成功接管自己大楼的居民的家园。这些历史教训表明，仅仅关注短期发展的城市政策、城市政治，会给城市的长期未来带来难以估量的冲击和风险。

　　其次，更具魅力的郊区。尽管美国城市的过度郊区化和居住隔离备受诟病，但大量中等收入以上群体迁出城区涌入城郊，说明了低密度住房、优美的自然环境强大魅力。相反，为将移民赶出城市中心，在郊区建设成片公共住房的政策，例如芝加哥南部的"黑人地带"，才是造成居住隔离加强、资源配置不均、城市问题集中、难以管理的原因。因此，围绕着大型开放空间建设满足多种人群需求的、鼓励居民交往的社区，正如书中对新都市主义"社会大熔炉"的描述，才是在顺应城市郊区化必然趋势下，平衡多群体利益和实现经济繁荣间找到的最佳平衡。

　　最后，应对时代的挑战。进入21世纪，全球化加剧了城市治理的版块化。城市、郊区的分离，并未被根本打破，而是被打散。城市治理的单元变得更加微小，群体乃至个体的需求更加多元。该书第三部分讨论了在城市与郊区分隔情况下，美国大城市的治理，特别是城市管理当局是如何兼顾实现经济增长与社会治理、社会和解两大目标。基于上述挑战，我们该规划何等规模尺度的社区，能够在更好地发挥基层治理能力，解决居民所想所盼，也是城市管理者和规划从业者需要深刻思考的议题。

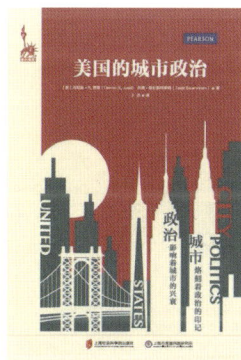

书名：《美国的城市政治》
作者：［美］丹尼斯·R. 贾德
　　　托德·斯旺斯特罗姆
出版社：上海社会科学院出版社

➡《公共事物的治理之道》　导读者：张丽梅

1. 内容概要与价值

《公共事物的治理之道》（*Governing the Commons*）一书通过案例研究揭示了自主治理机制在解决公共事物问题中的有效性，为优化公共事物管理提供了理论框架与实践指导。该书在理论和方法上作出了重要贡献。理论上，提出了自主治理理论，指出在小规模公共池塘资源情境中，个体可通过沟通积累信任等社会资本实现自主治理，为公共池塘资源问题提供了除政府和市场之外的第三种解决方案。同时，提出了制度分析与发展（Institutional Analysis and Development, IAD）框架，将博弈论融入其中，为组织与组织，组织与个体间互动研究提供了理论框架，并将非正式制度纳入分析范围，拓展了传统制度理论。方法上，采取以问题为导向的多学科交叉研究，以个案研究为基础，理论与实践相结合，在实地考察的基础上通过对案例的结构化和量化分析，观察不同因素对制度演化的影响。

2. 在城市领域拓展的可能性与挑战

（1）在城市领域拓展的可能性。

"公共池塘资源"是指人们共同使用的具有非排他性（难以或者不可能阻止其他使用者使用）和消费竞争性（每个消费者的边际成本大于零）的自然或人造资源，如鱼塘、地下水、草场、共享性森林和灌溉系统等。从其属性来看，在城市中存在着大量的城市公共物品，如街道空间，公共停车和社区治理等。对于这些城市空间的治理，目前也面临着"公地悲剧"的困境。以路边停车为例，在不影响通行效率的前提下，某条路上能够停放的车辆是一定的。但是，由于无法排斥或者说低成本排斥使用者进入，致使路边静态交通秩序紊乱等现象屡见不鲜。

该书作者埃莉诺·奥斯特罗姆（Elinor Ostrom）早期的研究重心为大城市治理，并重点对大城市警察服务的供给进行了研究。该研究指出大城市地区存在多种类型的组织，但并不一定是混乱和无序的，相反，它是孕育复杂公共事物解决途径的制度基础。从奥斯特罗姆的研究来看，城市是自主治理理论实践的重要平台，在特定条件下具备良好的拓展空间，但与此同时，也面临着挑战。

（2）在城市领域拓展所面临的挑战。

一是来自理论适用对象的挑战。奥斯特罗姆所研究的公共池塘资源只是公共物品中的特定类型，并且还是共有资源中的一部分。主要关注高山草场、近海渔场和灌溉等。后续研究者不能直接把自治理论直接应用到所有的公共事物的治理问题中去。

二是来自理论适用的组织类型的挑战。奥斯特罗姆所研究的案例中的组织亦有其独特性：组织成员利益相似；对公共池塘资源的贴现率低；拥有一定的社会资本和组织的封闭性等。这一定程度上对自治组织的内部条件提出了较高的要求。

三是来自理论适用的国家政治环境的挑战。奥斯特罗姆所涉及的案例大多是拥有长期自治传统的地区，该理论建构于"小政府，大社会"及地方自治传统之上。该理论对于强政府模式的国家其适用性需重新考量。

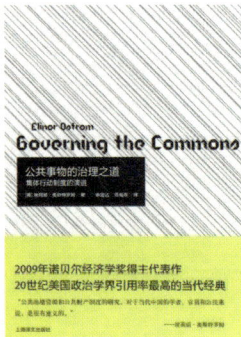

书名：《公共事物的治理之道》
作者：[美] 埃莉诺·奥斯特罗姆
出版社：上海译文出版社

➲《谁统治？一个美国城市的民主和权力》　　导读者：朱文津

美国政治学家罗伯特·达尔（Robert Alan Dahl）在《谁统治？一个美国城市的民主和权力》（*Who Governs? Democracy and Power in an American City*），一书中提出了一个大家共同关注的问题："在一个几乎每个成年人都可以参与选举，但在知识、财富、社会地位、担任政府官职的机会，以及其他资源的分配都不平等的政治系统中，到底是谁在进行统治？"达尔以地处美国新英格兰地区康涅狄格州的第二大城市纽黑文市作为样本，选取了政治提名、城市重建和公共教育这三个与纽黑文城市发展密切相关的公共政策领域进行实证研究，详细探讨了一个城市在政治权力运作、政治民主决策过程中，城市各个群体对政治决策的参与和影响。达尔认为，人们的政治参与和拥有、运用政治资源有关，政治参与和政治资源的关系之一，表现为议题差异导致参与差异。公民往往选择自己感兴趣的领域介入政治，即使有些公民富有政治资源，但如果其所面临的领域和自己无关，也可能不愿参与。达尔在本书中通过自问自答揭示了民主体制运转的内在逻辑，在这个政治资源呈现分散性不平等分布且利益主体多元化的民主架构中，没有谁能够成为真正的统治者，真正居于统治地位的是议事规则，而这种议事规则又来源于普遍的社会共识。谁统治？不是统治者的统治，而是社会共识的统治。

纽黑文与当代中国的绝大多数城市存在着巨大的差异，所面临的问题可能并不一样，因政治制度和城市管理体制等宏观层面的原因，纽黑文在应对城市重建和公共教育资源配置上的政策议程直接参考价值有限，然而在微观治理机制层面，纽黑文的实践经验仍旧可以成为中国许多城市管理者具有参考价值的实践范例。

近年来，我国的政治、经济、社会发展进入了新时期，全面深化改革的总目标是完善和发展中国特色社会主义制度，推进国家治理体系和治理能力现代化。在这一过程中，公众参与作为民主政治的重要手段之一，也受到了越来越多的关注和重视。目前来看，一方面，公众非常希望能够参与城市建设来维护并实现个体利益，保障其基本权益；另一方面，公众参与城市规划的敏感性、预期效力和规划决策内容改进后的实际效益等的差异，一定程度上又影响了公众参与的实际质量。因此，要立足于公众的角度，切实提升城市规划中的公众参与度：一要真正实现公众参与由被动走向主动，就应当允许公众介入城市规划的前期决策阶段，改变由规划管理部门单向对公众展示规划结果的局面，建立包含公众参与的双向反馈循环机制，使公众从旁观者转变为参与者；再者政府应当采取社会教育、媒体宣传等措施强化公众主人翁意识，提高其对公共事务的关注程度和公共决策的判断力，在公众参与过程中，通过不断消除分歧、化解纠纷，最终达成普遍的共识。

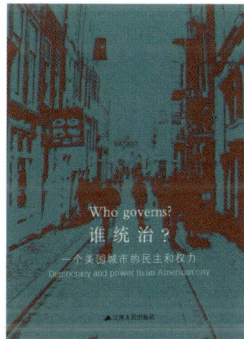

书名：《谁统治？一个美国城市的
　　　民主和权力》
作者：［美］罗伯特·达尔
出版社：江苏人民出版社

➡ 《居住的政治》　　导读者：张娜

　　《居住的政治》一书从"居住的政治"这一高度来解析国家、市场与社会的复杂互动关系以及其内在的机制与逻辑。书中从拆迁、经租房、商品房业主维权等典型行动实践中，展示了"产权"折射出的强大社会力量和社会关系。由产权引发的一系列波澜壮阔的维权运动，推动和见证了我国公民社会跌宕起伏的形成过程，为理解当代城市治理提供新视角。

1. 一环十一园地区应创新社区空间形态，细分所有权益，塑造公民社会土壤

　　该书深入探讨了居住形态对城市社区和管理模式的影响，指出居住形态的变化不仅塑造了社区类型，还决定了社区管理的基本生态。书中分析了居委会、社区服务中心、街道办、区政府、住建委等国家力量，开发商和物业公司等市场力量，以及业主和业主委员会等新型社会力量之间的互动关系。随着住房商品化改革，业主委员会的成立和物业公司的兴起，社区自治和政治生态发生了深刻变化。多元主体基于空间和产权基础上的权益划分，构成新时代居民权利意识增强后社区生态的核心基础，为社区规划提供了潜在的可实施性基础。

　　这对一环十一园地区规划建设的启发是：如何通过空间形态、产权形态的引导，便于明确界定并履行权利与责任，促进公民社会的良性发展。具体来说，在现有规划和工作基础上，增加产权内容的考虑。以空间形态的多元化和产权模式的多样化，来满足权责划分的需求，为三方的互动博弈提供清晰的界限和足够的空间。例如，确保控规单元与行政管理和社会治理的边界一致，提高基层治理的效率；通过窄路密网模式缩小社区规模，简化民主谈判的流程；在建设行政管理部门审批时明确用地专有和共有界限，包括停车位、小院、社区道路，便于形成共有空间和共同利益；通过划分建筑物区分所有权的层级来界定其专有和共有部分的权属范围等。

2. 一环十一园地区应通过规划设计，创造更多的"共同利益"，培育公民社区

　　该书提出住房商品化改革催生了新型公共空间，标志着社会结构的转型。在这些空间中，业主通过组织大会和选举委员会，积极参与公共事务，体现了公民社会的特征。然而，现实中城市社区虽有邻里空间设计，却缺乏真正的邻里关系和社会交往，因为共有空间的价值未被充分认识和利用。没有社区层面的公共活动和利益作为纽带，社区仍然是一个陌生人社会。

　　因此，一环十一园地区塑造面向未来的城市住区，让社区走向自治共享，不仅要成立业委会，更重要的是，要通过公共空间寻找共同利益、增强公民意识。书中新天地案例体现的就是：让居民知道"嗨？小区里摆摊儿其实是给我挣钱呢？"用实实在在的利益加深大家"共有"的认识。丰富多元的住宅形态，容纳了我们丰俭由己的居住生活；清晰稳定的产权形态，赋予居民明晰的权益归属基础。

　　不论是过去、现在、还是未来，随着社会发展和法治化进程，产权制度的内涵将持续深化，也有可能重新建构——这是国家、市场和居民三方权责的界定、发展和重新分配。伴随各方维权、赋权的伟大进程，可以预见的是，公民社会永远不会缺乏具有想象力的成长空间。

　　在这个过程中，一环十一园地区通过高品质的规划建设和制度探索，有机会、有条件也有责任塑造孕育新时代公民社会的土壤，成为天津迈向高质量发展阶段基层社会治理的典范。

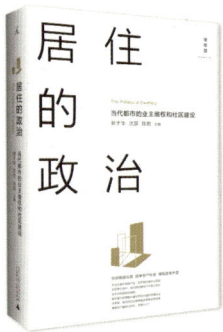

书名：《居住的政治》
作者：郭于华　沈原　陈鹏
出版社：广西师范大学出版社

→ **《华夏意匠》**　　导读者：吴娟

李允鉌先生的《华夏意匠》是一本用现代建筑的观点和理论来分析中国古典建筑设计的著作，更是一部对中国古代城市规划与营造理念的系统性诠释。在书中，李允鉌以独特的视角和深入的洞察力，为我们展现了古代中国城市的魅力与智慧。

首先，作者强调了城市与自然环境的和谐共生。他认为，中国古代城市的选址与规划深受自然环境的影响，城市的建设者们始终秉持"天人合一"的理念，力求在顺应自然的基础上构建城市。这种和谐共生的城市规划理念，不仅体现在城市的整体布局上，更深入到城市的每个角落。例如，中国古代城市中的园林景观设计，就是充分利用自然元素，通过巧妙的布局和设计，营造出一种与自然环境相协调的城市空间。这种城市与自然的和谐共生，不仅有助于维护城市的生态平衡，也为城市居民提供了宜居的环境。

其次，城市的社会文化环境极其重要。城市不仅是物质生活的场所，更是社会文化的载体。在古代中国，城市的建设与规划往往与当时的社会文化背景紧密相连。城市的公共空间、祭祀建筑、商业街区等，都是社会文化的重要体现。李允鉌先生通过对这些设施的深入分析，揭示了它们在城市社会生活中的重要作用。同时，他也指出了中国古代城市规划中对于社会公平和公正的追求，如"里坊制"等制度的设计，旨在实现城市社会的和谐稳定。这种对于社会文化环境的关注，体现了中国古代城市规划的人文关怀和社会责任感。

再次，书中还探讨了城市的空间环境。通过对中国古代城市的空间布局、街道交通、建筑群体等方面的研究，揭示了中国古代城市规划中对于空间环境的独特理解和处理方式。他认为，中国古代城市规划中的空间环境设计，既体现了对于城市功能的实际需求，也反映了对于城市美学的追求。这种对于空间环境的精细处理，使得中国古代城市在功能上实用便捷，在美学上则具有独特的韵味和魅力。同时，李允鉌先生还强调了城市空间环境的可持续性，即城市的建设与发展应当遵循自然规律，保持与环境的和谐关系，以实现城市的可持续发展。

最后，《华夏意匠》表达了对中国古代营造理念的深刻思考。中国古代城市的规划与营造理念体现了中华民族独特的智慧与哲学思想，这些理念和思想不仅对古代中国的城市建设产生了深远的影响，也对现代城市的规划与建设具有重要的启示意义。因此，我们应当保护与传承这些营造智慧，为现代城市的可持续发展提供有益的借鉴和参考。

综上，《华夏意匠》不仅深入揭示了古代中国城市的魅力与智慧，也为我们理解和评价现代城市提供了重要的参考和启示。通过学习和借鉴古代中国城市规划与营造的理念和经验，我们可以更好地应对现代城市设计中面临的挑战和问题，推动城市的可持续发展。

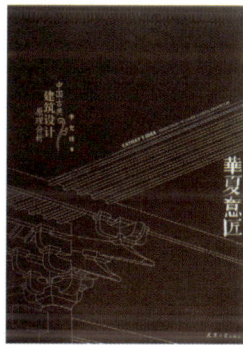

书名：《华夏意匠》
作者：李允鉌
出版社：天津大学出版社

➡ 《中国人居史》　　导读者：吴娟

　　《中国人居史》是吴良镛先生基于人居科学理论，对中国历史上人居发展的一次全面、系统且深入的探究。中国人居历史具有深厚的文化根基和独特的演进规律。从先秦时期到现代，中国人居建设在不断地探索、创新和发展，并形成了丰富多彩的人居面貌。这一过程中，既有对自然环境的顺应与利用，也有对社会文化的传承与创新，从古代的城市规划、建筑艺术，到近现代的居住理念、社区建设，再到当代的城市化进程、可持续发展，该书让我们重新审视了中国这个具有悠久历史和深厚文化传统的国家，是如何在历史长河中，不断探索、创新、发展，形成今天丰富多彩的人居面貌的。

　　城市是人类文明的产物，是人们生产、生活的重要场所。而城市环境的好坏直接影响到人们的居住质量和生活幸福感。因此，城市环境的规划与设计应该以人为本，注重人的需求和感受，创造出宜居、舒适、安全的城市环境。

1. 城市环境应该具有历史文化的传承性

　　中国的城市历史悠久，每个城市都有其独特的文化脉络和历史记忆。在城市环境的规划与建设中，应该注重保护和传承这些历史文化元素，让城市在发展中保持其独特的文化魅力。同时，也要注重创新和发展，将传统与现代相结合，创造出具有时代特色的城市环境。

2. 城市环境的可持续性和生态性

　　随着城市化进程的加速，城市环境问题日益突出。如何在城市化进程中保持环境的可持续性和生态性，是城市环境规划与建设的重要任务。对此，吴良镛先生认为，应该注重绿色发展和低碳生活，推动绿色建筑和绿色交通的发展，减少城市对环境的污染和破坏。同时，也要注重生态保护和修复，保护好城市的自然生态系统和生物多样性。

3. 城市环境应该具有空间公平和包容性

　　城市是社会的缩影，城市环境的规划与设计应该注重社会公平和包容。在城市环境规划中，应该充分考虑不同人群的需求和利益，实施弱势群体空间赋权。同时，也要注重城市文化的多元性和包容性，让不同文化和谐共存、交流互鉴。

4. 城市环境应该具有全球视野和开放性

　　在全球化的今天，城市环境的规划与设计也应该具有开放发展视野。我们应该积极借鉴国际成果，同时也要注重本土文化的传承和创新。通过全球视野和开放性的城市环境规划与设计，我们可以更好地提升城市治理现代化水平和国际竞争力。

　　综上所述，《中国人居史》不仅为我们深入理解城市环境与人居关系提供了重要的理论支持和实践指导，也为城市环境的规划与设计提供了宝贵的思路和启示。在今天这个快速城市化的时代，我们更应该注重城市环境的规划与设计，创造出更加宜居、美好、和谐的城市环境。

书名：《中国人居史》
作者：吴良镛
出版社：中国建筑工业出版社

→ 《北京旧城与菊儿胡同》　　导读者：沈琪

北京菊儿胡同四合院改造项目是吴良镛先生带领团队对北京旧城居住区整治、危房改造与住房制度改革相结合的产物，也是吴良镛提出的"有机更新"理论和"类四合院"住宅模式的探索实践的结合。菊儿胡同改造项目不仅在国内建筑界和社会上引起广泛关注，在国际上也产生了很大反响，获得1992年世界人居奖。它表现了当代中国社会生活和经济改革的复杂性，从一个侧面展示了中国建筑规划界的发展和困惑，进步和矛盾。北京旧城规划和菊儿胡同改造的理论提炼和实践经验中蕴含着许多值得研究的社会、经济、文化信息，依然为当代城市更新提供方法论参照。

吴良镛在北京菊儿胡同危改试点工程的理论探索过程中，批判性反思了新加坡对旧城采取的拆光重建式的改造模式，也批判性反思了西欧国家对旧城实行古建文物保护式的整治策略。这些方式在经济上不适合中国国情，是我们力所不及的。他提出旧城改造的"有机更新"思想和"新四合院体系"构想，其具体内容有四点：（1）保留有文化价值和建筑质量比较好的四合院住宅；（2）拆除更新危破旧的四合院；（3）修缮改造一般住宅；（4）探索有利于更新危旧破房的新四合院体系，既适应当前现代化生活又适应旧城环境肌理，并有较高的容积率。

这些思想构成了试点工程的理论基础。根据这个理论，在建设资金短缺的情况下可以采用插建方式从最危旧的房屋开始，以点带面，通过小范围分步改造实现整体提升，不但投资较少，而且可以较快地实现社会和经济效益。运用现代基础设施支撑系统下的"新四合院体系住宅"代替传统的四合院，通过新旧四合院体系的结合，逐步对旧城进行有机更新。

"新四合院"创造了"庭院"与"小巷"的全新美学体系，利用建筑物和树木等进行围合，形成开合有致的院落空间。四合院虽为人工环境，但是在庭院内栽植的花木赋予了自然生机，延续了北京城在人为之中显现自然的特色，即便最狭窄的胡同里也有院子和树木。这一体系既有合院住宅社区的邻里情谊和自然韵味，又避免了行列式住宅的疏离感。

菊儿胡同试点工程的建成证实了有机更新理论的经济性和现实可行性；证明了新四合院体系作为新建筑体系的实用价值；新旧合院体系建筑的有机结合及里弄胡同的再造，为旧城的改造与整体保护提供了一种新的可能。

创造更好的人居环境是一个复杂的社会经济问题，也是复杂的技术问题。一个巨大的系统工程是不能从单项技术得到完整的解决的，而必须从规划、城市设计、建筑设计、景观设计、材料结构、施工技术、政策改革、开发运营和硬件软件等多方面结合来寻找出路，并建立在"融贯的综合方法"上进行"研究性设计"。所谓"融贯的综合方法"是指不断地扩大知识视野，全方位、多角度进行系统化研究，而不是仅仅立足某一方面片面地思考问题。而"研究性设计"则是具体设计实践工作，应立足于长期切实的具体研究工作，积极、审慎、有序地进行，这就是菊儿胡同的改造实践对未来城市的人居环境建设能够带给我们的启示。

书名：《北京旧城与菊儿胡同》
作者：吴良镛
出版社：中国建筑工业出版社

➊《中国古典园林史》　导读者：马强

　　中国古典园林是中国传统文化的重要组成部分，以其精美的设计和独特的风格闻名于世。它注重自然与人文的融合，通过山、水、植物、建筑等要素的有机结合，展现了中国传统文化的审美观和哲学思想。这些特点对当今城市建设有着重要的指导意义。

　　中国古典园林发展脉络清晰，历经生成期、转折期、全盛期至成熟期，每一阶段都体现了中国传统文化和审美观念的精髓。生成期，园林以自然山水为魂，追求质朴之美；转折期，人工景观渐入佳境，与自然和谐共生，诗情画意初露端倪；全盛期，景观元素丰富多元，空间布局匠心独运，文化内涵彰显无遗；成熟期，则更加注重空间意境、生态与人文的深度融合，实现了自然与艺术的完美统一。

　　中国古典园林特点突出，饱含韵味：一是体现自然美，模拟山水，强调人与自然的和谐相处；二是充满"如画式美学"，通过巧妙布局，营造超越物质的精神享受；三是空间布局讲究层次与变化，采用借景、对景手法，营造自然与人工融合的效果；四是蕴含丰富历史文化与"天人合一"的生态哲学观，不仅是一种审美对象，更是一种文化载体；五是艺术性突出，融合多种艺术形式，形成独特风格。总的来说，中国古典园林的特点在于追求自然与人工的和谐统一，注重诗情画意的审美体验，同时具有丰富的文化内涵和艺术价值。

　　在城市规划和建设中，应该注重自然与人文的融合，营造具有文化内涵和生态价值的城市公园和绿地。同时，也应该借鉴古典园林的布局和设计理念，打造具有人文精神和艺术价值的城市景观。这样的城市建设不仅能够增强城市文化认同，也能够传承和弘扬中国传统文化。

　　一是尊重自然。中国古典园林强调与自然的和谐共生，注重利用自然元素进行造园。在当今城市建设中，我们可以借鉴这种理念，尊重自然地形、植被和水体，尽可能保持原有的生态环境，减少人工干预。

　　二是注重空间布局。中国古典园林在空间布局上讲究"借景""对景""框景""漏景"等手法，通过巧妙的空间设计，营造出丰富的景观层次和视觉效果。在城市建设中，我们可以借鉴这种手法，创造出富有层次感和空间韵律的现代城市景观。

　　三是继承和发展文化内涵。中国古典园林往往承载着深厚的文化内涵和历史背景，成为传承和弘扬文化的重要载体。在城市建设中，我们可以通过园林元素和景观的设计，传达出地域文化、历史传统等价值观，提升城市的内涵和品质。

　　四是贯彻可持续性的发展思路。中国古典园林在设计和建造过程中，注重利用当地材料和资源，强调可持续性和环保理念。在当今城市建设中，我们也可以借鉴这种理念，注重选择可再生、可循环使用的材料和资源，减少对环境的影响。总的来说，中国古典园林的发展对当今城市建设的指导意义在于其尊重自然、注重文化内涵、强调可持续性等方面的理念和手法，可以为当今城市建设提供重要的借鉴和启示。

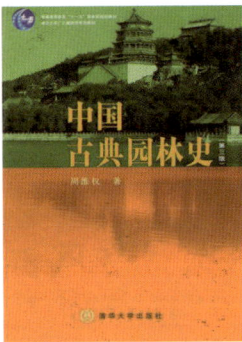

书名：《中国古典园林史》
作者：周维权
出版社：清华大学出版社

◯《住宅 6000 年》 　　导读者：冯天甲

　　住宅的历史，就是一部人类文明的发展史。正如诺伯特·肖瑙尔（Norbert Scheuer）在这部史诗般的著作《住宅 6000 年》中所阐述的，书中内容没有就住宅而论住宅，而是通过东西方两条线索的对比为我们描述文明的演进和文化的逻辑。这蕴含了两个核心机制，一是人类和自然互动中城市发展的规律，二是住宅类型的发展变迁。这无疑也是天津一环十一园地区发展的重要逻辑，更是城市文明的体现。

　　首先，城市郊区化是大工业时代人类亲近自然、向往自由的本能选择，也是城市发展的规律。诺伯特在书中这样描述："新鲜的空气、宽敞的家，干净的雪，友好的邻居，给孩子安全的环境，这都足以抵消郊区的缺点。"郊区强调在儿童友好型社区内一定要建立非常好的学校。郊区有高效的市政事务管理，社会包袱少，养老负担低、居民税费低、交通压力小，无须为大规模交通系统支付补贴等。这都让郊区有良好的市政信用评级，获得贷款较为快捷并将资金投入在更新当地的公共服务设施上，从而达到或超过城市区域的公共服务水平。此类公共服务升级依赖几十年的分期贷款，由地方政府征收城建税偿还。从这个角度来说，一环十一园地区的发展其实就是一种"郊区化"，是人们和自然互动的必然阶段，也是当下化解城市发展诸多复杂问题的重要载体。

　　其次，住宅类型对于城市非常重要。除构成城市形态和特色外，住宅具有更深层面的社会、文化和精神意义。如诺伯特所说："6 000 年以来，人类有非常多样的、丰富的住宅形式，这些住宅是按传统的社会准则和具体的标准建造的，而这些准则和标准是在很长时期内慢慢演进的，经受了时间的考验。仅仅是这个事实本身，就足以保证住宅形式的生命力和可持续性。"东方城市是内向性住宅形式，与西方城市的外向化住宅形式形成了鲜明的对比。庭院是东方城市住宅的灵魂，根植于各个古代文明，是根植于中国人心灵深处的生活艺术和人文精髓，曾为贯穿华夏五千年文明史的城市居民提供了安居的场所。它不仅是一种自然和谐、经久耐用的居所形式，更通过渐进等级秩序的空间布局塑造整体人居环境，生动诠释了东方文化的社会伦理和精神内涵。而这种院落住宅原型又演变出多种住宅形式，比如依照中国合院住宅这种最基本的住宅类型，各民族、各地区衍生出丰富多彩的民居形式。一环十一园地区要塑造高品质的人居环境，更好地传承中华传统文化，就必须规划根植于东方文化基因的住宅类型。在新型社区规划中，传承天津历史上丰富的社区和住宅建筑类型，将中式合院住宅、多层围合式住宅作为主要的住宅类型，同时不断探索适合中国人居住需求的多样化的住宅形式。

书名：《住宅 6000 年》
作者：[加] 诺伯特·肖瑙尔
出版社：中国人民大学出版社

➡ 《中国现代城市住宅 1840—2000》　　导读者：张娜

　　《中国现代城市住宅 1840—2000》梳理了城市住宅的兴衰、发展与变革，为我们展开了一幅从 1840—2000 年中国城市住宅建设的历史画卷。书中做出的展望，在今天依然值得回味；书中提到的问题，今天依然是行业为之持续探讨的热点；书中采用的思维方法，依然指引着我们鉴古知今，共创未来。结合一环十一园地区的规划建设，有如下启示。

1. 一环十一园地区的住宅产品应当成为天津新时期经济发展、价值变革、社会变迁的体现

　　该书指出，城市住宅的发展反映了社会经济变迁和居民需求的变化。从传统平房到高层住宅，住宅形态的变化体现了居民不同阶层和需求的多样化。中国的住房制度经历了多次改革，土地国有是其特色优势。历史证明，完全的福利分房体系不可行，房地产市场化是基本方向，但需要政府调控以满足不同收入群体的住房需求，实现

　　低端有保障、中端有供给、高端有市场的平衡。住房作为政府调控人口分布的载体，在不同的城镇化阶段承载新增城镇人口。随着城镇化趋缓，人口流动将更多发生在城市内部和不同城市之间。

　　面对天津进入高质量发展阶段的新形势，需要发挥自身优势，创造出更丰富的生活方式、更适宜的居住环境，以提高城市对人口的吸引力和对产业的竞争力。一环十一园地区贴近自然、窄路密网的规划理念，为市民获得更高的居住标准创造了足够的空间。作为城市的新增战略板块，住房、社区是最重要的功能基底，也是实现"留人"

　　最适宜的尺度和场所。在此过程中，"好房子"的有效供给，是以住房结构、规划布局来调控区域人口结构的有效方式。政府需提供多元化的住房选择，探索多样化的土地供应方式，摆脱对土地财政的过度依赖。而规划设计要在住房制度改革和房地产发展模式创新的同时，提供适宜的空间、场所和平台，让改革制度和创新模式落地、让空间匹配、让城市更有竞争力，让一环十一园地区的住宅有机会承载城市的新生活，真正成为经济发展、价值变革、社会变迁的体现。

2. 一环十一园地区的住宅产品，应当回归生活的本源，着重生活方式的引领

　　社会生活和政治经济体制的演变是住宅类型转变的关键因素，进而塑造人们的居住方式和城市景观。作者吕俊华强调，住宅发展遵循客观规律，非开发商或建筑师短期行为所能左右的。该书通过追本溯源，揭示建设成果是宏观政策下的技术回应。中国住宅设计在诸多限制下力求合理，如今随着家庭结构和生活需求的多样化，人均居住标准提升，住宅形制需适应个性化和多样化需求，超越规模化生产。住宅不仅是生活方式的体现，也是家庭结构变化的见证。

　　一环十一园地区作为中心城区与生态空间交融的特殊区域，要塑造新时代的居住社区，满足人民群众日益增长的美好生活的需要，先要明确当下人们的住房需求和生活方式。进而探索一环十一园地区理想的住宅类型，包括居住标准、建造方式和营造模式，同时引领天津住宅市场未来的发展趋势。

　　杜甫在《茅屋为秋风所破歌》中写到，"安得广厦千万间，大庇天下寒士俱欢颜，风雨不动安如山"。住宅问题从来都不只是空间问题，而是连接国家战略要点、衔接人民美好生活的综合体系。中国人讲家国一体，这是古往今来每个中国人心中的认同，也是国家治理体系从顶层到基层最紧密的联系。不论在哪一个历史发展阶段，让全体人民住有所居、居有所安，相信都会是中国住房研究的初心。

书名：《中国现代城市住宅
　　　　1840—2000》
作者：吕俊华 等
出版社：清华大学出版社

➲《城乡中国》　　导读者：高峰

周其仁教授在《城乡中国》开篇中说："中国很大，不过这个很大的国家，可以说只有两块地方：一块是城市，另外一块是乡村。"中国实行国家所有与集体所有并存的两种土地公有：城市的土地属于国家所有，乡村的土地归村集体所有。

国有土地使用权虽可市场化流转，但其供应实质上受行政性垄断。而非国有土地，在相当长一段时间内，没有获得平等的市场准入机会，逐渐彻底与公开的市场转让绝缘。也因唯有国有土地才能入市，推动了城市扩张，更多的土地被纳入国有范畴，成为可出让用地的庞大蓄水池。农民的集体用地转为国有用地，唯一合法的通道就是带有行政强制性的征用或征购。因此这套体系框架决定了我国城市化进程中，土地资源配置脱离市场机制协调。

但改革还是逐渐拱开了城乡之间的土地流转市场之门。土地入市是双线并行的结果：一条线起于"国有土地率先合法入市"，并通过"宅基地换房""留地安置""三集中""增减挂钩""城乡统筹"和"地票制度"等多种多样试验性的政策工具，把部分集体土地引入合法交易的框架；另外一条线，从"精彩的法外世界"画出来，其实是在基层农村组织和部分地方法规的容许下，农民集体通过地方实践推动集体建设用地同等入市权实现。统一的城乡建设用地市场正在逐渐形成。

2020年3月30日，中共中央、国务院印发《关于构建更加完善的要素市场化配置体制机制的意见》，明确提出了推进土地要素市场化配置的主要目标和任务。明确建立健全城乡统一的建设用地市场。

加快修改完善土地管理法实施条例，完善相关配套制度，制定出台农村集体经营性建设用地入市指导意见。全国范围实施农村土地征收制度改革，扩大国有土地有偿使用范围。建立公平合理的集体经营性建设用地入市增值收益分配制度。建立公共利益征地的相关制度规定。

2020年国家发展改革委发布的《2020年新型城镇化建设和城乡融合发展重点任务》提出，全面推开农村集体经营性建设用地直接入市。允许农民集体妥善处理产权和补偿关系后，依法收回农民自愿退出的闲置宅基地、废弃的集体公益性建设用地使用权。天津作为试点城市之一，已有武清区南蔡村镇、武清区大良镇等多宗农村集体经营性建设用地入市成交。

原有的城市规划中通常将城市空间用地默认为城镇建设用地，需进行土地征收和流转程序，较少考虑到土地征收带来的巨大经济成本和环境破坏，也未充分考虑这种"一刀切"方式对原住村民生活方式的颠覆式影响。一环十一园及周边地区有大量村集体用地，鼓励村集体参与片区开发、实现集体土地入市，一方面可以缓解城市建设土地紧张局面，降低土地开发成本；另一方面能够盘活农民资产、显著增加农民财产性收入，支持乡村振兴。

以南淀公园为例，片区土地权属较为复杂，约80%的土地为金钟街和华明街的集体用地，约20%为国有用地。规划利用赵沽里村集体土地作为农业主题创新园，由区级政府成立行政管理机构——南淀街道，区域内多个土地权属人形成协商共治议事平台，激发多主体自驱力，建立城市平台共享模式，鼓励村、镇集体参与片区规划与建设，探索集体土地入市的开发模式，引导片区低成本开发。

书名：《城乡中国》
作者：周其仁
出版社：中信出版社

➡ 《房地产经济学》　　**导读者：赵晓萌**

　　《房地产经济学》是一本专门探讨房地产经济的专业书籍，被广泛用作高校房地产、工程管理、土地管理、城市经济、城市规划、公共管理等专业的教材。该书旨在建立为房地产从业者解决问题的思维框架，并提供具体问题的解题路径。值得注意的是，《房地产经济学》从 2000 年首次出版至今，正是中国房地产市场发展飞速变化的二十年，而该书的框架也在此期间先后有四次修订。第一版，依照经济学体系拆分，从微观经济、宏观经济两个视角去解构房地产市场发展的内在机制。第二版增加了很多案例和细节。但 2008 年出版的第三版在章节结构体系上做了较大调整，从之前的"宏观""微观"两个视角调整为"导论""房地产市场的微观经济分析""房地产市场的宏观经济分析"以及"政府在房地产经济中的作用"四个篇章。此结构一直沿用至 2021 年出版的第四版。这个结构的调整，强调政府调控在房地产市场中的关键作用，更多体现消费者行为的微观经济分析，更多关注企业投资与开发行为的宏观经济影响，再加上政府的力量，作为城市发展的三种驱动力，也成为房地产经济学的三个重要因素。

　　作为一环十一园地区城市设计课题的一名参与者，在研究片区城市设计的过程中，最困扰设计师的不是"这个片区要做什么？"而是"这个片区怎么动起来？""上没有规划，下没有路，只有中间有发展意愿的片区主体，怎么办？"以上这些问题都可以到《房地产经济学》的教学体系框架中去寻找答案。作为政府力部分的第一篇章，就讨论了房地产领域的"非纯公共品"的概念、供给方案和制度设计。而片区道路、公园都属于"非纯公共品"，具有非竞争性和非排他性的特点。由于这些特性，私人经营主体难以有效提供或维持公共设施的建设和运营，因此需要政府介入，确保公共空间的供给，满足公众需求。那么，政府如何介入，哪些该放给市场做？依照"政府提供公共物品的方式"的流程，可以找到政府力的作用点。该书中将政府提供房地产公共物品的方式，划定为"10 步"。

　　如果将这 10 步进行归类，其中第 1 步和第 2 步"明确项目的必要性"和"确认存在市场失灵"是"立项阶段"，需要提出对于片区公共设施的明确主张，这需要在政府力层面先行解决。第 3 步"确认政府的干预形式"，分为两种——一是直接生产供给，二是给予预算、补贴、政策，或者政府采购。对于一环十一园片区，显然并不具备完全由政府建设的条件，那么政府端就需要对参与片区建设可以获得的补贴或者未来收益的方式确定合理的方案。然而，只有规划和政策还不够。"政府参与公共物品的方式"中用了 7 条来强调政府在监管和评估端的角色。效率结果如何评估，利益如何分配，如何在效率和支出之间权衡利弊，这些都需要政府相关部门来明确。

　　因此，回到片区启动的难题上，《房地产经济学》的启示：城市公园作为具有排他性的准公共物品，既不是政府全包的，也不是单靠市场一己之力可以承担的。需要政府牵头，确定明确的规划，确定市场力之间的协同机制，甚至设计与规划配套的一系列政策。有了明确的规划，才可以真正让市场力安心，发挥自己的自主创造力。

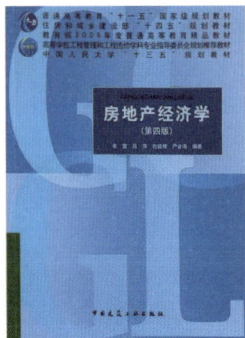

书名：《房地产经济学》
作者：丰雷　林增杰　吕萍　武永祥
出版社：中国建筑工业出版社

霍兵
天津市规划和自然资源局

朱雪梅
天津市城市规划设计研究
总院有限公司

程宇光
中国建筑集团有限公司

陈媛媛
泰达规建技术服务
有限公司

东方
天津市城市规划设计研究
总院有限公司

董瑜
天津规划和自然资源局

冯天甲
天津市城市规划设计研究
总院有限公司

高峰
天津市城市规划设计研究
总院有限公司

郭志一
天津市城市规划设计研究
总院有限公司

韩继征
天津市城市规划设计研究
总院有限公司

郝绍博
天津市城市规划设计研究
总院有限公司

韩愚
华汇工程建筑
设计有限公司

亢梦荻
天津市城市规划设计研究
总院有限公司

刘鹏飞
天津市规划和自然资源局
滨海分局

吕薇
天津市城市规划设计研究
总院有限公司

刘莹
天津华汇工程建筑
设计有限公司

马强
天津市规划和自然资源局
滨海分局

沈琪
天津市城市规划设计研究
总院有限公司

孙铸杰
天津市规划和自然资源局

孙峥
天津市筑土
建筑设计有限公司

沈锐
天津市城市规划设计研究
总院有限公司

苏毅
北京建筑大学

田琨
天津市筑土
建筑设计有限公司

吴昊天
北京大学国土空间
规划设计研究院

王学勇
天津市滨海新区规划编制
研究中心

王亚男
天津市发展和改革委员会

吴娟
天津市城市规划设计研究
总院有限公司

杨宏
天津市城市规划设计研究
总院有限公司

杨慧萌
天津市城市规划设计研究
总院有限公司

张丽梅
南开大学

张娜
天津市城市规划设计研究
总院有限公司

赵晓萌
天津知行正源咨询有限公司

朱文津
天津市规划和自然资源局

祝新伟
天津市城市规划设计研究
总院有限公司

结语

在现阶段中国大城市推动高质量发展的进程中，天津以"三新"（科技创新、产业焕新、城市更新）与"三量"（盘活存量、培育增量、提升质量）作为实现"四高"（高质量发展、高水平改革开放、高效能治理、高品质生活）现代化大都市发展目标的必由之路。其中，位于快速环路以外，外环线以内的生态宜居圈层——津环，作为连通内外、支撑城市发展的"腰部"地带，正成为津城转型发展的战略空间。这一区域拥有规划中的"植物园链"等大尺度结构性绿色空间以及已经完成整理的大片存量土地，在生态环境改善、居住品质升级、内生经济发展、社会治理创新等方面具有多维价值。要实现这些多元价值，既需要宏观国土空间总体规划和津城总体城市设计的指引，又需以问题为导向、多尺度和多维度融合的详细规划（含街区控规和地区城市设计）作为实施路径。在此过程中，政府、企业与社会公众多方协同参与，通过改革创新，共同将津环从传统的城乡接合部的边缘地带，转型为支撑天津高质量发展的战略"腰部"与彰显新时代诗意栖居品质的金色家园。

天津津环的规划建设，是对历版天津城市总体规划的赓续，也是盘活存量土地资源、推动改革创新与高质量发展的战略机遇，更是一项功在当代、利在千秋的伟大事业。本书简要回顾天津"退海成陆"的生态本底与建设宜居人居环境的不懈努力，深入分析国内外城市边缘绿色空间规划理论的演进，结合最新"腰部"理论和实践，总结外环线及周边地区历版规划设计，以及一环十一园地区规划与实施情况，由此归纳出津环的概念与规划思路，并提出"2035 / 2050 津环行动倡议"。

在新时代建设中国特色社会主义的大背景下，天津津环的规划建设为城市发展开辟了一条绿色生态可持续与经济社会环境文化协同共进的崭新路径。通过全面深化改革，转变现行公园建设运营管理模式，优化居住区规划设计和传统成片开发模式，同时促进民营经济高质量发展与城乡接合部社会治理创新，天津津环的规划建设将回归城市发展本源，顺应时代潮流。未来，保留现状林地的原生态公园规划建设与运营，打造多样化住宅类型的新型社区，创新绿色生态智慧的公共基础设施的投融资模式，建设支持民营经济中小企业发展的可生长型社区空间，以及推动社会治理和街道管理体制创新，这些举措都将为天津的城市发展注入新的活力和提供好的机遇。

让我们不忘初心，砥砺前行，为实现天津津环的美好愿景不懈奋斗！期待下一个十年，我们能够共同见证津环的发展和成就，续写城市发展的辉煌篇章！

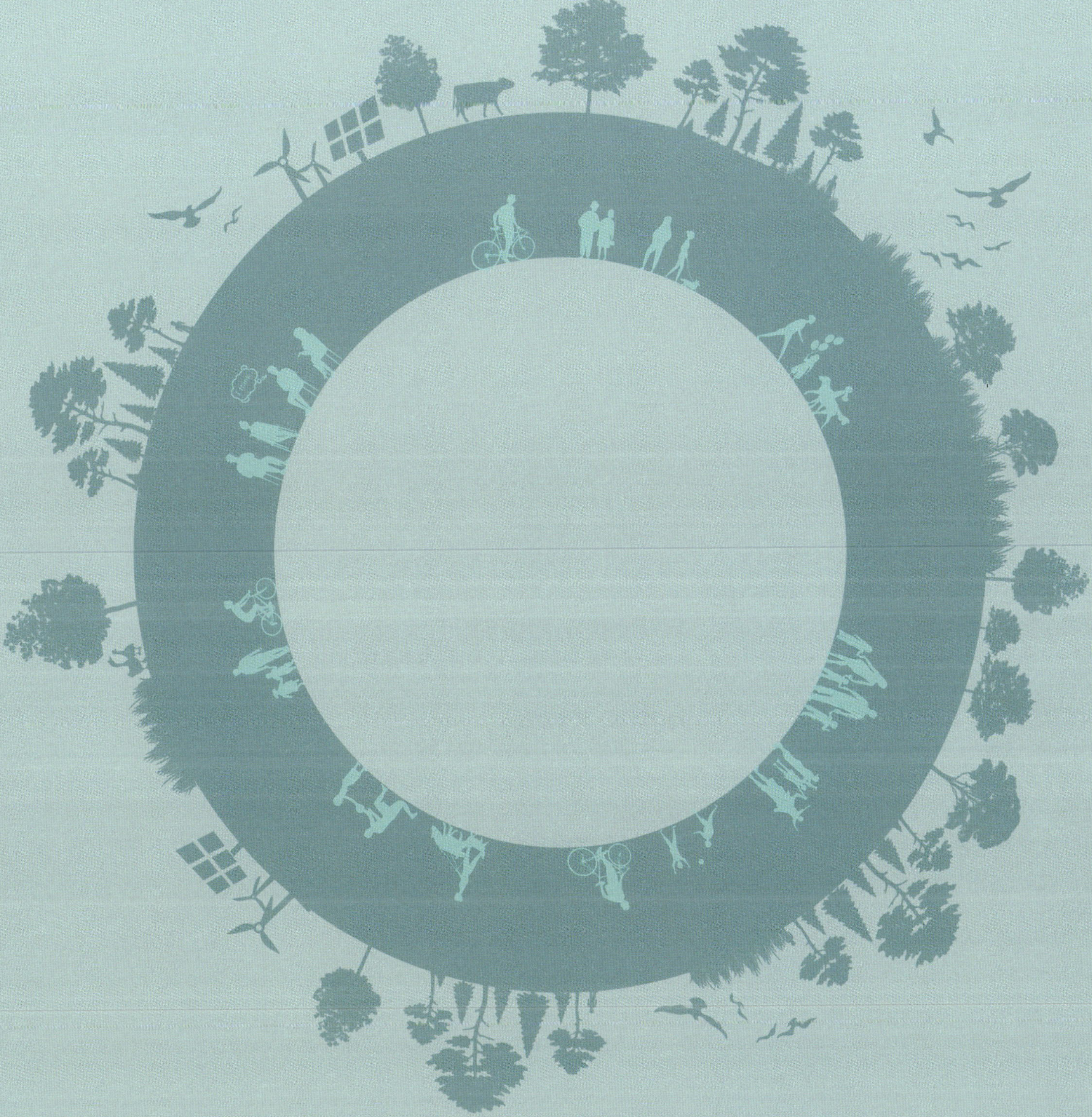